“十二五”规划教材

12th Five-Year Plan Textbooks
of Software Engineering

软件项目管理实用教程

刘海 周元哲 ◎ 编著

Practical Tutorial of Software Project Management

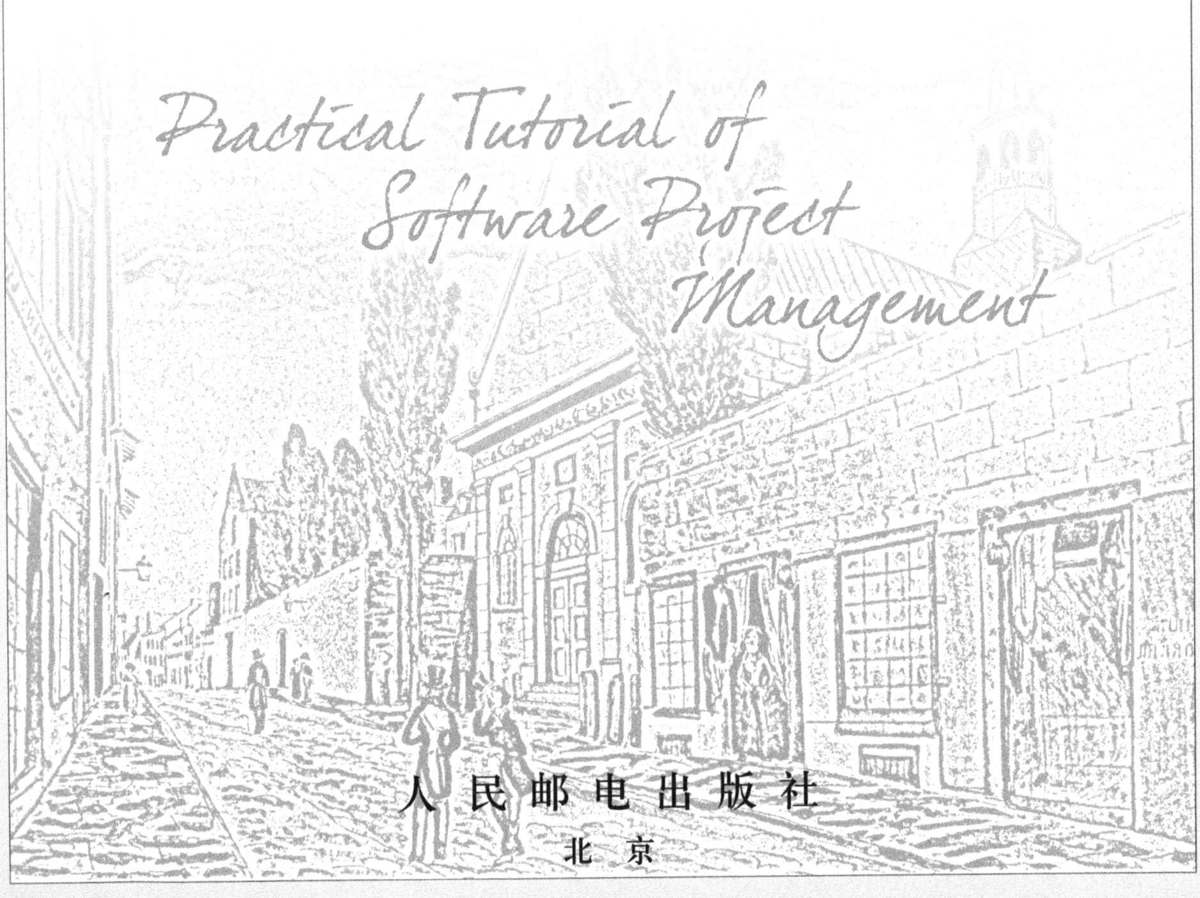

人民邮电出版社
北京

图书在版编目（CIP）数据

软件项目管理实用教程 / 刘海，周元哲编著. -- 北京 : 人民邮电出版社，2015.12
普通高等教育软件工程“十二五”规划教材
ISBN 978-7-115-41291-1

Ⅰ. ①软… Ⅱ. ①刘… ②周… Ⅲ. ①软件开发－项目管理－高等学校－教材 Ⅳ. ①TP311.52

中国版本图书馆CIP数据核字(2015)第298404号

内 容 提 要

本书系统地讲解了软件项目管理理论。全书共有12章，全面论述了软件项目管理的基本概念，软件项目立项和策划、范围管理、进度管理、成本管理、质量管理，软件配置管理，软件项目团队管理、风险管理、收尾与验收、管理工具、课程实践。

本书理论联系实际，内容深入浅出，具有很强的实用性。本书既可以作为高等院校“软件项目管理”课程的教材，也可作为相关技术人员自学的参考资料。

◆ 编　　著　刘　海　周元哲
　责任编辑　张孟玮
　执行编辑　李　召
　责任印制　沈　蓉　彭志环
◆ 人民邮电出版社出版发行　　北京市丰台区成寿寺路 11 号
　邮编　100164　　电子邮件　315@ptpress.com.cn
　网址　http://www.ptpress.com.cn

◆ 开本：787×1092　1/16
　印张：13.25　　　　2015 年 12 月第 1 版
　字数：344 千字　　　2015 年 12 月河北第 1 次印刷

读者服务热线：(010)81055256　印装质量热线：(010)81055316
反盗版热线：(010)81055315

前　言

软件项目管理是传统的项目管理学科与现代软件工程学科的结合，是以软件项目为对象的系统管理理论、技术和方法，它在软件工程实践中发挥着越来越大的作用。由于软件规模和复杂度不断增大，软件项目的成败不仅取决于技术是否先进，也取决于管理是否成功。对于软件专业人员来说，掌握项目管理知识和技能是必要的，因此近年来软件项目管理教学受到了人们的普遍重视，许多高等院校的软件专业均开设了“软件项目管理”课程。本教材就是为适应该课程的需要编写的。

本教材力求体现管理类课程的理论联系实际的教学原则，不仅以一个实际的软件项目案例贯穿始终，而且以大量篇幅提供了对实践教学环节的指导。此外，本教材注重内容的实用性，避免陷入内容庞杂、泛泛而谈的误区，根据专业能力培养的要求选择在软件产业界广泛使用且行之有效的管理理论、技术和方法，在知识容量和知识结构上精心设计，使教材适合本、专科阶段的教学要求。

本教材按照软件项目管理的核心知识领域组织全书内容，详细讲解了软件项目的立项、收尾、范围管理、进度管理、成本管理、质量管理、配置管理、团队管理、风险管理等内容，并在第 11 章介绍了软件项目管理工具，在第 12 章讲解了课程实践，这两章内容对软件项目管理课程的实践教学环节是必不可少的。附录部分提供了常用的软件项目管理文档的模板。

本课程的教学时数为 64 课时，各章的参考教学课时见以下的课时分配表。该表中的总课时数和课时分配仅供参考，在教学过程中可根据实际需要进行灵活调整。

章　节	课 程 内 容	课时分配	
		讲授	实践训练
第 1 章	绪论	2	
第 2 章	软件项目立项和规划	4	2
第 3 章	软件项目范围管理	4	2
第 4 章	软件项目进度管理	6	4
第 5 章	软件项目成本管理	4	
第 6 章	软件项目质量管理	4	2
第 7 章	软件配置管理	6	6
第 8 章	软件项目团队管理	6	
第 9 章	软件项目风险管理	4	
第 10 章	软件项目收尾与验收	2	
第 11 章	软件项目管理工具	4	
第 12 章	课程实践	2	
课时总计		48	16

本教材由刘海任主编。第 3、6 章由周元哲编写，其余各章由刘海编写。西安邮电大学计算机学院软件工程系的舒新峰主任和陈燕老师对本书的编写给予了大力支持并提供了宝贵的资料，在此表示由衷的感谢。

由于编者水平有限，书中难免存在错误和不妥之处，恳切希望广大读者批评指正。

编　者

2015 年 6 月

目 录

第 1 章 绪论

软件项目管理融合了软件工程学科和项目管理学科的知识，具有非常丰富的内容，本章以概述的形式对这一领域进行了介绍。首先讲解了项目和软件项目的概念及特征，然后介绍了软件项目管理的作用和内容，最后阐述了软件项目管理的两个最重要的原则：具体问题具体分析和系统性原则。通过学习本章，读者可以从宏观上理解为什么要学习软件项目管理以及要学习哪些方面的内容。

1.1 项目与软件项目

为了理解软件项目管理，需要首先理解项目和软件项目的概念和特征。

1.1.1 什么是项目

"项目"普遍存在于人类社会中,许多活动都是以项目的形式组织实施的,那么什么是项目呢?以下是项目的一个公认的定义：

项目是为完成某项独特的产品、服务或成果等特定目标所做的一次性任务。

从这一定义出发，可以总结出项目具有以下特征。

（1）项目具有明确的目标。项目的目标就是完成某一产品、服务或预期成果，而且在定义项目目标时通常带有进度和成本的限制，例如，某一项目的目标是："在 6 个月内，以 5 万元的成本开发完成学校网络教学平台"。

（2）项目具有独特性，也称一次性。不同于那种重复性的日常工作，项目创造独特的产品、服务或成果。例如，设计和建造"国家歌剧院"是一个项目，而每天的打扫卫生工作不是项目。

（3）项目具有临时性。临时性是指每一个项目都有开始和结束时间。当项目的目标已经达到，或由于各种原因项目不需要再持续下去时，项目即达到了它的终点，项目团队也会解散。任何项目的期限都是有限的，项目不是持续不断的努力。

（4）项目具有不确定性。在一个项目开始时，通常要对项目的进度、成本等进行估计，并据此提出项目目标，制定项目计划。但在项目执行过程中，人员、资金、技术、市场等因素在不断变化，项目可能会遇到各种各样的风险，这会给项目带来一定程度的不确定性，使项目不能完全按照原有计划执行，项目目标也可能不能完全达到。项目的不确定性与其独特性是密切相关的，由于项目是独特的，而不是简单重复以前的工作，因此对项目的估计和计划可能会不准确，而且可能会遇到以前未曾克服的困难，这自然会增加项目的不确定性。项目管理就是要把不确定性限制在可控范围内。

（5）项目使用的资源是有限的。资源包括人员、设备、材料等。项目管理必须考虑资源约束。

（6）项目是逐步完善（渐进明细）的。逐步完善意味着分步、连续的积累和逐步的细化。在项目初期，对项目范围、规模、成本、进度的估计和计划都是粗犷度的，随着项目的进展，对这些因素的理解会逐渐深入和细化。不难理解，该特性与项目的独特性和不确定性是密切相关的。

从以上介绍可以看出，项目是一种特殊的活动，它有效地利用各种资源，通过执行一系列相互联系的任务而达到一个独特的目标。在现代社会，项目无处不在，以下是项目的一些例子。

- 开发一个新的产品。
- 设计和实现一个新版的计算机应用系统。
- 一个工厂的现代化改造。
- 设计和建造一座独特的建筑。
- 进行一项研究，其结果将被恰当地记录下来。
- 某软件企业的 CMMI3 级认证。
- 举行一次学术研讨会。
- 举办一个一百周年庆典。

1.1.2 项目群和子项目

项目群是为了实现某一战略目标而以协同方式管理的一组项目。可以将项目群理解为比项目高一级的大型项目，例如“中国载人航天计划”“嫦娥工程”（中国月球探测工程）就是项目群，它们都包含了若干项目（例如中国载人航天计划中，神舟飞船的每一次发射都可作为一个项目），而这些项目被协同管理，以实现一个大的战略目标。企业或组织也可能会实施项目群管理，例如两个公司将要合并，这可能涉及创建统一的工资和会计应用程序、办公场所的物理重组、培训、新的组织级规程、通过宣传重塑企业形象等，许多活动都可以作为独立的项目来对待，但它们作为一个项目群需要相互协调。

子项目是项目的一个阶段或一个部分，可被相对独立地进行管理，也可外包给外部单位或组织内的其他职能单位。子项目的常见形式有：

- 根据项目过程划分的子项目，例如项目生命期的一个阶段。
- 根据专业技能确定的子项目，例如建筑施工项目中的水电工程。

1.1.3 软件项目及其特点

软件项目是一种特殊类型的项目，其特殊性表现在它的目标是生产软件产品。软件产品与其他类型的项目产品有很大的差异，Frederick Brooks 在他的文章《没有银弹》（最早发表于 1986 年国际信息处理联合会（IFIP）第 10 届世界计算大会会议录）中，总结了软件的以下特点。

1. 软件的特点

（1）复杂性。软件实体可能比任何人类创造的其他实体都复杂。一个只有少量状态的系统（如电梯、电话等）是很容易描述的，通常用一张状态转换图就可以清楚地表达其运行过程。但软件系统有数量极大的状态，这使得描述、设计和测试软件系统都非常困难；软件中没有任何两个部分是完全相同的，软件系统的扩展也不是相同元素的重复添加，而是不同元素实体的添加。大多数情况下，这些元素之间的交互途径以非线性递增的方式增长，因此整个软件系统的复杂度以更大的非线性级数增长。

（2）不一致性。软件工程中不存在像物理学、化学等传统学科中的那些通用原理，许多软件中的问题毫无规则可言，随着接口的不同而改变，随着时间的推移而变化。软件项目管理者和开发者做出的大多数判断是依据人为的惯例和经验，而不是通用原理。当然，软件工程中也有一些经验性原则，例如软件模块设计的“高内聚、低耦合”原则，但这些经验性原则不是定律，不能不分情况的套用，只能根据具体问题灵活应用。这种原理上的不一致性给软件的开发和维护带来很大困难。

（3）可变性。由于软件是纯粹的逻辑思维的产物，它可以很容易地被改变，可以无限地扩展。而实际上软件也总是处于持续的变更之中，用户需求的改变、运行环境和硬件平台的改变都会强迫软件随之变化。

（4）不可见性。软件是逻辑实体，不具有空间的形体特征，因此是不可见的和无法可视化的。用图形（如 UML 图）描述软件会受到很大限制，一种图形只能描述软件某一部分或某一方面的属性，而不能全面形象地描述软件。这种不可见性不仅给软件设计带来困难，也严重阻碍了人员之间的交流。

2. 软件项目的特点

正由于软件具有以上特点，软件产品的生产比一般产品的生产更难于控制。因此软件项目虽然具有项目的一般特性，但它是一个新的领域，具有以下特点。

（1）知识密集型，技术含量高。软件项目是知识密集型项目，技术性很强，需要大量高强度的脑力劳动。项目工作十分细致、复杂和容易出错。软件项目不需要使用大量的物质资源，而主要是使用人力资源，因此人员的因素极为重要，项目团队成员的结构、技能、责任心和团队精神对软件项目的成功与否有着决定性的影响。而在大量使用物质资源的项目中，除了人员因素外，材料和设备通常也有决定性影响。

（2）涉及多个专业领域，多种技术综合应用。软件项目属于典型的跨学科合作项目，例如开发大型管理信息系统就需要项目成员具有行业的业务知识、数据库技术、程序设计技术和信息安全技术等多专业领域知识。

（3）项目范围和目标的灵活性。在软件项目的进展过程中，客户对软件的需求很可能会发生变化，从而导致项目范围和目标的变化。软件开发不像其他产品的生产，有着非常具体的标准和检验方法，软件的标准柔性很大，衡量软件是否成功的重要标准就是用户满意度，但用户满意度这个标准在软件开发前很难精确地、完整地表达出来（主要原因是软件的复杂性和不可见性），这也使得在随后的开发和维护中项目范围和目标很容易发生变化。

（4）风险大，收益大。由于技术的高度复杂性和需求等因素的不确定性，软件项目风险控制难度较大，项目的成功率较低，但是一旦某个软件产品获得成功，将会带来相对高额的回报。

（5）客户化程度高。项目的独特性在软件领域表现得更为突出，不同的软件项目之间差别较大。软件开发商往往要根据客户的具体要求提供独特的解决方案，即使有现成的解决方案，也通常需要进行一定的客户化工作。

（6）过程管理的重要性。软件项目需要对整个项目过程进行严格和科学的管理，尤其是对大型、复杂的软件项目。“质量产生于过程”，必须监控软件开发的过程和中间结果，没有严格的过程管理，开发人员的个人能力再强也没有用。

目前，软件项目的开发和运作远远没有其他领域的项目规范，很多的理论还不能适应所有的软件项目，经验在软件项目中仍起很大的作用。

1.1.4 软件项目的两种类型

按照所针对的用户范围的不同，可把软件项目分为合同项目和通用产品项目。

合同项目是由甲方（客户方）和乙方（开发方）签订合同，甲方委托乙方开发合同规定的项目，甲方出资，乙方负责实施。对于开发方来说，承接合同项目通常不用自己大量投资，因而门槛较低，项目即使失败，代价通常也比较小。但另一方面，由于合同项目是为特定客户（甲方）定制的，很难直接“复制”项目卖给下一个客户，因而缺乏规模复制效益；另外开发者在决策上常受制于甲方，甲方提出的需求变化往往造成项目范围和目标的变化。

通用产品项目是由开发方自己出资研制软件产品，产品具有一定的通用性，可以销售给任何目标客户，而不是只销售给一个客户。通用产品项目的特点是具有规模复制效益，产品适合于所有目标消费群体，而且开发方可以自己主导开发过程，不受制于某一客户；但缺点是投资大，门槛高，项目失败的代价较大。

例如，某公司计划建设自己的企业资源计划（Enterprise Resource Planning，ERP）系统，通过招标的方式选择一个开发方来开发该系统，双方签订合同明确责任和权利，这就是一个合同项目（关于合同项目招投标过程请参见第 2 章）。微软公司开发的 Windows、Office 等软件产品是面向全世界的计算机用户，因此开发这些产品的项目就是通用产品项目。

1.2 软件项目管理概述

软件项目管理是一个较新的知识领域，其内容非常丰富，且处在快速发展过程中。本节介绍软件项目管理的基本概念和内容，首先讲解什么是一般意义上的项目管理，然后介绍软件项目管理的重要性和主要内容。

1.2.1 什么是项目管理

项目的实施往往需要耗费大量的人力、物力和财力，为了在预定的时间和预算内实现特定的目标，必须对项目进行科学的管理。所谓项目管理就是将各种知识、技能、工具和方法应用于项目之中，使项目能顺利进行，从而达到项目的要求。

项目管理贯穿于项目的整个生命周期，它包括两方面的工作：制定计划和实施计划。在项目的前期，项目管理者要对项目的所有工作制定计划，这个阶段的重点是确定项目的需求和范围，进行项目成本估算和资源分配，排定进度表等。项目计划完成后，要由整个项目团队按照计划来完成各项工作，在工作进展过程中，要不断跟踪和监督实际工作情况，并检查与项目计划之间是否有偏差，如果有偏差要及时调整。

成功的项目管理可以定义为：在一定的时间和成本范围内，能按一定的质量标准顺利完成项目，并取得了客户的认可。

项目的特点决定了它所需要的管理技术方法与一般业务运营管理不同。业务运营是一种生产重复性结果的持续性工作，它根据制度化的标准，利用配给的资源，执行基本不变的作业，例如生产运营、制造运营、会计业务、信息系统支持和运行维护等。因此业务运营管理关注产品的持续生产或服务的持续运作，保证业务的持续高效，它一般只需对业务运营的效率和质量进行考核。而在项目管理中，由于项目具有目标性和临时性，因此更注重以项目经理负责制为基础的目标管理，强调一切工作要面向项目的特定目标，而不强调工作的持续性。由于项目的一次性和不确定性特点，项目管理的一个主要方面是对项目中的不确定性和风险因素进行科学管理。此外，项目管理的全过程都贯穿着系统工程的思想，把项目看成一个完整的系统，依据系统论“整体—分解—综合”的原理，将系统分解为许多责任单元，由责任者分别按要求完成各单元的目标，然后综合成最终的成果。

前面介绍了项目群的概念。项目群管理主要致力于对项目群所包含的项目和其他组成部分进行协调，对它们之间的依赖关系进行控制，从而实现既定收益；而项目管理通过制订和实施计划来完成既定的项目范围和目标，为所在项目群的目标服务。

人们从大量的项目管理实践中总结了规律、方法和技术，已形成了项目管理学科，而项目管理学科的研究又反过来促进了项目管理实践的发展。

1.2.2　软件项目管理及其重要性

软件项目管理是项目管理中的一个特殊领域，它是以软件项目为对象的系统管理方法，它运用相关的知识、技术和工具，对软件项目周期中的各阶段工作进行计划、组织、指导和控制，以实现项目目标。

虽然项目管理的一般原则和方法也适用于软件项目管理,但根据前文所述的软件项目的特点，软件项目管理有很大的特殊性，需要采用适合软件项目的管理方法和技术。随着信息系统在各行各业的广泛应用，社会对软件产品的需求越来越多，国民经济对软件的依赖程度也越来越高，因此软件项目管理的重要性已被人们普遍认识。

管理对于软件项目的成功是至关重要的。目前软件的规模越来越大，开发软件不能采用个人作坊式的方式，而必须团队作战。软件项目涉及大量的人员和活动，有进度和资金限制，并会遇到各种变化、风险和矛盾，必须有良好的管理才能成功。美国 Standish Group 于 2003 年分析了 13 522 个项目，结论是只有 1/3 成功，82%的项目延期，43%的项目超出预算。而导致项目失败的原因通常都与项目管理有关，所以有人说软件项目是“三分技术，七分管理”。

学习软件项目管理对提高软件开发人员的专业素质是必不可少的。为了适应团队开发，软件专业人员必须具有团队协作能力，能够理解软件项目在进度、成本、质量、人员等方面的计划和相应的措施，从而更有效地工作并为所在企业创造价值。特别是那些处于管理岗位上的人员，更要有项目管理的知识和技能。经验表明，我国培养的软件人才知识结构不好，工程协作、系统分析、项目管理等能力不强，因此在软件专业人才的培养上必须高度重视项目管理能力的提高。

1.2.3　软件项目管理的主要内容

美国的项目管理学会（Project Management Institute，PMI）制定的项目管理知识体系（Project Management Body Of Knowledge，PMBOK）是一份比较权威的指南，为所有的项目管理提供了一个知识框架。该体系归纳了项目管理的以下 10 个知识领域。

（1）项目整体管理：包括项目章程和项目计划的制定，指导与管理项目执行，监控项目活动，整体变更控制，项目收尾等。

（2）项目范围管理：项目范围规定了一个项目中有哪些工作，范围管理就是对项目的范围进行规划、定义、核实和控制。

（3）项目时间管理：包括项目活动定义、排序、历时估算，进度计划的编制和进度控制。

（4）项目成本管理：包括项目成本的估算、预算和成本控制。

（5）项目质量管理：通过质量保证和质量控制手段，确保项目产品、服务或成果的质量满足用户要求。

（6）项目人力资源管理：保证最有效地使用人力资源，包括分配项目角色、项目团队的组建、团队建设、绩效管理等。

（7）项目沟通管理：保证项目干系人之间顺畅而充分的信息交流，包括确定项目干系人的信息需求、信息发布，搜集与传播项目的绩效信息等。

（8）项目风险管理：对项目可能遇到的各种风险进行识别、分析、应对和监控。

（9）项目采购管理：项目采购是从项目团队外部购买或获取所需产品、服务或成本的过程。项目采购管理包括采购规划、询价、选择卖方、合同管理等。

（10）项目干系人管理。识别能影响项目或受项目影响的全部人员或组织，分析他们对项目的期望和影响，采取合适的管理策略处理利益冲突，有效调动他们参与项目决策和活动。

前面讲过，软件项目管理是一种特殊的项目管理，因此上述 10 个知识领域也适用于软件项目管理。但由于软件项目的特殊性，对软件项目管理的研究和学习不能完全照搬传统项目管理的知识、方法和技术。软件项目管理已形成一个独立的项目管理学分支，它除了包含上述 10 个知识领域外，还特别注重软件配置和软件过程的管理。

软件项目在执行过程中会产生大量的程序和文档，它们统称为配置项。软件项目的配置项种类繁多且处于不断的变更之中，为了使项目顺利进行并保证软件产品的质量，这些配置项的变更必须得到控制，保证它们的完整性、一致性和可追溯性，这正是软件项目配置管理的目的。

软件过程是生产高质量软件所需完成的任务框架，即形成软件产品的一系列步骤，以及每一步骤的中间产品、资源、角色及所采取的方法、工具等。软件产品的质量标准必须通过严格控制的软件过程来达到，而大型软件项目的过程是高度复杂和灵活的，因此必须关注软件过程的管理和持续改进。一些被证明行之有效的过程框架，如 rational 统一过程、微软解决方案框架（MSF）等，已被产业界广泛采用，过程改进模型 CMMI、ISO15504 也已成为软件业普遍采纳的标准。

随者软件业的快速发展，软件项目管理也处在不断的发展变化之中。近年来兴起的软件外包、开源软件项目等新的项目模式和技术给软件项目管理提出了新的课题，不断丰富着软件项目管理的理论和实践。

本书以项目管理知识体系（PMBOK）的知识体系为基础，结合软件项目的特点，并兼顾一些新方法和新技术，对软件项目管理进行了全面而清晰的讲解，包括：软件项目立项和策划、范围管理、进度管理、成本管理、质量管理（包括软件过程改进）、软件配置管理、风险管理、团队管理、项目收尾与验收、软件项目管理工具。

1.3 软件项目的生命周期和管理过程

软件项目的生命周期是指软件项目从启动到收尾所经历的一系列阶段。“阶段”是指具有一定逻辑关系的项目活动的集合。把软件项目划分为一系列阶段，并在不同的阶段执行特定的项目管理活动，有利于问题的分解，也有利于项目工作的管理、规划和控制。

软件项目划分为哪些阶段以及阶段之间有什么样的关系取决于项目的特征，与项目的生命周期模型（也称过程模型）有密切联系。例如，采用瀑布模型的软件项目明确划分为需求分析、设计、编码、测试、维护等阶段，且阶段之间是顺序关系；而采用迭代式模型的软件项目把生命周期划分为若干迭代，在每一个迭代周期中都可能包括需求分析、设计、编码和测试活动，且这些活动常出现交叠关系。有关软件项目生命周期模型的讨论请参见本书 2.7.2 节。

尽管软件项目的特性各不相同，但从宏观上看，其生命周期都可以划分为 4 个大的阶段（实际上不只是软件项目，所有类型的项目都可以这样划分）：项目启动、项目规划、项目执行和项目收尾，如图 1.1 所示。

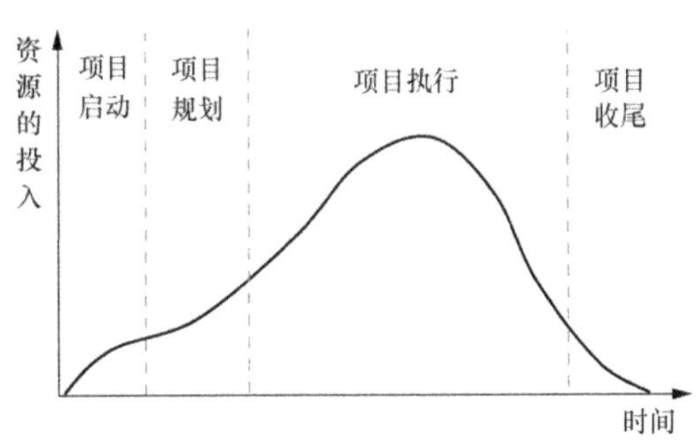

图 1.1　项目生命周期的典型结构

1. 软件项目生命周期的特征

软件项目的生命周期通常具有以下特征。

（1）在项目生命周期的不同时期人力和费用的投入是不平均的，开始投入比较低，然后逐渐升高，在项目的实施、控制阶段，达到最高峰，此后逐渐下降，直到项目的终止，如图 1.1 中的资源投入量曲线所示。

（2）风险与不确定性在项目开始时最大，并在项目的整个生命周期中随着决策的制定和可交付成果的验收而逐步降低，如图 1.2 所示。

（3）对项目作出变更或纠正错误所消耗的成本在项目初期较小，随着项目越来越接近完成而显著提高，如图 1.2 所示。

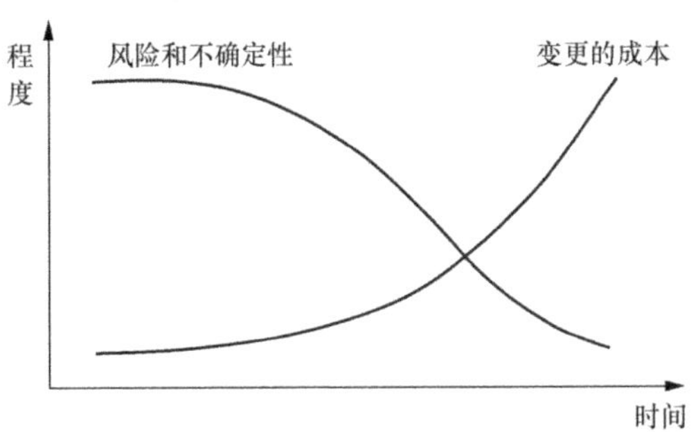

图 1.2　项目生命周期中随时间变化的变量

上述特征在几乎所有项目的生命周期中都存在，但因项目特征的不同而表现出不同的程度。例如，采用线性生命周期模型的项目比采用迭代和适应型生命周期模型的项目表现出更为明显的上述第 3 条特征，因为迭代和适应型生命周期模型采用了各种措施来把变更成本一直控制在较低水平。

2. 软件项目生命周期中的主要项目管理工作

下面介绍在软件项目周期的 4 个阶段中需要执行的主要项目管理工作。

在项目启动阶段，要发现项目机会，识别客户需求，在此基础上定义项目目标和初始范围；落实项目的初步财务和人力资源，选定项目经理并授权开始项目。

在项目规划阶段，要为实现目标而制定行动方案，针对项目的范围、进度、成本、质量、风险、人力资源等方面进行规划，形成项目管理计划文件。

在项目执行阶段，管理人员要指导项目组成员完成项目管理计划中所确定的工作，从而满足客户的需求。在该阶段的末尾通常需要对项目产品或服务进行验证。在这一阶段还要不断监控项目的执行过程，测量项目的实际进程和质量指标是否与计划一致。如果测量结果表明出现了偏差，要立即采取纠正措施，以使项目恢复到正常轨道，或者更正计划的不合理之处。

在项目收尾阶段要进行项目移交和总结工作，确认所有的项目可交付物都已移交给客户，所有的费用都已经清算。对项目承担者来说，要对项目过程进行总结，得到对本组织的改进有益的经验教训。项目组需要调查客户的满意度，收集客户和项目团队成员的建议，从而能够改进以后项目的性能。

需要注意的是，项目的生命周期与项目产品的生命周期是两个不同的概念，一个项目结束后，项目产品或服务的生命周期通常不会结束。对于一个软件项目来说，当把软件产品移交并通过用户验收后，通常项目就结束了，但软件产品还有很长的使用和维护期，在此期间对于比较大的软件修改维护任务，可另外设立项目来进行管理。

1.4 软件项目管理的基本原则

在学习软件项目管理或执行软件项目管理工作时，应掌握好两个基本原则：具体问题具体分析和采用系统方法。

1.4.1 具体问题具体分析

软件项目管理的知识体系与数学、物理等学科不同，它不存在“公理系统”，其理论体系不是由公式和定律组成，而是由经验性的原则和方法组成，其解决问题的主要方式也不是套用定律进行推理，而是针对具体项目情况对原则和方法灵活运用。不存在任何情况下都适用的方法，要坚持具体问题具体分析。因此做一个优秀的项目管理者，要具备一定的经验，要学好软件项目管理，不仅要从书本上学习理论知识，还要善于积累实践经验。

1.4.2 系统方法

项目管理思想和理论起源于一般系统管理理论，特别强调系统方法。所谓“系统”是指相互作用的各成分的综合体，其首要特征是整体性，同时具有目的性和组成成分间的协调性。任何事物都可以看作是一个系统，而系统方法是处理复杂问题的常用方法，它具有以下特征。

- 对各组成部分之间的关系进行评价；
- 将各组成部分集成和匹配到一个统一的整体中；
- 将所有活动整合到一个有意义的系统化的动态过程中；
- 寻找解决问题的最佳方案和策略；

- 保证解决问题时的客观性。

系统方法要求把项目看作一个动态系统，其中的人、过程和工具紧密配合，各种项目活动密切关联且相互制约。本书 1.2.3 节所介绍的项目管理的范围、进度、成本、质量、风险、软件配置、人力资源等方面虽然各有其不同的内容，在本书和其他相关参考书籍中也是分开讲解的，但在一个软件项目中，不能孤立地看待其中任何一个方面，而要综合分析它们之间的关系。例如要加快项目进度，成本和产品质量通常会受到影响，必须做出相应的调整。作为项目管理者，必须站在系统整体的高度权衡各方面的因素，找到最佳平衡点，从而达到针对项目目标的全局最优，而非片面追求局部最优。在学习软件项目管理时，我们也要注意不同知识领域之间的关联。

系统方法强调客观性，即客观地看待事物，避免主观意识的偏差。这意味着在项目管理工作中要重视数据的收集和分析，以实证的方式评价工作成果。因此处理项目管理问题时常常采用以下步骤。

- 收集数据和信息；
- 分析数据和信息；
- 根据数据和信息分析结果比较各备选方案；
- 选择最佳方案并预测结果；
- 执行方案并同时收集数据和信息；
- 根据数据和信息测评执行结果并与预期结果相比较。

本书在介绍软件项目管理的各知识领域时，将注重以系统的观点和方法进行分析和讲解。

本章小结

本章是全书的基础，介绍了软件项目管理的基本概念和内容。软件项目是一种特殊的项目，具有项目的一般特点，即目标性、临时性、独特性、渐进明细、资源受限、不确定性，同时又具有其自身的特点，如知识密集、灵活性大、风险高、客户化程度高等。由于这些特点，软件项目管理是非常必要的，它对保证软件项目的成功和提高开发人员的专业素质都是必不可少的。

软件项目可分为合同项目和通用产品项目两种类型。

软件项目管理学科的内容涵盖了 PMBOK 的 10 个知识领域，同时由于软件项目的特殊性，还特别注重软件配置和软件过程的管理。软件项目的生命周期通常可划分为 4 个阶段：项目启动、项目规划、项目执行和项目收尾，在整个生命周期中都要实施项目管理，以保证实现项目目标。

软件项目管理有两个基本原则：具体问题具体分析和采用系统方法，无论是学习还是具体实施软件项目管理，都要注意运用这两个基本原则。

习 题

1. 名词解释

（1）项目

（2）项目群

（3）子项目

（4）软件项目管理

2. 问答题

（1）下列哪些活动不是项目？

- 探索火星生命迹象；
- 向部门经理进行月工作汇报；
- 开发新版本的操作系统；
- 每天的卫生保洁；
- 组织一次校园歌唱比赛；
- 一次集体婚礼。

（2）软件产品具有哪些特点？软件项目有哪些特点？

（3）为什么说学习软件项目管理是非常重要的？

（4）你认为在一个软件项目中，为保证软件项目的成功，主要应注意哪些方面的管理？

（5）软件项目的生命周期通常可分为哪几个阶段？各阶段需完成哪些任务？

（6）软件项目管理为什么要坚持具体问题具体分析的原则？

（7）软件项目管理的系统方法具有哪些特征？

第 2 章 软件项目立项和规划

在软件项目的开始阶段，必须做好项目的立项和策划工作，这是项目后续工作的基础。首先要根据用户需求、市场、政策等因素选择合适的项目；其次要进行项目的可行性分析，对项目的技术可行性、投资效益、法律风险等因素进行评估，得出项目是否可行的结论；根据可行性分析的结果进行项目申报，完成立项。合同项目和通用产品项目的立项过程有所不同，前者注重面向特定客户的需求分析和方案设计，后者则注重广泛的市场调查和产品构思。项目立项后，还要制定项目计划，分析项目特征，选择合适的项目方法。本章对上述内容进行详细讲解。

2.1 发现项目机会

项目开始于识别了一项用户需求或一个待解决的问题。对于项目组织来说，用户的需求和问题就是选择项目的依据，是项目投资机会。通常投资者是从市场、技术以及国家有关政策和产业导向等方面来寻找项目投资机会。

市场需求是决定项目投资方向的主要依据，投资者应善于进行市场分析。市场分析是一项复杂的工作，不仅要客观地分析市场现状（市场容量的大小，是供不应求，还是供过于求），还应科学地预测未来市场的发展趋势（高速成长，平稳发展，还是逐渐衰退）。更重要的是，必须清楚地了解主要竞争对手的产品、市场份额以及他们正在做什么、下一步打算做什么，做到“知己知彼”。

信息技术发展迅速，新技术也会带来项目机会。例如，新一代移动通信技术（4G）的成熟使4G 手机及相关软件和服务的研发项目成为可能。目前新一代互联网技术、移动通信技术、大数据技术、嵌入式软件技术、信息安全技术、电子支付技术发展很快，基于这些新技术的应用系统前景广阔。

国家政策和产业导向对选择项目也是非常重要的。选择项目的政策导向性依据主要包括国家、行业和地方的科技发展和经济社会发展的长期规划与阶段性规划，这些规划一般由国务院、各部委、地方政府和主管厅局发布。例如：

- 国家中长期科学和技术发展规划纲要（2006—2020 年）；
- 国家高技术研究发展计划（863 计划）；
- 国家重点基础研究发展计划（973 计划）；
- 国家自然科学基金；
- 国家高新技术产业化计划；
- 电子信息产业发展基金；

- 火炬计划；
- 制造业信息化规划。

这些规划中都有与软件产业相关的发展规划和政策导向。

此外，应注意客户发布的项目招标，及时得到行业中客户单位的招标信息，进行可行性分析并投标。

2.2 项目可行性分析

识别出的项目机会只能作为候选项目，还必须对其进行可行性分析，才能确定能否将其作为一个项目来实施。如果同时发现了多个项目机会，比本组织一次能承担的项目多，还要通过可行性分析对这些候选项目机会排优先级。

一些问题的解决方案是不成熟的，或非常复杂的，以至于不能在可接受的时间期限和成本之内解决。如果问题没有可行的解，那么花费在这个项目上的时间、人力、软硬件资源和经费，都是无谓的浪费。项目可行性分析的目的，就是用最小的代价在尽可能短的时间内确定以下问题：项目有无必要？能否完成？是否值得去做？

软件项目的可行性分析通常包括以下步骤。

（1）明确项目规模和目标。

（2）研究正在运行的系统。

（3）建立新系统的逻辑模型。

（4）导出和评价各种解决方案。

（5）推荐可行方案。

（6）编写可行性研究报告。

一般来说，在上述第 4 步、第 5 步至少应该从以下两个方面分析项目的可行性。

（1）技术可行性方面，使用现有的技术能实现项目目标吗？

（2）经济可行性方面，这个项目的经济效益如何？

在必要时还应该从用户环境、法律、社会等更广泛的方面研究项目的可行性。

2.2.1 现有系统的分析

在明确了软件项目的规模和目标之后，如果目前已经有一个软件系统正在被使用，就需要认真分析现有的软件系统，明确现有系统对于新项目目标的实现程度如何，有哪些局限，经过改进性维护能否实现这些目标。

如果现有的软件系统经过简单的改进性维护就可以实现新的系统目标，就没有必要重新开发一个新软件；如果现有系统局限较大，技术落后，难以扩充，则可以考虑开发新的系统。

2.2.2 技术可行性分析

技术可行性分析的目的是确定能否利用现有的或可能拥有的技术能力来实现项目目标，因此需要分析实现系统功能和性能所需要的各种设备、技术、方法和过程，评价技术人员的能力，分析项目开发在技术方面可能担负的风险，以及技术问题对开发进度和成本的影响，等等。

1. 项目总体技术方案分析

项目总体技术方案分析要着重分析项目所采用的技术方案是否合理，包括项目所依据的技术原理，主要技术、方法、过程与性能指标，项目拟采用的质量标准类型等。

2. 软件组织水平与能力分析

软件组织水平与能力分析主要包括软件组织的研发能力、生产及营销能力、资金管理能力和其他特殊能力的分析。研发能力包括研发队伍的技术水平、资金投入能力以及近年来取得的研发成果；生产及营销能力包括组织具备的生产条件、经营模式和市场策划能力、销售渠道等；资金管理能力包括应收账款、应付账款的管理策略和回收及支付能力，是否得到过银行贷款并能够按期偿还，是否有银行颁发的资信等级证书等；其他特殊能力包括已获得的质量认证、高新技术企业认证以及其他特殊资格或证明等。

3. 项目技术来源分析

项目技术来源主要有以下几种情况。

（1）自主研发，指在产品的规划、概念开发、系统设计、详细设计、测试与改进中以企业自身为主来展开工作，拥有完全的自主知识产权和决策权。

（2）合作开发，指以某种方式与其他企业或组织合作，在这种方式下要明确技术成果的所有权和使用权。

（3）使用国内外其他组织或个人的技术，这种方式需要明确是技术转让还是技术入股以及技术成果的所有权是否转移等。

4. 与项目相关的专利分析

技术专利是受法律保护的，因此要仔细研究项目相关技术专利的全部信息，如专利号码、专利名称、专利类型、专利权人、专利进展情况和范围等。

5. 项目负责人及技术骨干的资质分析

对项目负责人和技术骨干的学历、专业、职称、项目研发经历、近期主要科研成果、论文和专著、获得的主要奖励、与项目承担单位之间的关系（全职、兼职、股东）等方面的情况进行全面的了解和分析。

有时，软件企业为了顺利承接项目，必须达到一定的资质，例如，我国的“系统集成商三级”资质在人员方面有如下要求。

（1）企业从事软件开发、系统集成等业务的工程技术人员不少于 100 人，且本科学历人员所占比例不少于 80%。

（2）企业总经理或负责系统集成工作的副总经理具有 4 年以上从事信息技术领域企业管理工作的经历；企业拥有已获得信息技术相关专业高级职称，且从事计算机信息系统集成工作不少于 4 年的技术负责人；企业拥有中级职称以上的财务负责人。

2.2.3　项目投资及效益分析

人们投资于一个项目的目的是为了在将来得到更大的收益。但是，投资开发一个新的信息系统往往要冒一定风险，例如系统的开发成本可能比预计的高，市场需求可能会发生变化，这些都可能导致效益比预期的低。项目投资及效益分析（也称经济可行性分析）的目的正是要从经济角度分析开发一个特定的新系统是否划算，从而帮助客户组织的负责人正确地作出是否投资于这个项目的决定。

项目投资及效益分析需要估计出项目的开发、运行费用和新系统将带来的经济效益，并对两者进行比较，得到一系列成本/效益指标。因为费用和经济效益两者在系统的整个生命周期中都存在，与系统生命周期的长度有关，所以应该合理地估计系统的寿命。

1. 项目成本估计

软件项目的成本主要可分为以下几类。

（1）开发成本：项目开发阶段支出的成本，包括参与开发的员工工资和其他所有相关成本。

（2）安装成本：包括使系统投入使用需要的成本，主要由新的硬件和外部设备的成本组成，但也包括文件转换、人员培训等方面的成本。

（3）运行成本：系统在运行阶段支出的陈本，一般包括操作费用和维护费用。

具体的软件项目成本估计方法将在本书第 5 章详细讲解。

2. 市场需求与产品销售额分析

项目效益分析的基础是对项目产品在其生命周期内的市场需求量做出估计。可以从以下角度进行分析。

（1）市场的地域范围。产品的市场主要是在国内还是国外？主要面向哪些国家/地区？

（2）产品面向的行业。绝大部分软件产品都有其应用领域，例如进销存管理系统主要用于商业领域，专业排版软件主要面向报纸、期刊、出版社、印刷厂等。

（3）同类产品的竞争。应仔细分析目前市场上同类产品的生产厂家以及他们所占的市场份额，如果可能的话，还应了解竞争对手正在开发什么样的新产品，什么时间推出。

分析项目产品的市场需求和销售额时，应从项目完成之日起逐年分析，并考虑产品的生命周期。根据信息系统的特点，软件产品生命期一般可确定为 5 年。通常第一年的销售额稍低一些，第 2、3 年达到高峰，随后开始下降，5 年之后将被更新的产品所取代。当然，根据不同软件产品的特点，其生命期的变化范围是比较大的，有的可能只有 3、4 年，有的会长达 10 年以上。

3. 现金流预测

在成本估计、市场需求与产品销售额分析的基础上，就可以进行现金流预测，即预测何时要支出费用，何时有收益。表 2.1 列出了某一软件项目的现金流预测。

表 2.1　某项目的现金流预测

年	收益（单位：美元）
1	−100 000
2	50 000
3	60 000
4	30 000
5	10 000
净利润	50 000

表 2.1 中的数字是每年年终的汇总。由该表可以看出，项目在第一年由于处在开发阶段，需要投资，因此收益为负值（投资额），此后随着开发阶段的结束和销售量的增加，收益也增加，在生命周期的后期，收益又随着销售量的下降而减少。

准确的现金流预测并不容易，因为一般是在项目生命周期的早期进行预测，而要估计的现金流是在未来的几年中发生的，此外还要考虑通货膨胀等因素的影响。

有了现金流预测，就可以得到净利润、投资回收期和投资回报率等成本/效益分析指标。

4. 净利润

项目的净利润是在项目的整个生命周期中总成本和总收益之差。例如，在表 2.1 中，该项目的净利润为 5 万美元。净利润是一个简单明确的指标，但它的局限之一是没有考虑现金流的时限，即不能反映什么时候获得收益。一般来说人们期望一个项目能够比较早地获得预期收益，因为对更遥远的未来进行的收益估计比短期估计更不可靠。

5. 投资回收期

投资回收期就是使累计的经济效益等于最初投资所需要的时间。例如，表 2.1 中的项目投资为 10 万美元；第 2 年收益为 5 万美元，比投资额还差 5 万美元；第 3 年又有 6 万美元收益。5/6=0.83，所以投资回收期是 2.83 年。

显然，投资回收期越短，就能够越早获得利润。

6. 投资回报率

投资回报率也称作会计回报率，它提供了一种方法来比较净收益率与投资额，从而能够用来衡量投资效益的大小。有一些用于计算投资回报率的公式，但最简单而常见的形式是：

投资回报率=（平均年利润/总投资）×100%

例如，表 2.1 所示的项目净利润是 5 万美元，而总投资是 10 万美元，项目生命期是 5 年，因此投资回报率为（（50 000/5）/100 000）×100%=10 %。

2.2.4 其他方面的可行性分析

除了技术可行性和经济可行性分析外，有些项目可能还需要在以下几个方面进行可行性分析。

（1）操作可行性：项目产品的运行操作方式与用户组织的规章制度、习惯、企业文化等是否相容？在用户环境下能否行得通？

（2）法律可行性：产品开发过程中是否会涉及有关合同、侵权、责任以及各种与法律相抵触的问题？

（3）政策可行性：项目产品是否有政府政策的支持或限制？

2.2.5 开源软件的分析和使用

在软件界，开源运动已经有 30 年的发展历史，产生了异常丰富的开源软件。目前，几乎每一款商用软件都有其开源替代品，开源软件对每一个软件开发者来说都是一个取之不尽的宝库。在软件项目中使用开源软件也已是非常普遍的现象，应在立项阶段就对其进行可行性分析。

使用开源软件能为软件项目带来以下好处。

（1）节省成本、提高开发效率。在开源软件的基础上进行定制和二次开发，不需要“重新发明轮子”。

（2）开放和自由。开源软件通常符合开放标准，使用户不会被个别商业公司的专有标准束缚。由于用户拥有源代码，可以进行定制、修改和扩展，比使用商业软件灵活和自由得多。

（3）公开透明。开源软件的代码是公开的，可保证安全性，适用于涉及国家或商业安全的领域。

（4）提供良好的学习平台。通过阅读源代码、文档、社区网站上的讨论等，可以理解开源软件的架构、设计，观察技术决定的决策过程等，对于开发人员技术水平的提高有很大促进作用。

但是，使用开源软件也存在着一定的风险，需要谨慎地分析和选择。

首先，使用开源软件存在质量风险。绝大多数开源软件许可证都有免责条款，这意味着如果软件出现质量问题，没有人为用户负责。因此要把住质量关，对候选的开源软件进行评估，保证使用优秀的、成熟度高的开源软件。除采用常规的评价方式（如测试）外，还可利用开源项目特有的一些信息来评价其成熟度，例如项目领导者、开发者社区的规模和活跃程度、用户的规模、是否有安全补丁机制、文档是否丰富等。

其次，开源软件不提供技术支持和服务承诺，这可能会给开源软件的使用和维护造成困难。如果要对开源软件进行修改和扩充，使用者应尽量熟悉开源软件的架构。可从开源社区获得一些技术咨询，必要时还可购买软件支持服务（也称为“订阅”）。例如 Redhat 公司提供 Linux 操作系统发行版并出售订阅服务，MySQL 数据库由 Oracle 公司出售订阅服务。

最后，注意使用开源软件存在法律风险。这些法律风险主要来自著作权、专利和开源许可证。绝大多数开源软件都是有著作权的，一些开源软件还包含着专利。开源软件的著作权所有者或专利持有者一般通过许可证把权利授权给用户，同时也要求用户遵守一定的约束。由于开源软件的开发者众多且分散，其著作权和专利来源复杂，容易产生侵权现象。因此，在使用开源软件前，要通过各种渠道调查清楚是否涉及著作权和专利方面的问题和纠纷，必要时向专业机构咨询相关法律问题。

开源软件许可证在把各种权利授予用户的同时也对开源软件的传播进行了不同程度的约束。目前，开源软件许可证有很多种，使用较广泛的有 GPL、MPL、BSD 许可证、MIT 许可证、Apache 许可证等，不同的许可证对开源软件的使用有不同的约束。例如，对于将开源软件进行修改后以商业软件的形式发布，GPL 许可证是不允许的，而 BSD、MIT 和 Apache 许可证则是允许的。因此软件项目在使用开源软件前应详细解读其许可证，遵守其约束。

2.3 合同项目立项过程

合同项目在立项阶段有一个招投标和合同签署过程，如图 2.1 所示。

图 2.1 合同项目立项过程

甲方在招标书中提供自己的需求，通过对外招标选择合适的项目承接方。应标方要了解清楚甲方的需求并进行可行性研究，通过投标来争取项目。甲方经过评标后，选择一个中标者（乙方）承接项目，双方签署合同。这一项目招投标过程具有以下特征。

（1）平等性。商品经济的基本法则是等价交换。招标投标是独立法人之间的经济活动，按照平等、自愿、互利的原则和规范的程序进行，双方的权利和义务都受到法律的保护和监督。招标方应为所有投标者提供同等条件，让他们展开公平竞争。

（2）竞争性。招投标的核心是竞争，按规定每一次招标必须有三家以上投标，这就形成了投标者之间的竞争，他们力争以各自的实力、信誉、服务、报价等优势，战胜其他的投标者。招标人可以在投标者中间“择优选择”，有选择就有竞争。

（3）开放性。正规的招投标活动，要在公开发行的报刊杂志上刊登招标公告，打破行业、部门、地区、甚至国别的界限，打破所有制的封锁、干扰和垄断，在最大限度的范围内让所有符合条件的投标者前来投标，进行自由的竞争。当然，对于一些项目来说，其招投标的开放性是相对的，因为对投标方的选择有一定限制，这一点在下面讲到项目招标的时候还会进一步介绍。

2.3.1　项目招标

招标方要在招标文件（也称招标书）中说明自己需求，让参与投标的单位按照规范的格式准备投标书。因此招标文件是投标人编写投标书的基础，也是签订合同的基础，必须小心谨慎，力求准确完整。一般来说招标文件包括以下主要内容。

（1）投标人须知：对投标人的要求和投标文件编制要求。

（2）开标、评标、中标和签订合同的程序和相关规定。

（3）需求说明：明确说明项目的需求和目标，这是投标文件的核心内容。

招标文件模板请参见本书附录 A.1。

招标文件制作好后，招标者要向供应商发出正式的投标邀请，并向他们发送（或发售）招标文件。招标的方式有多种，常见的可分为 3 类：公开的招标、受限制的招标、已商定的过程。

公开的招标是将招标信息在社会上公开发布，使一切潜在的供应商都获得平等的参与投标的机会。发布招标信息可以选择报纸等传统媒体，也可以选择专业的网站，后者不仅便于传播信息，而且能够被广泛搜索。公开的招标可以最大程度地吸引更多的供应商来投标，有利于招标者获得最优的服务或最低价格的解决方案，但缺点是在投标者很多的情况下很耗时，且成本较高。

招标者可能对供应商有一定的筛选标准，在这种情况下，可以只向一些经过筛选合格的供应商发出投标邀请，这就是受限制的招标。这种招标方式针对性强，比公开的招标节省时间和成本，但也有可能错过最佳的供应商。

在某些特殊情况下，客户可能会以已商定的过程直接与某一个供应商谈判。例如，一个软件系统已经由某供应商成功地实现，但是客户决定要在原有系统的基础上再进行一些扩展。由于原先的供应商非常熟悉现有系统，因此直接与原先的供应商谈判可能是最佳选择，而重新进行一次完整的招投标过程无论在效率上还是成本上都是不可取的。当然，直接接受一个供应商，客户有可能难以得到优惠的价格，所以仅在有了清楚判断的时候才采取这种方式。

尽管参与投标的供应商拿到了招标文件，但对招标者的企业情况可能还是缺乏一些了解，而且各自对招标文件中的内容的理解也不一样，为了以统一的口径传递信息，招标者可以组织统一答疑。在答疑过程中，不仅对招标项目做进一步诠释和阐述，也将提供充足的机会让投标者提问并予以解答。

2.3.2　项目投标

供应商在得到招标文件后，要仔细分析项目需求，并进行可行性研究（参见本书 2.2 节），在做出项目可行的结论并决定参与投标后，就要组织人员编写投标书。投标书应按照招标文件的要求来编制，对招标文件提出的实质性要求和条件做出响应。对于软件项目来说，投标书的主要内容一般可以分为两大部分：商务标部分和技术标部分。本书附录 A.2 给出了项目投标书模板。

商务标部分的主要内容如下。

（1）投标函和法定代表人授权委托书。

（2）投标报价详细预算。

（3）投标方资质证明材料。

技术标部分用于提供完整的技术方案，其主要内容如下。

（1）系统需求分析。

（2）系统解决方案。主要包括系统的总体架构，各子系统的解决方案，软硬件平台，关键技术等。

（3）项目进度安排。

（4）培训、售后服务和技术支持。

（5）项目实施风险分析。分析项目可能遇到的风险、风险的影响以及应对措施。

（6）项目验收工作计划。项目验收可能包括用户参与的验收测试、系统试运行、项目交接工作等，对这些工作进行规划。

各投标者要在招标文件规定的时间期限内向招标者递交投标书，然后招标人要在公开场合下开标。开标时要由招标者代表或由招标者委托的公正机构对投标书密封情况进行检查和公证，然后由招标者拆封，并将各家的报价公开。这一过程体现了招投标的公正公开性。开标之后就进入了评标阶段。

2.3.3 项目评标

评标就是根据招标文件中规定的条件对投标者进行评估，从中选择能够提供最优服务和最合理价格的供应商。评标由招标者组建的评标委员会负责，根据我国的招投标法，评标委员会由招标者的代表和有关技术、经济等方面的专家组成，成员人数为 5 人以上单数，其中技术、经济等方面的专家人数不得少于成员总数的三分之二。

评标委员会成员的评标活动应当独立进行，保证公平、公正地对待所有投标者，对所有投标者的评价均采用相同的程序和标准。凡属于对投标书的审查、澄清、评价和比较的有关资料以及中标候选人的推荐情况等均要严格保密。

对于软件项目来说，评标过程可能包括：对投标书进行详细审查，与投标者代表进行会谈，已有软件成果的演示和测试，参观开发现场等。评标的结果通常是对投标者的各个方面进行量化打分，按照分值将投标者排序。

2.3.4 合同签署

经过评标过程，会有一个或几个投标者中标，中标者应该符合下列条件之一。

（1）能够最大限度地满足招标文件中规定的各项评价标准。

（2）能够满足招标文件的实质性要求，并且经评审的投标价格最低。

中标者确定后，招标者应向中标者发出中标通知书，并同时将中标结果通知所有未中标的投标人。为了更好地管理和约束双方的权利和义务，以便更好地完成项目，招标者（甲方）和中标者（乙方）要签署一个具有法律效率的合同。双方就合同条款进行协商，达成共识，然后双方代表签字，合同生效。

合同是客户和供应商之间具有法律效力的“契约”，明确规定了双方的责任和权利。合同的具体条款由当事人双方自行约定，但一般来说，软件项目合同应包含以下各项内容。

（1）权利与义务。明确甲方与乙方的权利和义务，这是合同的主要内容。

（2）供应的商品与服务。说明乙方应向甲方交付的设备和软件，以及应提供的服务。可能的服务包括培训、安装、现有文件格式的转换、系统维护等。

（3）技术成果的归属。软件项目的产品有著作权和所有权。一般来说甲方支付开发成本之后，软件的所有权将转给甲方，但软件的著作权仍然属于开发者（乙方）。如果要将软件著作权也转给甲方或者双方共有著作权，则在合同中要明确写明相关条款。

（4）项目的质量要求。采用技术指标限定等方式来描述软件项目的整体质量标准和各部分质量标准，这是判断整个项目成败的重要依据。

（5）项目的各种期限。明确乙方提交有关基础资料的期限、项目的里程碑时间以及项目的验收时间等重要期限。

（6）保密约定。明确约定双方都不得向第三方泄露对方的业务和技术上的机密，要具体规定保密的内容和保密期限等。

（7）验收标准和方法。规定项目通过验收的标准，并说明甲方进行验收测试的时间、对哪些可交付物进行验收测试以及验收测试结束之后的签字等细节。

（8）价格和付款方式。说明项目的价格及其构成，并规定付款方式（例如是否采用分期支付）。

（9）违约处理方法。约定如果合同双方违反了合同条款，应承担什么违约责任，以及违约金的计算方法和赔偿方式。

（10）解决争议的方法。说明在合同双方出现争议与纠纷时采取何种方式来协商解决。

（11）客户承诺。对于软件项目来说，客户经常需要参与开发工作，另外开发者在客户工作地点进行调研、测试等活动时，需要客户提供膳宿和通信设备等条件。这些要求都应在合同中写明。

在项目实施期间，合同双方还要执行合同履行情况跟踪管理和变更管理。

合同履行情况跟踪管理是指对合同当事人按规定履行应尽的义务和职责的情况进行检查，并及时处理合同履行过程中出现的问题，如合同争议、合同违约等。在项目的某些“决策点”上，甲方需要和乙方交互，检查已经完成的工作，并就项目未来的方向做出决策。例如，软件项目的需求分析结束后，客户和开发者需要就软件需求规格说明书进行协商，达成一致。在使用增量过程模型的软件项目中，一个大型系统被分割为多个增量分期交付，在构建一个增量之前，开发者需要客户来批准这个增量包含的功能。在这些决策点上，合同双方可能会产生争议，或需要修改一些合同条款，此时要按照预先规定的争议解决和变更管理方法来处理。

在履行合同期间，产品质量也是需要重点关注的。甲方可以定期对项目的过程和产品进行评审，还可以委托独立的代理商进行验证、确认和质量保证工作。

合同签订后，任何一方未经对方同意，都不得改变合同的内容。但是，当事人在订立合同时，有时不可能考虑到所有将涉及的问题；当事人在履行合同过程中也会遇到一些新的情况，需要对项目范围、双方的权利和义务关系重新进行调整和规定。这时，就需要当事人对合同进行一些修改或补充，这就是合同变更。合同变更必须经过双方协商一致，任何一方当事人未经对方同意而修改合同内容是一种违约行为。

2.4　通用产品项目立项过程

微软公司是做通用软件产品项目最成功的企业，其开发的软件产品被全世界计算机用户广泛使用。微软公司的新产品项目在立项阶段通常要经过以下步骤。

- 新产品项目的提议。提议者可以是用户，也可以是公司内部人员。
- 市场分析预测。目的是判断这个产品是否有市场，是不是大家需要的产品。
- 技术可行性分析。
- 制定产品研发实施步骤。
- 高层论证和审批。

微软在做一项新产品时花几个月的时间执行以上步骤是很常见的，因为在进行市场和技术分析的时候，需要收集和查阅很多资料。实际上这些步骤是有代表性的，任何一个软件组织在开发一个通用产品时，一般都要经过图 2.2 所示的过程。

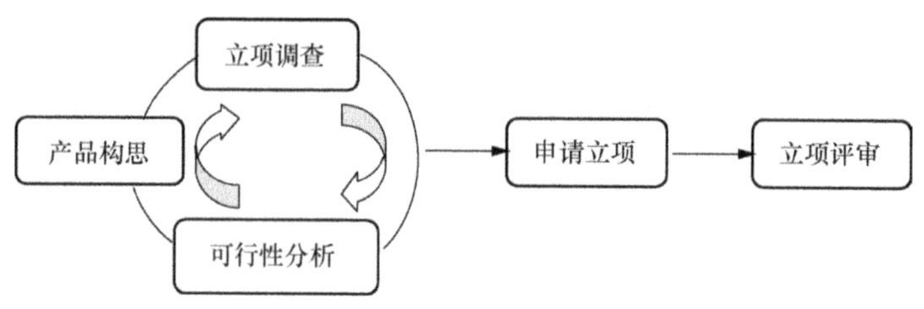

图 2.2　通用产品项目立项过程

2.4.1　产品构思和立项调查

产品构思的目的是在宏观上搞清楚“开发什么”“怎样开发”“怎样获取利润”等重要问题。产品构思的主要内容包括：

- 待开发产品的主要功能；
- 待开发产品的技术方案；
- Make-or-Buy 分析；
- 开发计划；
- 市场营销计划。

Make-or-Buy 分析是指确定产品中的哪些部分应当自行研发，哪些部分需要采购或外包开发。做 Make-or-Buy 分析的依据是项目成本、风险、工作效率、知识产权等。

产品构思不能靠凭空想象，而要建立在立项调查所提供的充足的信息之上。立项调查通常包括用户和市场调查、政策调查、竞争对手和同类产品调查等。调查的方式也有多种，例如用户访谈、向用户群体发放调查问卷、咨询专家、从 Internet 或出版物中搜集相关信息等。立项调察要保持客观性，对调查结果要进行整理，最好形成一份《调查报告》。

2.4.2　立项申请和审批

经过产品构思、立项调查和可行性分析，如果得出产品应立项开发的结论，就应编写一份《立项建议书》，递交给有决策权的机构进行审批。《立项建议书》要清楚地介绍产品的特性并分析立项的可行性，一般包括以下主要内容（本书附录 A.3 给出了立项建议书模板）。

（1）产品介绍：描述产品“是什么”，有什么功能和特色，以及产品的开发背景。

（2）市场与用户：介绍本产品的用户特征及用户的需求，市场规模与发展趋势，本产品与其他同类产品的对比分析等。

（3）产品技术方案：给出产品的体系结构、设计原理和关键技术。

（4）项目开发计划：给出项目在开发人员、成本和进度上的计划。

（5）市场营销计划：说明产品的盈利模式、促销和销售方式及渠道。

（6）项目可行性分析：分析项目在技术、经济以及法律政策等方面的可行性。

《立项建议书》被递交后，应该由机构领导组织一个立项评审委员会，该委员会一般由机构领导、各级经理、市场人员、技术专家、财务人员等组成，并确定一位主席，主席应当具有比较丰富的评审经验，负责主持立项评审会议，并负责撰写《立项评审报告》。立项评审的过程一般要经历以下步骤。

（1）评审准备。立项评审委员会主席确定评审会议的时间、地点和参加会议的人员名单（包括评审委员会成员、立项建议小组、记录员、旁听者等），并通知所有人员。主席将《立项建议书》及相关材料发给所有评委，各评委必须在举行评审会议之前阅读完毕，并及时与立项建议小组交流。

（2）举行评审会议。会议开始时，主席宣布本次评审会议的议程、重点、原则、时间限制等；然后由立项建议小组陈述《立项建议书》的主要内容；之后进行答辩，评审委员会提出疑问，立项建议小组解答。双方应对有争议的内容达成一致意见。记录员记录答辩过程的重要内容，包括问题、结论、建议等。

（3）评估。立项建议小组退席。每个评审委员会成员认真评估该项目，给出同意或不同意立项的结论和意见建议。

（4）评审会议决议。评审委员会根据少数服从多数的原则，给出评审结论。主席撰写《立项评审报告》并递交给有决策权的机构领导（本书附录 A.4 给出了《立项评审报告》模板）。

（5）机构领导终审。机构领导可在《立项评审报告》中签署最终审批结论和意见。

2.5　项目授权和启动

合同项目签订了合同，或通用产品项目通过了立项评审，就标志着可以立项了，此时要任命和授权一个项目经理，以项目经理为核心对项目进行启动和筹备。

项目经理是项目团队的核心和灵魂，全面负责项目的管理，他的管理能力、经验水平乃至个人魅力都对项目的成败起着关键的作用。所以项目经理的选择一定要慎重，第 8.2 节介绍了项目经理的责任、权力和能力要求。

项目经理负责选择人员，组成项目团队。在筹备项目时，项目经理要善于和机构领导、财务和人力资源部门协商，尽可能给项目争取必要的资金和资源。不过机构的资金和资源总是有限的，个项目在立项后可能难以完全按照前期的计划给项目分配充足的资金和资源。

2.6　项目计划

项目经理完成了项目启动和筹备后，必要的资金和资源已经到位，此时项目经理和核心成员即可开始进行项目计划（Project Planning）。项目计划也称项目规划，其目的是为项目的开发和管理工作制定合理的行动计划，使所有人员按照该计划有条不紊地开展工作，最后达到项目目标。

项目计划可分为两类，一是全局的计划，一般就称为《项目计划》；二是各分项计划，也称下属计划，例如配置管理计划、质量管理计划、风险管理计划和测试计划等。下属计划书是对《项目计划》的补充，其内容不可与《项目计划》冲突。

读者可能会有疑问：在本章前面所讲的项目投标书中一般已有项目进度安排，在《立项建议书》中也有项目开发计划，为什么在项目启动后还要重新做规划呢？原因是在立项之前，项目是否要实施还未确定，资金和资源还未分配，此时的项目计划较为粗略，只是作为立项的参考，而不是用于详细指导项目开发工作。在立项之后，各种资源已分配到位（而且可能与立项之前所要求的有较大出入），为了使项目顺利进行下去，必须做详细的规划。

项目计划要经过评审，通常《项目计划》由项目经理负责制定，由机构领导审批，如果是合同项目，要请甲方代表参与评审。下属计划书一般由项目成员制定，由项目经理审批即可。经过审批后，项目计划就成为项目组的正式文件，随后的项目活动都要按照这些计划执行。

项目计划并不是一成不变的，因为人们在项目初期对项目还缺乏深入理解，特别是软件项目的不确定性往往比较大，第一个版本的项目计划有可能还比较粗略甚至不切实际，在项目执行过程中如果发现项目计划和实际情况有较大偏差，应及时调整和完善项目计划。当然，对项目计划的变更不是随意的，要经过严格的评审。

在整个项目期间，要对项目计划的执行情况不断进行跟踪监控，当项目实际进展状况偏离计划时要分析原因并进行纠正措施，以保证项目顺利进行。

《项目计划》一般包括以下主要内容（本书附录 A.5 给出了《项目计划》模板）。

（1）项目目标与范围。

（2）项目的过程模型与技术方法。

（3）人力资源计划。

（4）软硬件资源计划。

（5）财务计划。

（6）进度计划。

本书的主要内容就是讲述软件项目各个方面的计划和实施监控方法。

2.7 选择合适的项目方法

选择项目方法有时也称为“项目分析”或“技术策划”，任务是为软件项目选择合适的方法学和技术，这对解决方案的制定、项目活动的计划安排有非常重要的影响。

选择项目方法时不能生搬硬套现有方法，而是要依据项目的特点，因此，分析项目的具体特点是项目初期的一个重要任务。

2.7.1 分析项目特征

没有一种方法学或技术适用于所有项目，因为每个项目都有其特征。在分析项目特征时一般要考虑如下问题。

（1）系统的需求是否明确和固定？有一些软件产品的需求是比较明确的，而且随着时间的推移不会产生太大的变化，例如字处理软件、网络通信工具等；而另外一些软件产品的需求会频繁地变更，且隐含着很多的不确定性，例如大多数用于办公的管理信息系统，在这种情况下就要考虑采用原型开发方法来准确地获取需求，并采用演化式的过程模型来减小需求变更给项目带来的风险。

（2）软件产品是什么类型？不同类型的软件产品要用不同的方法学和技术来实现，对软硬件平台的要求也有很大差别。例如实时控制系统可能要使用时态逻辑、Petri 网这样的技术，嵌入式控制系统要求软件对存储器的使用要严格控制；管理信息系统通常是面向数据的，需要使用数据库和合适的开发平台；游戏类软件需要更多的构思和创意，它的设计和评价都和一般的软件产品有很大差异。

（3）系统是不是安全性关键的？如果系统的故障会造成巨大的经济损失，甚至会危及人的生命，那么系统的安全性和可靠性要求就很高，测试工作必须做得非常充分，在开发过程中可能还需使用诸如 Z 和 VDM 之类的形式化方法，并考虑使用 n 版本技术，即让若干独立的组并行开发具有相同功能的软件。这类措施会增加软件开发成本，但对于安全性关键系统来说是必要的。

（4）系统的规模和复杂性如何？系统要解决的问题的规模和复杂性对项目方法的选择有很大影响。大规模和复杂的软件系统开发需使用更多的资源，持续更长的时间，采用的过程模型和管理方式都与开发小型系统有差别。

（5）项目团队的经验和技能如何？需要搞清楚的问题包括：项目团队是否有开发类似系统的经验？是否有可供复用的软件资产？开发人员是否具有开发系统所需的技能？这些因素无疑对技术方法的选择有重要影响。

2.7.2　选择过程模型

为了达到项目目标，必须执行许多相关的活动。这些活动可以按许多不同的方法来组织，这种活动的组织方式称为“过程模型”。过程模型描述了软件开发的主要阶段及阶段间的关系，定义了每一阶段要完成的主要过程和活动，并规定了每一阶段的输入和输出。没有一种过程模型可适应所有项目，项目管理者必须根据项目特征选择最合适的过程模型。

人们通过大量的项目实践，总结出一些常用的过程模型，这些过程模型大致可分为三类：线性模型、迭代型模型和敏捷型模型。

（1）线性模型也就是通常所说的瀑布模型及其变体，它要求在项目初期就明确需求和解决方案，制定明确的开发计划，然后严格按计划执行。项目阶段间具有顺序性和依赖性，上一阶段的输出结果是下一阶段的输入，逐步进行阶段性变换，最后得到用户认可的软件产品。每个阶段的工作通常与其前驱阶段和后继阶段有很大的差别,项目团队的组成和所需技能也因项目阶段而异。由于这些特点，线性模型不适合需求频繁变换的项目。

（2）在迭代型过程模型中，每个项目阶段（称为迭代）执行一系列重复性的开发活动（分析、设计、编码、测试等），每次迭代结束时，将完成一个或一组可交付成果，用户和其他项目干系人应对这些可交付成果进行评估和反馈。项目团队应综合考虑反馈意见，在后续迭代中改进可交付成果，或创建新的可交付成果。项目团队会制定一个高层的迭代计划来指导整体实施，但一次只针对一个迭代期制定详细的范围描述。通常，随着当前迭代期的范围和可交付成果的进展，开始计划下一个迭代期的工作。一旦迭代期工作开始，就要仔细管理该迭代期工作范围的变更。

螺旋模型、增量模型、Rational 统一过程等都属于迭代型过程模型。迭代型过程模型适合以下情况：项目需求会不断变化；项目的规模大、复杂性高，需要通过增量交付来得到反馈意见和经验教训，以减小项目的风险。

（3）敏捷型（有时也称适应型或变更驱动型）过程模型也包含迭代的概念，但不同之处在于迭代很快，通常 2～4 周迭代一次，而且每次迭代所需的时间和资源是大致固定的。此外，敏捷型过程模型强调用户的持续性参与，用户代表通过持续参与项目，在可交付成果的创建过程中提供反馈，确保产品能够反映他们的当前需求。极限编程、Scrum 等敏捷开发方法所采用的过程模型属于这一类型。

敏捷型过程模型适用于以下情况：项目需求快速变化，能够以有利于用户的方式把项目可交付成果分解为一系列增量改进。

2.7.3 制订技术计划

通过技术策划，通常应产生一个技术计划，明确描述项目将采用的方法和技术。这个计划对随后的项目活动和项目成本都会有重要影响。

技术计划一般包含如下内容。

（1）待开发系统的特征。

（2）选择的过程模型。

（3）开发方法。

（4）需要的软件工具。

（5）系统运行的硬件/软件环境。

（6）需要的开发环境和维护环境。

（7）需要的培训。

2.8 软件外包

在软件产业界，软件外包已是一个普遍存在的现象。所谓软件外包就是企业为了专注核心竞争力业务和降低软件项目成本,将软件项目中的全部或部分工作承包给提供外包服务的企业完成。软件外包的目的是合理地配置资源，最大限度地从社会分工合作、资源共享中获益。例如，一些发达国家的软件公司将他们的一些非核心的软件项目通过外包的形式交给人力资源成本相对较低的国家的公司开发，以达到降低软件开发成本的目的。

在软件项目（无论是合同项目还是通用产品项目）的立项阶段，项目负责人通常要进行 Make-or-Buy 分析，确定待开发产品的哪些部分应当“采购”“外包开发”或者“自主研发”。如果需要外包开发，就要执行相应的外包管理流程，如图 2.3 所示。

项目组织可以把整个外包管理过程当作一个子项目。采用招投标的方式选择合适的承包方，与之签订合同，在承包方履行合同期间，对其开发过程和可交付成果进行必要的监控，最后在交付产品时进行成果验收。

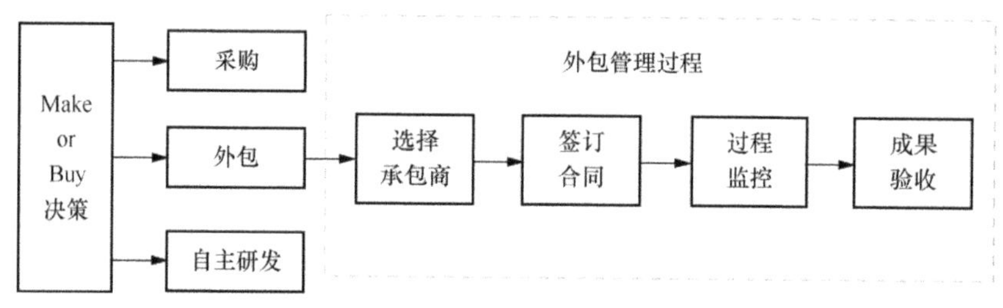

图 2.3 软件外包过程

为保证外包出去的工作能够顺利进行且工作成果符合质量要求，发包方必须对承包方的工作进行必要的监控。应定期检查承包方的开发进展情况，并对承包方的阶段性开发成果进行质量评审、测试。根据进展检查和质量检查的结论，督促承包商纠正工作偏差，如果需要更改合同、产品需求或开发计划，则按照变更控制规程处理。

2.9 案例分析

为使读者更好地学习和理解软件项目管理知识，本书使用一个“软件缺陷管理和度量系统”项目作为案例。本案例贯穿全书，本节介绍该案例中与立项阶段相关的部分，即甲方项目招标需求说明书、乙方可行性分析报告、乙方项目建议书。

2.9.1 甲方项目招标需求说明书

本项目的甲方采用定向谈判的方式进行招标，因此没有提供正式的招标文件，只编写了项目工作需求说明书（SOW），要求乙方对该说明书中的需求作实质性回应。以下是该说明书的内容。

×××公司“软件缺陷管理和度量系统”项目招标需求说明书

1. 项目实施目标

软件缺陷管理和度量系统是×××公司软件质量保证平台的一部分，该系统集成了缺陷管理和质量度量的功能。使用该系统不仅能够高效地管理软件缺陷，而且可以对缺陷数据进行分析和度量，将缺陷管理过程推进到量化管理的阶段，为项目管理者提供有关软件过程和产品质量的一系列度量信息，协助其作出正确的决策，从而达到提高项目开发效率、节约项目开发成本、更有效地保证软件质量和促进软件过程改进的目的。

2. 系统功能需求

软件缺陷管理和度量系统具有的主要功能包括：项目信息管理、软件模块管理、缺陷信息管理、缺陷跟踪、缺陷监视、度量信息监控、报表输出、用户管理、自动邮件通知方案管理、日志管理、系统设置、数据库管理和帮助。

2.1 项目信息管理

实现软件项目的增加、删除、修改和查询。

2.2 软件模块管理

增加、删除或修改一个软件项目下的模块。

2.3 缺陷信息管理

实现缺陷数据的增加、删除、修改和查询。其中查询功能允许用户组合各种查询条件，还可以将常用的查询条件保存为过滤器，从而更方便地查询缺陷信息。

2.4 缺陷跟踪

实现一个缺陷从打开到关闭的流程，流程中的每个环节对缺陷进行相应的处理。

2.5 缺陷监视

监视缺陷的状态，每当缺陷状态发生变化或修改了缺陷信息时，系统会自动发送邮件通知监视者。

2.6 度量信息监控

实现以下缺陷度量指标的监控：缺陷严重性级别统计、模块缺陷数统计、缺陷解决方式统计、缺陷日走势图、缺陷产生原因分布情况、缺陷纠正持续时间、缺陷重现率、各阶段缺陷引入数量、漏测缺陷分布。度量结果以柱状图、饼状图、曲线图和表格的形式显示。

2.7 报表输出

实现缺陷信息和度量信息的报表输出，输出形式有HTML、Word和Excel格式。

2.8 用户管理

实现用户登录、注销、用户/用户组的增加、删除、修改及用户权限的分配。

2.9 自动邮件通知方案管理

自动邮件通知方案规定了某事件发生时，向哪些用户/用户组发送邮件，通知该事件的发生。每个项目对应一个自动邮件通知方案。

2.10 日志管理

日志管理用于记录各种用户操作，使系统管理员（Administrator）或管理者（Manager）可以监督和跟踪用户对系统的各种改变，增强系统的安全性和可管理性。

2.11 系统设置

维护系统中的一些全局性的基础数据，如缺陷严重程度设置、缺陷解决方式设置、缺陷产生原因设置、开发阶段设置、邮件服务器设置等。

2.12 数据库管理

为了增强系统运行过程中的安全性和可靠性，系统需提供数据库备份和还原功能。系统所使用的缺陷数据可以从Excel文件中导入，从而使数据输入方式更加灵活。

2.13 帮助

系统应提供用户操作帮助功能，使用户可以更方便地学习和使用本系统。帮助采用HTML格式，以目录结构导引用户查阅相关的操作帮助。

3. 技术要求

本节说明×××公司软件缺陷管理和度量系统在安全性、可靠性、性能、可用性、可维护性、运行环境、用户文档以及培训和售后服务方面的要求。

3.1 系统安全性和可靠性

系统应能保证数据安全，防止出现数据丢失、破坏、泄露、非法访问的现象。系统应提供身份验证和权限控制功能，保证系统操作和数据访问只能由具有相应权限的人执行。

系统要具有良好的可靠性和健壮性，能够持续运行而不产生故障，不会因为一般的误操作而导致系统崩溃。

3.2 系统性能

在多用户并发操作时，系统要有良好的性能。在100个用户并发执行主要操作时（例如缺陷添加和缺陷查询），系统响应时间不大于1s。

3.3 系统易用性和可维护性

系统的软件易于安装和使用，界面美观。有基础计算机操作能力的人经过短时间培训后便能够安装和使用。

能够以补丁的形式提供缺陷修复。当系统进行功能增强和升级后，原有的数据仍能使用。

3.4 运行环境

系统目前运行在Windows操作系统上，但应能够方便地移植到Linux系统中。

3.5 用户文档

除投标文件外，开发方应向用户提交以下文档：

（1）需求规格说明书；

（2）系统测试报告；

（3）系统使用手册。

3.6　培训和售后服务

在交付系统时，开发方应向招标方提供系统管理员培训，使其正确掌握系统的管理和日常操作方法。

开发方对所开发软件系统提供至少一年的技术支持服务，自验收合格、双方正式签字之日期开始计算。开发方为用户使用软件过程中软件自身出现的问题，或操作不当等问题提供上门服务。乙方应至少提供以下两种服务支持。

（1）远程服务：对甲方在软件使用过程中遇到的技术问题，乙方应负责提供远程技术服务，通过电话、传真、电子邮件等方式给予技术支持及咨询服务。

（2）上门服务：对于远程服务无法解决的软件使用问题，在甲方提出上门服务需求起 3 个工作日（节假日除外）内，乙方指派专门人员抵达现场解决。

4. 项目工期和实施要求

自合同签订之日起，3 个月内完成本项目。

开发方负责工程项目的项目经理应向招标方定期汇报，确保项目正常实施。

开发方在项目实施过程中实施队伍要保持稳定，如有变动，需向招标方项目组负责人通报。

2.9.2　乙方项目建议书

乙方为响应甲方提出的项目需求，编写了项目建议书，其作用相当于项目投标书，内容如下。

×××公司软件缺陷管理和度量系统项目建议书

本项目所研发的软件缺陷管理和度量系统不仅实现了传统的缺陷管理流程，而且将软件度量技术融入缺陷管理中，对缺陷数据进行收集、分析和展示，协助项目管理者以实际数据为依据作出正确的决策。本项目的主要研究内容为软件度量模型和方法的确定、缺陷数据的统计分析、B/S 架构下缺陷管理流程的实现等。

第 1 章　系统需求分析

这里阐述软件缺陷管理和度量系统的功能需求和非功能需求，由于篇幅所限，内容略去。请参见第 3.6 节的案例分析，该节给出了系统的需求规格说明书目录。

第 2 章　系统解决方案

2.1　基本设计原则

（1）采用分层的、基于组件的设计方法，从而增强系统的易扩展性和易维护性。

（2）采用成熟的 B/S 应用系统框架，使系统具有合理的体系结构，并提高系统的可靠性和开发效率。

2.2　系统总体架构

软件缺陷管理和度量系统的总体架构如图 2.4 所示。

系统采用 MVC 模式，形成一个多层架构。开发平台是 Java EE。

图 2.4 中的箭头表示调用关系。

数据库：系统默认使用 MySQL 数据库管理系统。通过修改相关的配置文件，还可支持其他流行的关系型数据库产品。

根据图 2.4 所示的框架，项目实施要求如下。

持久层：使用开源持久层软件包 Hibernate，提供 O/R 关系映射和数据库访问的支持。

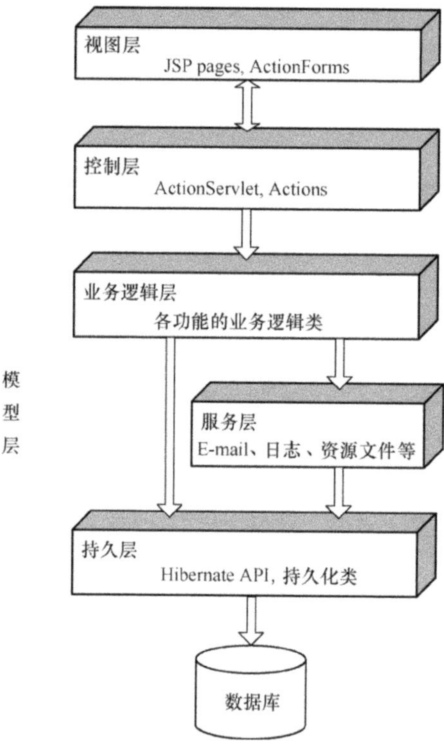

图 2.4　软件缺陷管理和度量系统总体架构

服务层：服务层包含系统中各功能模块所通用的组件，如自动邮件通知和日志，供业务逻辑层调用。

业务逻辑层：包含具体的业务逻辑，使用 JavaBean 实现。

控制层：进行业务调度，负责视图层和模型层的交互。由 Struts Action 类实现。

视图层：负责用户交互，包括 JSP、HTML 页面及 Struts ActionForm 类。

2.3　满足各项质量要求的设计

2.3.1　安全性和可靠性

系统通过以下方式保证使用上的安全性。

（1）使用系统时必须登录。

（2）不能通过在浏览器中输入网页的绝对地址访问系统。

（3）完善的用户权限管理。针对系统中的每一类操作都设置了权限，不仅能够按角色分配权限，而且能够把权限的分配具体到个人。

（4）使用日志功能自动记录用户的各种操作，从而可以监督和跟踪用户行为。

本系统所使用的数据库管理系统具有数据备份和恢复功能，可保证数据不会丢失和破坏。

系统所使用的开发平台、数据库、Web 服务器均为质量优秀的产品，运行可靠。开发方通过大量测试保证系统在持续运行的情况下不出现故障。

2.3.2　性能

系统所使用的 Web 服务器和数据库能够承担高负载的业务运行。开发方在完成核心功能后即进行压力测试，力争尽早消除性能瓶颈，保证达到用户的性能要求。

2.3.3　易用性、可维护性和可移植性

由于系统采用 B/S 模式，以广泛使用的 Web 浏览器作为客户端，因此系统易于使用和维护。

系统的页面设计简洁、美观，操作流畅。为提高易用性，开发方在项目初期会设计制作页面原型，供用户进行评估。

系统具有良好的模块化设计和开放式架构，因此系统易于修改和扩充。能够以补丁和插件的形式完善和扩充功能（例如增加缺陷度量指标）。系统在升级后不会影响原有数据的使用。

系统所采用的开发平台、数据库组件和中间件均有良好的跨平台特性，既有 Windows 上的版本，也有 Linux 上的版本。开发方在系统开发中不会使用依赖于特定平台的技术，因此系统具有良好的可移植性，支持 Windows 和 Linux 操作系统。

第 3 章　项目实施方案

3.1　项目进度安排

项目期限：3 个月。具体进度安排见 2.2 表。

表 2.2　软件缺陷管理和度量系统开发项目进度安排

起止日期	任务
2013 年 4 月 1 日～2013 年 4 月 19 日	项目规划、需求调研和需求分析
2013 年 4 月 22 日～2013 年 4 月 30 日	系统设计
2013 年 5 月 2 日～2013 年 5 月 17 日	完成项目和模块管理、系统设置、缺陷管理功能
2013 年 5 月 20 日～2013 年 5 月 31 日	完成缺陷度量、报表功能
2013 年 6 月 3 日～2013 年 6 月 7 日	完成缺陷监视、自动邮件通知功能
2013 年 6 月 10 日～2013 年 6 月 14 日	完成用户管理、数据库管理、日志管理、帮助
2013 年 6 月 17 日～2013 年 6 月 26 日	系统测试和稳定化
2013 年 6 月 27 日～2013 年 6 月 28 日	项目验收

3.2　项目沟通管理

开发方和用户方要保持及时有效的沟通，从而保证软件产品符合质量标准。

3.2.1　沟通手段

开发方和用户方通过以下方式进行沟通。

（1）开会或面谈。按需要组织定期或不定期会议进行沟通，或直接找相关的人进行讨论，注意记录沟通和讨论结果，重要问题讨论必须有书面会议记录。

（2）电话沟通。

（3）电子邮件和即时通信。通过电子邮件和即时通信方式讨论问题或传送一些电子文档。

3.2.2　项目周例会

会议内容：沟通项目状态，提出项目问题、风险和依赖条件；协调项目资源；对项目提出建议和问题的解决方法；提出下一步行动计划。开发方负责做会议记录，会后分发会议记录。

日期与时间：每周四 14:00 开始。

参加人员：开发方项目组成员；用户方代表。

3.2.3　不定期会议

会议目标：审核下阶段项目计划；复查项目状态和里程碑；对项目中的重大问题作出决策；协调项目各方资源；解决项目各方可能发生的重大争议。

日期与时间：根据项目进展实际情况安排。

参加人员：项目领导组成员；开发方项目组成员；用户方代表；其他有需要参加的人员。

第 4 章　培训和售后服务

4.1　培训

在项目验收阶段，现场安装和调试结束后。开发方将对用户方的系统管理员进行培训，培训的内容包括软件安装、数据库管理方法、软件操作、日常维护、故障诊断和排除。

4.2　售后服务

开发方提供以下形式的售后服务。

电话服务：提供每周 5 个工作日专业电话技术支持（时间：9：00～17：30）。

电子邮件服务：提供响应迅速的 E-mail 咨询答疑，用户可将遇到的各种问题或要求直接发往开发方 E-mail 地址，工作日 24 小时内即可答复。

远程服务：如果用户在开发方技术人员指导下通过自己的操作仍然未能解决问题的，在用户授权的条件下，开发方还可为用户提供远程服务。通过远程操作电脑来解决问题。

现场服务：当出现不能通过远程控制解决的问题，开发方将提供技术人员的上门服务，现场解决问题。

开发方将为用户提供一年的免费远程和现场服务。电话和电子邮件服务将永久性免费提供。

本章小结

在软件项目初期，必须完成立项和整体规划工作。通过调查市场需求、新技术和国家政策导向，可以发现项目机会，然后对候选的项目机会进行可行性分析，主要包括技术、经济、法律、社会等方面的可行性。此外，如果项目将使用开源软件，要注意由此带来的质量、服务和法律风险，对使用开源软件的可行性进行分析。

合同项目和通用产品项目的立项过程有所不同。合同项目的立项是一个招投标和合同签署过程，其重点在于针对特定用户进行需求分析，并以合理的价格提供优质解决方案；而通用产品项目的立项重点在于产品构思和广泛的用户、市场调查。

当一个项目完成立项后，要授权项目经理进行项目的筹备和启动，并制定项目计划，用于指导后续的项目开发工作。由于在软件项目中要用到许多技术方法，因此需要根据项目特征进行技术策划，其中过程模型的选择对项目有重要影响。过程模型大致可分为三类：线性模型、迭代型模型和敏捷型模型。

习　题

1．问答题

（1）一般应从哪几个方面评价一个软件项目的可行性？

（2）在软件项目中使用开源软件有哪些好处？应注意哪些方面的风险？

（3）合同项目的投标书一般包含哪些方面的内容？

（4）项目合同通常包含哪些方面的内容？

（5）通用产品项目在产品构思阶段应主要考虑哪些问题？

（6）通用产品项目的立项审批过程一般包含哪些步骤？

（7）《项目计划》通常要对项目的哪些方面进行规划？

（8）线性、迭代型、敏捷型过程模型分别具有什么特征？分别适用于什么类型的项目？

2. 单选题

（1）以下有关开源软件的陈述，哪个是错误的？（　　）

（A）开源软件的代码是公开的，有利于保证安全性。

（B）开源软件是免费的，使用开源软件有利于降低成本。

（C）开源软件是良好的学习平台。

（D）开源软件通常不受著作权保护。

（2）招标者只向一些经过筛选合格的供应商发出投标邀请，这种招标方式是（　　）。

（A）公开的招标　　（B）非公开的招标

（C）受限制的招标　　（D）已商定的招标过程

（3）在一个软件项目签署合同或通过立项评审后，负责筹备和启动项目的角色是（　　）。

（A）软件架构师　（B）项目经理　（C）企业领导　（D）用户代表

（4）以下哪个不是敏捷型过程模型的特征？（　　）

（A）迭代很快，通常 2～4 周完成一个迭代。

（B）强调用户的持续参与。

（C）要求在项目初期就获得完整而明确的用户需求。

（D）每次迭代所需的时间和资源是大致固定的。

3. 名词解释

（1）净利润

（2）投资回报率

（3）软件外包

（4）Make-or-Buy 分析

第 3 章 软件项目范围管理

项目范围对项目的影响是决定性的，它确定了软件项目工作内容的多少。有效的范围管理可以保证项目只做必须做的事情，避免范围蔓延和做无用功，同时也避免不清晰的需求所导致的严重的系统缺陷。但是软件产品的开发过程相当复杂，很多软件系统在完成前难以精确地描述，不确定因素多，所以软件项目的范围管理是有相当难度的。在项目前期做好范围的定义工作将对整个软件项目带来巨大的帮助，反之若范围定义不清晰，则可能造成项目进度拖延、成本超支、产品质量下降等严重后果。对于软件项目来说，由于不确定性较大，故在项目中后期的范围变更控制工作也很多，范围控制的好坏对顺利实现项目目标也有较大的影响。

软件项目范围管理主要包括以下几个过程。

（1）需求获取：为实现项目目标而确定和记录项目干系人的需要和需求。

（2）范围定义：制定项目和产品的详细描述。

（3）创建工作分解结构：将项目的可交付成果和项目工作分解为较小的、易于管理的组成部分。

（4）范围确认：正式验收已完成的项目可交付成果。

（5）范围控制：监督项目和产品的范围状态，管理范围基准变更。

3.1 需求获取

需求获取工作的任务就是收集项目干系人的需求信息，为定义项目的范围奠定基础。由于需求获取可能是软件开发中最困难、最关键、最易出错和最需要交流的活动，故其只能通过用户与开发人员之间进行高度的合作和交流才能成功。在需求获取活动中，开发人员并不是简单地照抄用户所说的话，而是要从用户所提供的大量信息中分析和理解用户真正的需求。

把需求分为不同的类别，有利于对需求进行完善和细化。软件项目的需求分类一般包括以下几种。

（1）界面需求：描述软件系统的外部特性，即系统如何从外部得到数据输入，如何向外部输出数据。

（2）功能需求：列出软件系统必须完成的所有功能。

（3）性能需求：响应时间、吞吐量、处理时间、存储空间等方面的限定。

（4）质量需求：对安全性、保密性、可靠性、可维护性、可移植性、易用性等方面的要求。

（5）资源使用需求：对硬件、支持软件、数据通信接口等方面的要求。

（6）软件成本消耗与开发进度需求：即对时间和经济方面的要求。

（7）异常处理要求：在运行过程中出现异常情况（如临时性或永久性的资源故障，不合法或超出范围的输入数据、非法操作等）时应采取的行动以及希望显示的信息。

获取需求的常用方法包括访谈、会议、观察用户工作流程、问卷调查、快速原型法等，以下分别作简要介绍。

（1）访谈

访谈是通过与干系人直接交谈来获取信息。访谈的典型做法是向被访者提出问题，并记录他们的回答。访谈经常是一个访谈者和一个被访者之间的一对一谈话，但也可包括多个访谈者或多个被访者。访谈有经验的项目参与者、发起人以及主题专家，有助于识别和定义项目可交付成果的特征和功能。

（2）讨论会

讨论会把主要项目干系人召集在一起，通过集中讨论来定义项目需求。讨论会是快速定义跨职能需求和协调干系人差异的重要方法。由于群体互动的特点，被有效引导的讨论会有助于参与者之间建立信任、改善关系、改进沟通，从而有利于干系人达成一致意见。在每次讨论会中，都必须记录所讨论的内容，并在会后加以整理。值得注意的是，在讨论会上必然会涉及某些细节问题，特别是有些问题的回答需事先做准备。因此，在召开讨论会之前，提前发给参加人员有关讨论会的议题和内容等材料将有助于提高讨论会的效率。

（3）观察用户工作流程

直接观察用户在其实际环境中怎样执行工作是一种行之有效的获取需求方法。当产品使用者难以清晰说明他们的需求时，就特别需要通过观察了解他们的工作细节。观察也称为“工作跟踪”，通常由观察者从外部来观看业务专家如何执行工作。也可以由“参与观察者”来观察，他通过实际执行一个流程或程序，来体验该流程或程序是如何实施的，以便挖掘隐藏的需求。

（4）问卷调查

问卷调查是指设计一系列书面问题，向众多受访者收集信息。当需要调查大量人员的意见时，向被调查人分发调查问卷是一个十分有效的做法。经过仔细考虑写出的书面回答可能比被访者对问题的口头回答更准确。调查者应仔细阅读收回的调查表，然后再有针对性地访问一些用户，以便向他们询问在分析调查表时发现的新问题。

（5）快速原型法

快速原型法是指在软件开发的早期快速建立目标软件系统的原型，并据此征求用户对需求的反馈。由于原型是可以操作的，它使得用户可以体验最终产品的模型，而不是仅限于讨论抽象的需求描述，从而可以获得更为准确和清晰的需求。快速原型法支持渐进明细的理念，需要经历从模型创建、用户体验、反馈收集到原型修改的反复循环过程。在经过足够的反馈循环之后，就可以通过原型获得足够的需求信息。

3.2　范围定义

范围定义就是制定项目和产品的详细描述，从而定义项目的范围。由于在获取需求过程中识别出的所有需求未必都包含在项目中，所以范围定义过程就是从所获取的需求中选取最终的项目需求，然后制定出项目及其产品的详细描述。

在软件项目中，可能需要多次反复开展范围定义过程。随着对项目信息的更多了解，应该更加详细具体地定义和描述项目范围。在迭代型生命周期的项目中，先为整个项目确定一个高层级的范围，再一次针对一个迭代期明确详细范围。通常，随着当前迭代期的项目范围和可交付成果的进展，而详细规划下一个迭代期的工作。

范围定义的结果记录在项目范围说明书中。

3.2.1 软件产品范围和项目范围

软件项目的目标是开发某软件系统或产品，软件产品是项目的最终交付物，因此软件产品范围是软件项目范围中最重要的一部分。

在软件项目中，产品范围通常表现为软件需求规格说明书（Software Requirements Specification，SRS），它一般包括下面三部分内容。

（1）功能特征描述。即软件系统向使用者提供什么样的功能。

（2）系统接口描述。即描述软件系统与其他软硬件系统之间的接口。随着企业信息化水平的提高和软件技术的发展，软件系统之间呈现越来越复杂的关系，软件系统的接口数量也在快速增长。在描述系统范围时，明确接口是非常必要的。

（3）质量特征描述。主要的质量特征包括性能、可靠性、可移植性、机密性、可维护性等。不同程度的质量要求对项目的工作范围会有很大影响，例如一般性能要求的系统不需要额外的设计，而如果对性能要求非常高，则需要在设计阶段就进行特殊的设计，在开发后期对系统性能做专门的优化，在测试阶段对性能作相应的测试。而且，此处定义的系统质量特性也是项目开展质量控制工作的依据。

除了产品范围外，项目范围经常包含更多的内容。比如一些软件项目的交付物中会包含系统需求规格说明书、系统设计说明书、使用手册等，还要为用户提供培训。那么，项目经理就必须把编写满足要求的文档、为用户提供培训作为项目范围中的工作，并编排到进度计划中。

就软件项目而言，项目范围中较难把握的一部分就是软件产品的范围。软件本身是抽象的，也没有找到一种简单的、可以避免歧义和理解偏差的系统功能描述方法，因此对软件系统的描述经常会有模糊性和二义性，基于此定义出的系统范围也是模糊的，这也是软件项目范围难于管理的重要原因。

3.2.2 项目范围说明书

项目范围说明书是范围定义的工作成果，它详细描述了项目的可交付成果，以及为创建这些可交付成果而必须开展的工作。在实际的软件项目中，可能不会出现一份叫做《项目范围说明书》的文档，但其中的内容可能会被多个文档包含，如《项目合同》《项目计划》《需求规格说明书》等。项目范围说明书一般包括以下内容。

（1）产品范围描述。即项目所创造的产品的特性。

（2）验收标准。可交付成果通过验收前必须满足的一切条件。

（3）可交付成果。在某一过程、阶段或项目完成时，必须产出的可核实的产品和成果。

（4）项目的除外责任。通常需要识别出什么是被排除在项目之外的。明确说明哪些内容不属于项目范围，有助于管理项目干系人的期望。

（5）制约因素。需要列举并描述与项目范围有关且会影响项目执行的各种内外部制约或限制条件。例如，客户或执行组织事先确定的预算，强制性日期或进度里程碑。如果项目是根据协议实施的，那么合同条款通常也是制约因素。

（6）假设条件。在制定计划时，一些未经验证就被视为正确、真实或确定的因素。由于假设条件未经验证，因此构成项目的风险。对假设条件还应描述如果条件不成立，可能造成的潜在影响。

3.3　创建工作分解结构

创建工作分解结构就是把项目分解成具有内在联系的、更小、更详细、易于管理、易于控制的组成部分。通过创建工作分解结构，不仅使项目范围更为明确，而且为制定进度计划、成本计划等提供了基础。

3.3.1　什么是工作分解结构

工作分解结构（Work Breakdown Structure，WBS）是对项目团队为实现项目目标、创建可交付成果而需实施的全部工作范围的层级分解。项目是由一系列活动构成的，WBS 就是这一系列活动的结构化组织。因为 WBS 是一种层次化的结构，通过 WBS 把握项目的工作可以让项目变得更加清晰和易于理解。一个描述了全部项目工作的 WBS 就是项目的范围。因此在项目结束后，很多软件组织都会把项目的 WBS 保存起来，供以后的项目参考。在项目初期，项目经理也经常参考类似项目的 WBS 来把握尚不明确的项目。

WBS 最低层次的组件被称为工作包，它是项目中最小的可控单元。每个工作包是一些短期的活动，有明确的起点和终点，需要消耗一定的资源，占用一些成本。同时，每个工作包又是一个可控制点，可以进行进度的监督和检查。

表 3.1 是一个软件项目 WBS 的实例，限于篇幅，只给出了上层任务。

表 3.1　一个软件项目的 WBS

－1. ××××系统
＋1.1 项目启动
－1.2 需求开发
＋1.2.1 需求收集
＋1.2.2 需求分析
＋1.2.3 需求确认
－1.3 系统设计
＋1.3.1 体系结构设计
－1.3.2 数据库设计
＋ 逻辑设计
＋ 物理设计
－1.4 系统实现
＋1.4.1 ×××模块
＋1.4.2 ×××模块
＋1.4.3 ×××模块

续表

……
+1.5 系统测试
+1.6 培训
+1.7 试运行
+1.8 验收

正如上表所显示的，WBS 中每个工作都有一个唯一的编码。

WBS 既可以是表 3.1 所示的清单形式，也可以是图 3.1 所示的层次结构图形式。

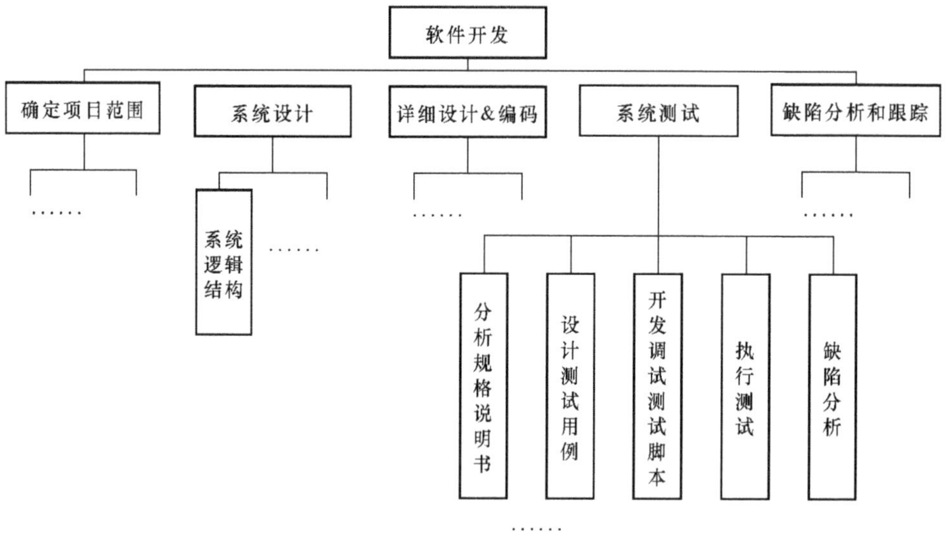

图 3.1　以图形表示的 WBS

3.3.2　创建 WBS 的方法

创建 WBS 就是对项目进行分解的过程，常见的分解方法有类比法、自顶向下的分解、自底向上的归纳 3 种。

1. 类比法

类比法就是参考类似的已经完成的项目的 WBS 和项目经验，根据当前项目特点做必要的调整，从而得到当前项目的 WBS。这种方法容易把握，而且可以在 WBS 分解中融入上一项目的经验和教训，从而得到结构更为良好的 WBS，有利于项目质量的改进。但类比法也有一定的局限性，需要有较完整的历史数据的支持，在缺乏历史数据的时候很难完成整个项目的分解工作或分解的质量较低。这时就需要采用其他的分解方法作为辅助。一般来说，如果软件组织经常性地在某一行业或某一产品中重复多个项目，则项目过程的重合度比较高，很容易参考历史数据，类比法的使用效果较好。

2. 自顶向下的分解

自顶向下的分解方法是把项目从粗粒度的轮廓逐层细化，得到整个项目的分解结构。这种方法符合人们理解和思考复杂问题的过程，因为在面对复杂项目的时候，人们通常会采用逐步分解，化整为零并分而治之的方法。自顶向下的分解质量直接决定于分解者对项目的理解，经验丰富的分解者更容易得到结构良好的 WBS。

3. 自底向上的归纳

自底向上归纳是一个通过对细粒度工作的逐层归纳以得到整个项目 WBS 的方法。在采用这种方法时，通常会召集相关人员通过头脑风暴的方式完成。参加分解工作的人员根据自己的理解识别项目中的工作，尽可能详细地列出完成项目所涉及的各项具体的工作任务，然后对各项工作任务进行分类整合，归并到一个或者若干个更大的活动中，并构成 WBS 的上一级内容。这种方法较其他两种方法更适合不熟悉的项目，对于那些没有历史数据或不能找到有丰富经验的专家的项目更适合。通过自底向上归纳团队中不同成员的想法，更容易发挥团队的力量。但这种方法的缺点也是明显的，即分解过程的投入太大，会花费较多的时间和成本，因此这种方法很少独立使用。

以上介绍的 3 种分解 WBS 的方法各有优缺点，需要根据不同的情况选用。对于一些项目，需要综合使用几种方法才能得到结构良好的 WBS。

创建 WBS 时，对相同的项目存在着不同的分解策略，最常用的两种策略是根据交付物进行分解和根据项目阶段进行分解。

根据交付物进行分解的策略是根据项目中必须产生的交付物来划分项目中的工作。例如，在一个软件开发项目中，规定必须交付需求规格说明书、概要设计说明书、详细设计说明书、软件系统、系统测试报告、系统试运行报告、用户手册这 7 种交付物。在创建 WBS 时，把这些交付物作为分解的第二层，确定整个 WBS 的架构，然后通过类比、自顶向下或自底向上的方法继续分解。例如，为了创建需求规格说明书这个可交付物，需要执行需求收集、需求分析和文档编写工作，可把这 3 项工作作为 WBS 中“需求规格说明书”的下一级的活动。

由于 WBS 本身就是面向交付物的，因此根据交付物逐层分解可以很自然地得到结构良好的 WBS，不会遗漏项目必需的工作包。

根据项目阶段分解就是首先确定整个项目必须经历的阶段，然后再逐步细化每一阶段工作的细目。表 3.1 中的 WBS 就是按照项目阶段分解得到的。这种分解策略是从工程的角度进行项目分解，使 WBS 结构与项目工程过程较为一致，但该策略对使用者的项目工程经验要求较高，项目工程经验不足则较容易遗漏项目中必须的工作包。

WBS 工作分解的细致程度根据项目具体情况的不同而会有差异。工作分解得越细致，对工作的规划、管理和控制就越有力；但是，过细的分解会造成管理工作的无效耗费，资源使用效率低下，工作实施效率降低。因此 WBS 的层数不宜太多。

在创建 WBS 时，要注意分解的活动至少要满足四点要求。

（1）分解出的工作对于完成上层相应交付物来说是必要且充分的。

（2）工作的独立性。即工作一旦开始，就可以在不中断的条件下完成。

（3）工作完成度的可判断性。即可以清楚地判断工作是否已经开始，工作完成了多少，以及工作是否完成。

（4）工作的交付成果。即明确工作完成后将得到什么样的成果。

3.4 范围确认

范围确认是指正式验收已完成的项目可交付成果，从而确认项目可交付成果是否可以让项目干系人满意。即使由于某些原因造成项目提前终止，也需要通过范围确认来验证项目的完成度，了解哪些内容已经完成而哪些内容尚未完成。

范围确认容易同质量控制混淆到一起。质量控制工作关心的是交付物是否满足质量标准，而范围确认工作关注的是交付物是否满足项目范围说明书中规定的项目范围。通常在进行范围确认前，项目组需要先进行质量控制工作，如系统测试等工作，以确保范围确认工作的顺利完成。

范围确认工作一般由客户、发起人等关键项目干系人负责。

3.5 范围控制

软件项目充满着各种各样的变化，用户业务过程、组织机构、系统运行环境等方面的变化都可能导致项目范围的变更，而项目范围的变更必然会造成项目进度计划、人员安排、成本等各方面的变化，处理不当则会增加项目风险，甚至造成项目陷入混乱的状态。范围控制就是为了解决这样的问题，消除范围变更造成的不利影响。

范围控制就是指监控项目的范围状态，管理范围变更。范围控制的目的不是阻止变更的发生，而是在出现范围变更需求后，管理相关的计划、资源安排以及项目成果，使得项目各部分可以很好地配合在一起，避免变更带来的负面影响。

未经控制的产品或项目范围的扩大（未对时间、成本和资源做相应调整）被称为范围蔓延。变更是不可避免的，为防止范围蔓延，在每个项目上，都必须强制实施某种形式的变更控制。

范围控制通过变更控制系统和配置管理系统来完成。当出现范围变更需求时，通常要执行一个严格的变更控制流程（参见第 7.5.2 节），该流程包括变更请求、变更评估、变更实现等多个步骤。变更实现涉及配置项（如需求规格说明书）的修改，要遵守配置管理规范。在软件项目中，变更是必然且频发的，在项目初期就建立起完整的变更控制和配置管理的流程可以使项目在有序的变化中不断前进。

3.6 案例分析

在“软件缺陷管理和度量系统”项目的前期，项目组通过需求分析，掌握了用户的需求，编写了需求规格说明书，定义了项目范围。本节给出该项目的需求规格说明书（目录）和 WBS。

3.6.1 软件需求规格说明书

限于篇幅，以下只列出“软件缺陷管理和度量系统需求规格说明书”的目录。

《软件缺陷管理和度量系统需求规格说明书》

3.6.2 WBS

在创建 WBS 时，本项目采用按项目阶段进行分解的策略，分解得到的 WBS 输入 Microsoft Project，如图 3.2 所示，图中每个 WBS 任务都已编号。

WBS	任务名称
1.1	项目规划
1.2	需求调研
1.3	− **需求分析**
1.3.1	界面原型设计
1.3.2	用户评审界面原型
1.3.3	修改需求和界面原型
1.3.4	编写需求规格说明书
1.3.5	需求评审
1.4	− **系统设计**
1.4.1	体系结构设计
1.4.2	数据库设计
1.4.3	设计评审
1.5	− **系统实现**
1.5.1	− **缺陷管理子系统**
1.5.1.1	系统设置
1.5.1.2	项目信息管理
1.5.1.3	模块信息管理
1.5.1.4	缺陷信息管理
1.5.1.5	缺陷查询
1.5.1.6	缺陷跟踪
1.5.1.7	缺陷管理子系统评审
1.5.2	+ **缺陷度量子系统**
1.5.3	+ **自动邮件通知子系统**
1.5.4	+ **其他功能**
1.6	− **系统测试和稳定化**
1.6.1	集成测试
1.6.2	确认测试
1.6.3	压力测试
1.7	项目验收

图 3.2 “软件缺陷管理和度量系统”项目 WBS

本章小结

范围管理决定着软件项目需要做哪些工作，因此对软件项目有非常大的影响。有效的范围管理可以保证项目只做必须做的事情，避免范围蔓延和做无用功，同时也避免不清晰的需求所导致的严重系统缺陷。

范围管理的前提是收集项目干系人的需求信息。收集需求的常用方法包括访谈、会议、观察用户工作流程、问卷调查、快速原型法等。

范围定义就是从所获取的需求中选取最终的项目需求，然后制定出项目及其产品的详细描述。软件产品范围通常体现为软件项目的“需求规格说明书”，它与项目范围有密切的关系。

工作分解结构 WBS 是项目管理中最常用的工具，它是对项目团队为实现项目目标、创建可交付成果而需实施的全部工作范围的层级分解。创建 WBS 就是对项目进行分解的过程，常见的分解方法有类比法、自顶向下的分解、自底向上的归纳 3 种，常用的分解策略有根据交付物进行分解和根据项目阶段进行分解。

范围确认是指正式验收已完成的项目可交付成果，一般由客户、发起人等关键项目干系人负责。

范围控制是指监控项目的范围状态，管理范围变更，消除范围变更带来的不利影响。范围控制通过变更控制系统和配置管理系统来完成。

习　题

1. 问答题

（1）范围管理在项目中的作用是什么?

（2）软件项目的需求一般包括哪些类别?

（3）获取需求的常用方法有哪些?

（4）软件需求规格说明书一般包括哪些内容?

（5）项目范围说明书一般包括哪些内容?

（6）创建 WBS 时所用的类比法具有什么特点? 适用于什么情况?

（7）创建 WBS 时所用的自底向上归纳法具有什么特点? 适用于什么情况?

2. 判断题（正确的打“√”，错误的打“×”）

（1）快速原型法使得用户可以体验最终产品，而不是仅限于讨论抽象的需求描述。(　　)

（2）在软件项目中，产品范围就是项目范围。(　　)

（3）在创建 WBS 时，如果没有项目历史数据，且找不到经验丰富的专家时，适合用类比法。(　　)

（4）在创建 WBS 时，项目工作分解得越细越好。(　　)

（5）范围控制要通过变更控制系统和配置管理系统来完成。(　　)

3. 名词解释

（1）WBS

（2）范围蔓延

第 4 章 软件项目进度管理

软件项目的一大挑战就是在预定期限之内完成，而时间是项目规划中灵活性最小的因素，它通常由用户或市场决定，而不是由项目团队决定。因此，进度问题是项目冲突的一个主要原因，尤其在项目的后期。本章所介绍的进度管理就是为了解决软件项目中与时间相关的问题，其内容主要包括：项目活动的定义和排序、活动资源和持续时间的估算、制定项目进度计划和控制进度。

4.1 概述

软件项目进度管理是软件项目管理的一个重要方面，它是保证项目如期完成、合理安排资源供应及节约工程成本的重要措施之一。

项目的成本管理、进度管理、质量管理是相互关联、相互制约的。通常，加快项目实施进度需要增加项目投资，而项目提前完成又可能提高投资效益；严格控制质量标准可能会影响项目实施进度，增加项目投资，而严格的质量控制又可避免返工，从而防止项目进度计划的拖延和投资的浪费。所以对项目的成本管理、进度管理和质量管理不能片面强调某一方面，而是要相互兼顾、相辅相成，这样才能真正实现项目管理的总目标。

4.1.1 什么是项目进度管理

项目进度管理也被称作项目时间管理、工期管理，是指在项目实施过程中，对各阶段的工作进展程度和项目最终完成的期限所进行的管理，是为了确保项目按期完成所需要的过程。

项目的重要特征之一是具有时间期限，要在一定的时间和预算内完成一定的工作，并使客户满意。因此为了使项目能够按时完成，在项目开始之前制定一份项目的进度计划非常有必要，这里的进度计划就是使项目的每项活动的开始及结束时间具体化的计划。

项目进度管理就是要采用一定的方法对项目范围所包括的活动及其之间的相互关系进行分析，对各项活动所需要的时间进行估计，并在项目的时间期限内合理地安排和控制活动的开始和结束时间。显然，这对保证项目按照时间期限完成项目全部工作范围具有重要的作用。

4.1.2 项目进度管理的内容

项目进度管理在内容上可概括为 6 个主要部分。

（1）活动定义：确定为完成各种项目可交付的成果所必须进行的各项具体活动。

（2）活动排序：确定各项活动之间的依赖关系，并形成文档。

（3）估算活动资源：估算执行各项活动所需的人员、设备等资源的种类和数量。

（4）估算活动持续时间：估算完成单项活动所需要的时间长度。

（5）制定进度计划：在分析活动顺序、活动持续时间和资源需求的基础上编制项目进度计划。

（6）进度控制：监督项目活动状态，控制项目进度计划的变化，保证项目按时完成。

项目进度管理的 6 个主要部分是相互影响、相互关联的，这些部分在实际的项目管理中通常表现出相互交叉和重叠的关系。在某些项目中，特别是一些小型项目中，一些管理过程甚至可以合并在一起视为一个阶段。例如一些小型项目中的活动排序、活动持续时间估算和进度计划编制之间的关系极为密切，可以由一个人在较短时间内完成，因此可以视为一个过程。

4.2 活动定义

完成每一个项目，无论项目的规模大小，都必须要完成一系列的具体工作，即活动。项目进度管理就是使用一定的方法定义、分析项目范围所包括的所有活动及其相互关系，估计各项活动所需要的时间和资源，并在项目的时间期限内合理地安排和控制活动的开始和结束时间。

为了有效地实现项目，在整个项目管理过程中对活动作出准确的定义是非常必要的。活动定义就是要确定 WBS 工作分解结构中各工作包对项目团队的要求是什么，怎样工作才能取得该工作包所要求的成果。

活动定义的依据主要包括工作分解结构、项目范围说明、历史信息以及相应的约束条件等方面的内容。活动的定义是在工作分解结构的基础上，进一步将工作包分解成更小的、更容易控制的、更具体的活动序列，从而确定实现项目目标所需要的全部活动。在活动定义时必须考虑范围说明中列出的项目合理性说明和目标说明，使所确定的活动在项目范围之内。定义活动时还需要考虑历史信息，这既包括项目前期的各种信息、与项目有关的以前类似项目的信息和其他组织开发的类似项目的各种信息，这些历史信息对工作分解和活动定义是有指导作用和参考价值的。活动定义时，必须考虑对项目的限制条件和限制因素，例如活动允许持续的最大时间、可以支付的最大成本等。

活动定义的一般方法有活动分解法和参照模板法等。

活动分解法是在 WBS 的基础上，将项目工作任务按照一定的层次结构逐步分解而成，以期分解成更小的、更容易控制的和更具体的活动，产生项目的活动清单。

参照模板法法是将已经完成的类似项目的活动清单或者其中的一部分作为一个新项目活动清单的参考模板，根据新项目的实际情况，在模板上调整项目活动，从而定义出新项目的所有活动。虽然每个项目都是独一无二的，但仍有许多项目彼此之间存在着某种程度的相似之处，许多应用领域都有标准的或半标准的活动分解可以作为参考模板。因此在定义项目活动时，模板法是一种简洁、高效的活动分解技术。

当完成活动定义后，其输出的结果为活动清单。活动清单包括了整个项目将进行的所有活动，它是工作分解结构的必要扩充。活动定义的关键是分解的活动清单完整而又不包括多余的活动，既能完成 WBS 中所定义的可交付成果，同时又能满足项目范围说明。

活动定义过程在 WBS 形成后即可开始，它是项目时间管理后续几个过程的基础。

4.3 活动排序

活动排序是分析项目活动之间的相互依赖关系，确定活动的逻辑顺序，以便在所有项目约束条件之下获得最高的项目工作执行效率。活动排序可以使用计算机辅助工具（如 MS Project），也可以手工完成，在实际应用中，手工推算和计算机工具可以结合使用。

在进行活动排序前需具备以下条件：①活动清单，这是活动排序的主要基础，排序就是对清单中的活动进行相互关系的分析和安排。②产品描述，是项目生产的产品和提供的服务的描述文档，产品和服务的功能、性能等特性会对活动排序产生影响。③项目的约束条件，会制约资源的使用，也会对活动排序产生影响。如果没有对资源的要求，许多活动是可以并行的，而一旦增加了这些约束后，就可能需要变成串行了。④里程碑，它是项目实施过程中一些必须发生的标志性的事件，例如一些标志性工作任务的完成，或者一些可交付的阶段产品或服务的提交等。安排活动顺序必须将里程牌事件作为活动的一部分，以确保里程碑的发生。

4.3.1 确定活动之间的逻辑关系

在进行活动排序时，必须了解活动之间可能存在的逻辑关系，例如哪些活动可并行执行，哪些活动一定要在某些活动完成后才能开始。活动之间的逻辑关系一般有下列几种。

（1）结束-开始（Finish-Start），是指一个活动结束后，另一个活动才能开始。这是一类最普遍也是最常用的活动关系类型。例如，插好网线后才可连接网络。

（2）开始-开始（Start-Start），是指一个活动开始后，另一个活动才能开始。这种关系类型常表示某种并行而且具有一定依赖关系的活动。例如，在软件项目中，软件质量保证活动开始后，才能进行缺陷的计数。

（3）结束-结束（Finish-Finish），一个活动结束后，另一个活动才能结束。例如，只有完成文档的编写，才能完成文档的编辑排版。

（4）开始-结束（Start-Finish），一个活动开始后，另一个活动才能结束。例如，只有第二位保安人员开始值班，第一位保安人员才能结束值班。这种逻辑关系在实际的项目中很少出现。

确定活动之间逻辑关系的依据是活动之间的依赖关系，依赖关系可分为以下两种。

（1）强制性依赖关系。强制性依赖关系是指由工作内在性质决定的固有的依赖关系，或由法律或合同所强制规定的依赖关系。这种关系通常与客观限制有关，例如只有在软件编码完成后，才能进行构建和测试。强制性依赖关系又称为硬依赖关系。

（2）选择性依赖关系，又称首选逻辑关系、优先逻辑关系或软逻辑关系。项目人员根据项目的实际情况，从优化项目方案的角度来确定选择性依赖关系。因此，选择性依赖关系的确定带有主观性。

4.3.2 绘制网络图

明确了活动之间的逻辑关系后，就可以进行活动排序了，活动排序的结果用网络图来表示。常用的绘制网络图的方法有前导图法（Precedence Diagramming Method，PDM）和箭线图法（Arrow Diagramming Method，ADM）。

前导图法（PDM）是用节点（方框或者圆）代表一项活动，用带箭头的线段表示活动间的依赖关系。这种表示法也称为 AOV 网（Activity On Vertex），是多数项目管理软件所采用的方法。在前导图法中，结束-开始关系是最常见的逻辑关系。如图 4.1 所示，图中方框表示活动，带箭头的线段表示活动顺序。活动框中的标识和活动名称需与活动清单一致。

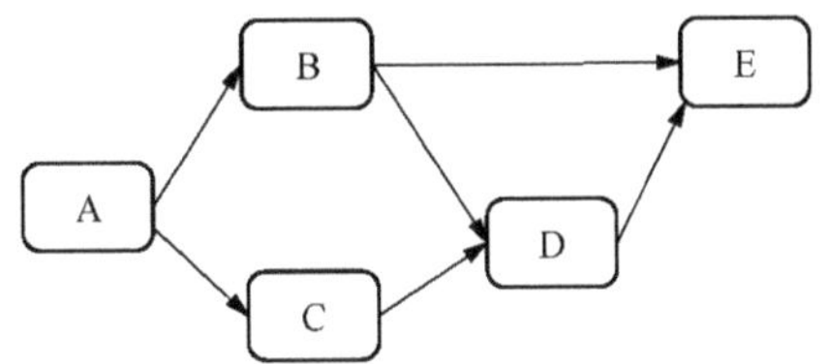

图 4.1　前导图法表示的网络图

箭线图法（ADM）：用带箭头的线段表示活动，通过节点将活动连接起来，表示结束-开始的依赖关系。这种表示法也称为 AOE 网（Activity On Edge Network），如图 4.2 所示。

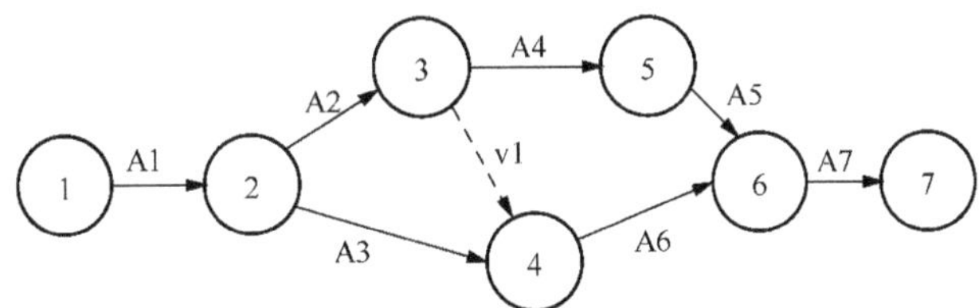

图 4.2　用箭线图法表示的网络图

在图 4.2 中，用带箭头的线段表示活动，而节点表示事件。二者之间的关系是，只有带箭线表示的活动完成后，箭线终点处节点代表的事件才能发生；而只有箭线起点处节点代表的事件发生后，该活动才能开始。即当某个事件发生后，起始于它的活动才能开始；而只有当某个事件的所有前续活动都结束后，该事件才能发生。例如，事件 2 发生，活动 A2、A3 才能开始；事件 6 的发生条件必须是活动 A5、A6 的完成。

在箭线图法中，当正常的活动箭线已不能全面或正确描述逻辑关系时，需要使用虚拟活动。虚拟活动在图形中用虚线箭头表示。例如，虚拟活动 v1 表示事件 4 的发生必须是在事件 3 发生后。

活动排序的成果主要包括两个方面：①项目网络图。即项目活动及其相互关系的示意图。除此之外，还应当有对活动的简单描述、重要活动说明等。②更新的活动清单：在活动排序过程中，需要对活动之间的逻辑关系进行分析和确认，可能会对某些活动进行重新分解和定义，需要更改项目活动清单，甚至工作分解结构。活动排序的结果是进度计划编制的基础。

4.4　估算活动资源

估算活动资源的目的是明确完成活动所需的资源的种类、数量和性质，以便作出更准确的成本和持续时间估算。项目的一大特征就是资源约束性，即项目只能够得到有限的资源支持。因此，对于任何活动而言，不考虑该活动所需的资源配置情况就讨论其持续时间长短是没有任何实际意义的。对每项活动应该在什么时候使用多少资源必须有一些估算，即估计项目活动的资源需求以及能否按时、按量、按质提供，这对项目活动的历时估计具有直接的影响。

在估算资源需求情况时，需要了解在活动进行期间内哪些资源（如人力资源、设备等）可用、何时可用以及可用多久，这些信息通常记录在“资源日历”中。此外，还需要考虑更多的资源属性，如经验和技能水平、来源地等。

由于人力资源是软件项目最重要的资源，因此必须很好地了解每个人的可用性和时间限制，如时区、工作时间、休假时间、当地时间、当地节假日等。

在估算活动资源时，历史数据（特别是类似项目的活动资源需求情况）有重要的参考价值。

4.5 估算活动持续时间

估算活动持续时间就是在给定的资源条件下，估计完成每个活动所需花费的时间量，为制订进度计划过程提供主要输入。估算活动持续时间的方法有多种，如专家判断、类比估算、三点估算、参数估算等，以下各小节分别进行介绍。

4.5.1 专家判断

当实施的项目涉及新技术或不熟悉的领域时，项目管理人员由于不具备专业技能，一般来说很难作出合理的时间估算，这就需要借助特定领域专家的知识和经验。通过借鉴历史信息，专家判断能提供持续时间估算所需的信息，或根据以往类似项目的经验，给出活动持续时间的上限。此外，专家判断也可用于决定是否需要联合使用多种估算方法，以及如何协调各种估算方法之间的差异。

4.5.2 类比估算

类比估算是通过与以往类似项目相类比得出估算。为了使这种方法更为可靠和实用，作为类比对象的以往项目不仅在形式上要和新项目相似，而且在实质上也要非常趋同。在这种情况下，类比估算是一种非常简便有效的方法。

类比估算是一种粗略的估算方法，有时需要根据项目复杂性方面的已知差异进行调整。在项目详细信息不足时（例如在项目初期），经常使用这种技术来估算项目持续时间。

4.5.3 三点估算

三点估算源于计划评审技术（Program Evaluation and Review Technique，PERT）。对于一些具有高不确定性的活动，估算持续时间可能会产生较大的误差，失去时间估算的意义，而三点估算可以尽可能地降低单一估算所产生的误差，它采用 3 种估算值来界定活动持续时间的近似区间。

（1）最可能时间——T_m：根据以往的经验，这项活动最有可能用多少时间完成。

（2）最乐观时间——T_a：当一切条件都顺利时该项活动所需时间。

（3）最悲观时间——T_b：在各项不利因素都发生的最不利条件下，该项活动需要的时间。

则活动持续时间的期望值 T_e 的计算公式为：$T_e=(T_a+4\times T_m+T_b)/6$。

例如，在图 4.3 所示 PDM 的网络图中，采用三点估算法分别估计活动 A、B 和 C 的活动持续时间。表 4.1 给出了各个活动的最乐观时间、最悲观时间最可能时间的估计。根据上面给出的公式，得出活动 A 的历时估计为（8+4×10+24）/6=12；活动 B 的历时估计为（1+4×5+9）/6=5；活动 C 的历时估计为（4+4×8+12）/6=8。该项目的总的时间估计为 25。

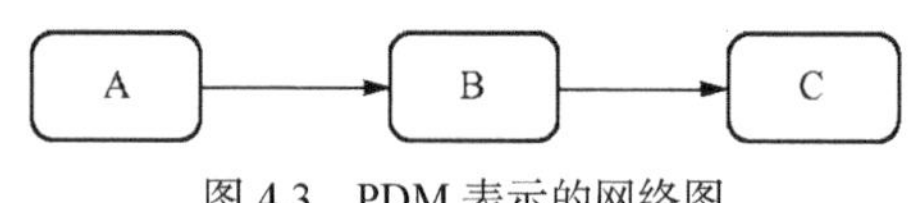

图 4.3　PDM 表示的网络图

表 4.1　　三点估算举例

估计值 / 项	T_a	T_m	T_b	三点估计值
活动 A	8	10	24	12
活动 B	1	5	9	5
活动 C	4	8	12	8
项目	13	23	45	25

用三点估算得到的估计值有较大的不确定性，因此必须注意时间期望值的风险评估。

4.5.4　参数估算

参数估算是一种基于历史数据和项目参数，使用某种数学模型来计算成本或持续时间的估算技术。这种技术是利用历史数据之间的统计关系和其他变量（如活动的工作量），来估算诸如成本和持续时间等活动参数。

最简单的一种参数估算方法就是把需要实施的工作量（或规模）乘以完成单位工作量（或规模）所需的工时，即可计算出活动持续时间。例如，一个软件模块的规模是 2 个功能点，根据软件组织的历史数据，一个开发人员完成一个功能点平均需要 2 天时间，那么一个开发人员完成该软件模块需要 4 天时间。

参数估算法需要积累历史数据，根据历史数据运用建模技术建立模型。许多由历史经验数据导出的参数估算模型的形式为：$D=a\times E^b$，其中 D 为持续时间，E 为工作量（通常用人月表示），a 和 b 为依赖于项目自然属性的参数。例如 Pubnam 模型的公式为 $D=2.4\times E^{1/3}$，基本 COCOMO 模型（参见本书 5.3.6 小节）的公式为 $D=2.5\times E^b$，其中 b 是 0.32～0.38 之间的参数。

参数估算的准确性取决于参数估算模型的成熟度和历史数据的可靠性。

4.6　制定进度计划

制定进度计划就是分析项目活动顺序、持续时间、资源需求和进度制约因素，创建包含各个活动计划日期的进度模型。制定进度计划的相关技术包括甘特图法、关键路径法、关键链法、资源优化、进度压缩，以下各小节将分别进行介绍。

4.6.1　甘特图法

甘特图（Gantt Chart）又称横道图、条形图（Bar chart）。它通过活动列表和时间刻度形象地表示出任何特定项目的活动顺序与持续时间。使用甘特图能方便地看到任务的工期、开始和结束时间以及资源的信息。

甘特图表示方法简单，横轴表示时间，纵轴表示活动，用横条表示活动的时间跨度，横条的左端表示活动的开始时间，右端表示活动的结束时间。实心横条表示实际进度，空心横条表示计划进度，因此一项活动需要占用两行空间，如图 4.4 所示。有时为了所绘制的甘特图更加紧凑，用方向向上三角形表示开始时间，向下三角形表示结束时间，计划时间和实际时间分别用空心三角形和实心三角形表示。如此，一个活动只需要占用一行的空间，如图 4.5 所示。图 4.4 与图 4.5

是同一组活动的两种甘特图。活动 4 的实际持续时间比计划短，其余活动皆按计划完成。

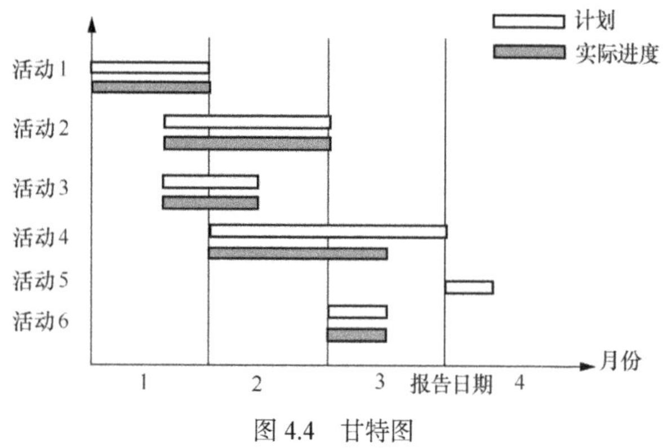

图 4.4　甘特图

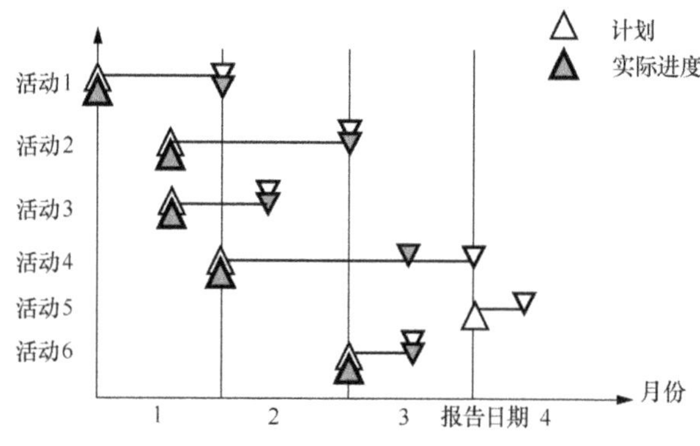

图 4.5　甘特图（每个活动对应一个横条）

甘特图可以直观地表明任务计划在什么时候进行，以及实际进展与计划要求的对比。管理者由此极为便利地搞清楚一项任务（项目）还剩下哪些工作要做，并可评估工作进度。然而甘特图也有以下主要缺点。

（1）不能明显地描述各项作业间的依赖关系。

（2）进度计划的关键部分不明确，难以判断哪些部分应当是关键活动；不能反映某一项活动的进度变化对整个项目的影响。

如今，大部分项目管理人员都选择使用项目管理软件来创建复杂的甘特图。实际上，现代项目管理软件将甘特图进行了许多改进，在原来甘特图的基础上发展出了列表甘特图、跟踪甘特图等形式，因而可以更容易地显示和更新项目信息。本书第 11 章介绍了在 Microsoft Project 软件中怎样使用甘特图来创建项目进度计划。

4.6.2　关键路径法

关键路径法（Critical Path Method，CPM）由杜邦公司提出，它通过对网络图进行时间参数的计算，找出计划中的关键活动和关键路径，并且计算其他路径可以浮动的时间，进而明确所有活动在时间安排上的灵活性。

1．活动的时间参数

项目的每个活动都具有以下时间参数。

（1）最早开始时间（Early Start，ES），指一个活动最早可以开始的时间。

（2）最早结束时间（Early Finish，EF），指一个活动最早可以完成的时间。

（3）最迟开始时间（Late Start），在不影响项目完工时间的情况下，一项活动最晚必须开始执行的时间。

（4）最迟结束时间（Late Finish，LF），指在不影响项目工期的情况下，该活动最晚必须完成的时间。

（5）超前（Lead）：两个活动的逻辑关系所允许的提前后置活动的时间。例如，在需求分析完成之前两天，总体设计就可以开始，则总体设计活动有两天的超前。

（6）滞后（Lag）：两个活动的逻辑关系所允许的推迟后置活动的时间。例如，刷房子时，刷油漆后要刷涂料，刷油漆完成后要等待一天，等油漆干了以后才能刷涂料，则刷涂料活动有一天的滞后。

（7）总浮动时间（Total Float，TF），是一个活动在不影响项目最早完成时间的情况下可以延迟的时间量。TF=LS-ES 或 TF=LF-EF。

（8）自由浮动（Free Float，FF）是一个活动在不影响其所有后置活动的最早开始时间的情况下，可以延迟的时间量。FF=min（TI），min 表示取最小值，TI 的含义为

TI=后置活动的 ES-本活动的 EF-Lag

在用关键路径法制定进度计划时，需计算或使用上述时间参数。

2. 正推法和逆推法

关键路径法使用正推法来确定项目各活动的最早开始时间和最早结束时间，使用逆推法来确定项目中各活动的最晚开始时间和最晚结束时间。以下使用一个例子说明。

一个项目，经过工作任务分解后得到活动 A、B、C、D、E、F、G、H，其持续时间估算如表 4.2 所示，项目的网络图如图 4.6 所示。网络图中的每一个活动可以用图 4.7 所示的活动图表达出活动的 4 种时间。

表 4.2　项目所有活动的历时估计结果

活动	活动历时估计/持续时间（天）
A	4
B	6
C	7
D	5
E	8
F	8
G	6
H	5

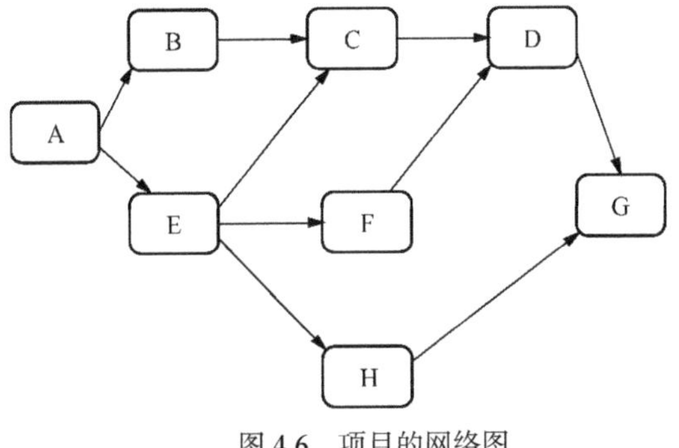

图 4.6　项目的网络图

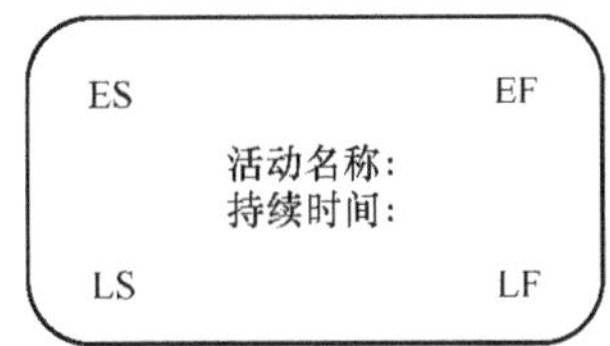

图 4.7　活动图

正推法从网络图的起始点（开始活动）按照时间顺序正向经过整个网络图至结束点，计算出所有活动的最早开始时间和最早结束时间。其执行过程如下。

（1）首先建立项目的开始时间。项目的开始时间是网络图中第一个活动的最早开始时间。

（2）按网络图从左到右的顺序逐个计算活动的最早开始和结束时间。所用的公式为：

EF=ES+Duration　　（Duration 是活动的持续时间）

ES(s)=EF+Lag 或 ES(s)=EF−Lead　（ES(s)表示后置活动的最早开始时间）

（3）当一个活动有多个前置活动时，选择其中最大的最早结束时间作为其最早开始时间。

例如，在图 4.6 所示的网络图中，设各活动的超前和滞后时间都为 0，执行正推法的过程如下：设项目的开始时间为 0，活动 A 的最早开始时间 ES(A)=0，活动持续时间 Duration=4，则活动 A 的最早完成时间是 EF(A)=0+4=4，活动 B 的最早开始时间 ES(B)=EF(A)+lag=4+0=4，最早结束时间是 EF(B)=4+6=10，同理，活动 E 的最早开始时间和最早结束时间 ES(E)=4，EF(E)=12；由于活动 C 有两个前置活动，选择其中最大的最早完成日期作为其后续活动的最早开始日期，12 比 10 大，所以 ES(C)=12，EF(C)=19，活动 F 的最早开始时间和最早结束时间 ES(F)=12，EF(F)=20；活动 H 的最早开始时间和最早结束时间 ES(H)=12，EF(H)=17；活动 D 也有两个前序活动 C、F，选择其中最大的最早完成时间 20 作为活动 D 的最早开始时间 ES(D)=20，EF(D)=25；同理，活动 G 的最早开始时间 ES(G)=25，EF(G)=31。这样，通过正推法，计算出了网络图中各个活动的最早开始时间和最早结束时间，如图 4.8 所示。

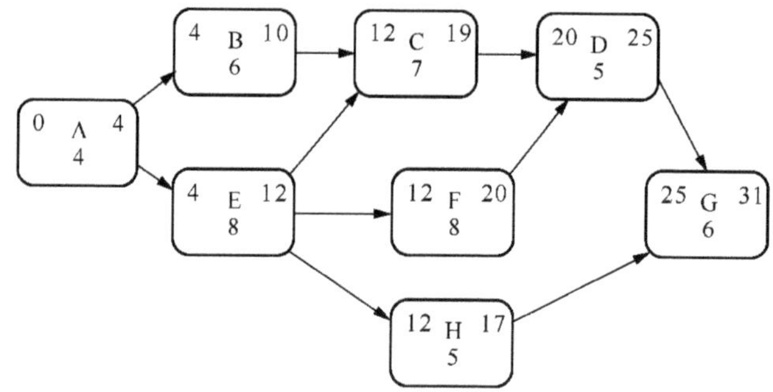

图 4.8　执行正推法后计算出 ES 和 EF

逆推法从网络图结束点（终止活动）逆向经过网络图至开始点计算出所有活动的最迟结束时间 LF 和最迟开始时间 LS。此方法的执行过程如下。

（1）首先建立项目的结束时间，项目的结束时间是网络图中最后一个活动的最迟结束时间，而最后一个活动的最迟结束时间就等于其最早结束时间，即 LF=EF。

（2）按网络图从右到左的顺序进行计算。所用公式为：

LS=LF−Duration

LS−Lag=LF(p)或 LS+Lead=LF(p)，LF(p)表示前置活动的最迟结束时间。

（3）当一个活动有多个后置活动时，选择其中最小的最迟开始时间作为其最迟结束时间。

例如，在图 4.8 所示的网络图中执行逆推法，过程如下：由于项目的结束时间是网络图中最后一个活动的最迟结束时间，而其值等于最后一个活动的最早结束时间，即 LF(G)=31，则 LS(G)=31−6=25；LF(D)=25，LS(D)=25−5=20，同理，活动 H 的 LF(H)=25，LS(H)=25−5=20。活动 F 的 LF(F)=20，LS(F)=20−8=12。活动 C、B 的最迟结束和最迟开始时间分别为：LF(C)=20，LS(C)=20−7=13；LF(B)=13，LS(B)=13−6=7；活动 E 有 3 个后续活动，选择其中最小最迟开始时间 12 作为其最迟结束时间，即 LF(E)=12，LS(E)=12−8=4。活动 A 的 LF(A)=4，LS(A)=4−4=0。至此，通过逆推法，计算出了网络图中各个活动的最迟开始时间和最迟结束时间，如图 4.9 所示。

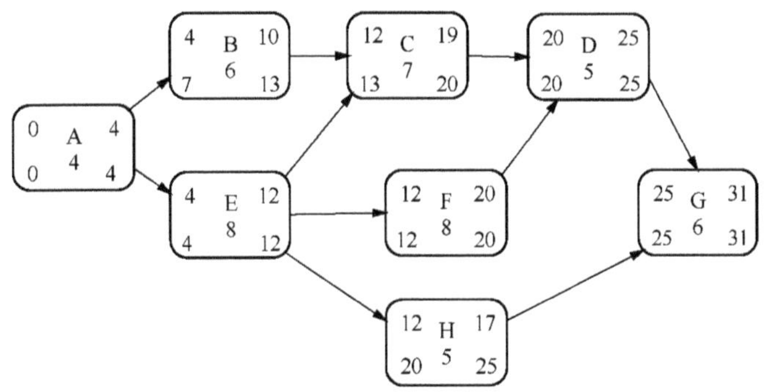

图 4.9 执行逆推法后计算出 LS 和 LF

3. 关键路径

如果活动的总浮动时间为 0，则称之为关键活动，网络图中由代表关键活动的节点组成的路径，称为关键路径。关键路径是在所有从开始活动到终止活动的路径中，路径上所有活动持续时间相加最大的那些路径。一个项目的关键路径可能不只一条，关键路径决定了项目的总工期，由于关键路径上的活动浮动时间为 0，因此，关键路径上任何活动的延期都会引起项目的延期，这些活动是项目风险的重要来源。而在非关键路径上的活动则可以根据其浮动时间的长短作灵活安排。

例如图 4.9 中，路径 A-E-F-D-G 中所有活动总浮动时间为 0，且是最长的路径，因此该路径是关键路径，关键路径长度为 31，故完成此项目需 31 天，而路径上的活动 A、E、F、D、G 都是关键活动。

明确关键路径后，可以合理安排进度，调配资源。对非关键路径上的活动进行调整，合理利用它们的浮动时间，往往可以安排出既节省资源又不影响项目完工时间的进度表。

4.6.3 关键链法

关键链法（Critical Chain Method，CCM）是由美国管理学专家艾利·高德拉特（Eli Goldratt）提出的一种项目管理方法。该方法自 1997 年提出后，在实际应用中取得很大成功，引起了广泛重视。本节对该方法作简单介绍。

关键链法建立在关键路径法基础之上，它对关键路径法主要做了以下几方面的改进。

（1）关键路径法是在不考虑任何资源限制的情况下，在给定活动持续时间和逻辑关系的条件下，分析项目的关键路径，而关键链法考虑了资源限制对项目活动逻辑关系及关键路径的影响。

（2）关键链法引入了缓冲和缓冲管理来应对项目的不确定性。

（3）关键链法考虑了人的心理行为因素和工作习惯，因为人是项目实施的主体，是项目最关键的资源。

关键链法是一种根据有限的资源来调整项目进度计划的进度网络分析技术。首先，根据持续时间估算和给定的依赖关系绘制项目进度网络图；然后，计算关键路径。在确定了关键路径之后，再考虑资源的可用性，制定出资源约束型进度计划，该进度计划中的关键路径常与原先的不同。资源约束型关键路径就是关键链。

例如，图 4.10 所示是一个简单的项目网络图，按照关键路径法，该网络图中的关键路径是 A-D-E-F，但如果考虑资源约束，假设活动 C 和活动 E 需要同一资源，例如需要同一个人来执行，而一个人一次只能执行一个活动，那么活动 C 和活动 E 就不能并行执行。因此，在考虑资源约束的情况下，A-D-E-C-F 就构成了项目的关键链（如图中虚线所示），该关键链决定了项目的总工期。

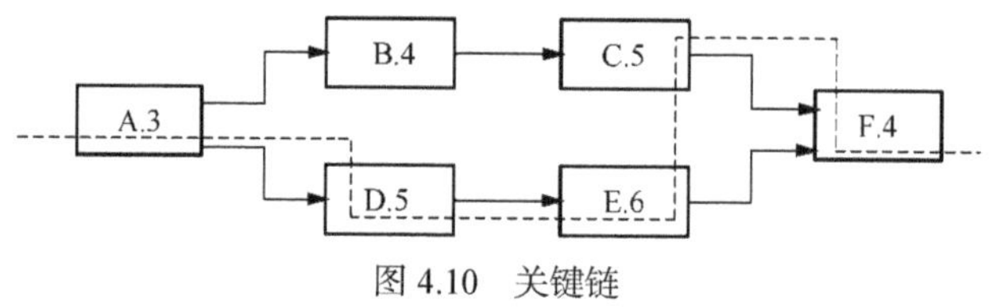

图 4.10 关键链

关键链法增加了持续时间缓冲来应对不确定性，如图 4.11 所示。放置在关键链末端的缓冲称为项目缓冲（Project Buffer），用来保证项目不因关键链的延误而延误；放置在非关键链和关键链接合点处的缓冲称为汇入缓冲（Feeding Buffer），用来保护关键链不受非关键链延误的影响。应该根据相应活动链的持续时间的不确定性，来决定每个缓冲时段的长短。如果一些活动不能在计划时间内完成，缓冲时间就会被占用。在项目实施过程中，要监控缓冲时间被占用的情况。可建立一种预警机制，例如当缓冲时间被占用三分之一时，发出预警信号；被占用三分之二时，要立即采取纠正措施。

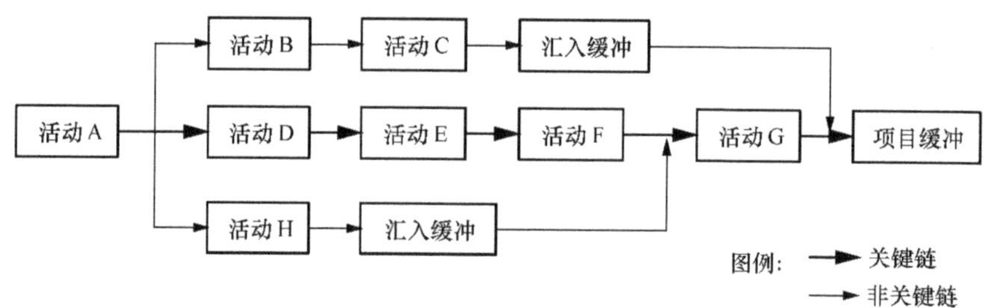

图 4.11 项目缓冲和汇入缓冲

关键链法的理论依据之一是“帕金森定律”。帕金森定律是指：工作总是拖延到它所能够允许最迟完成的那一天。也就是说，如果工作允许拖延、推迟完成，往往这个工作就会推迟到它能够最迟完成的那一天，很少有提前完成的。所以在大多数情况下都会造成项目延期、工作延期，或勉强按期完成工作。

在项目实践中，人们在估算一项活动的持续时间时，为保证活动能按时完成，总是习惯于安排一定的时间浮动和安全裕量，那么根据帕金森定律，在执行活动时，往往会推迟到它所允许的最后一天为止，这一期间整个工作就没有充分发挥它的效率，造成了资源和时间的浪费，而且很容易导致项目工期的推迟。关键链法要求在进行项目估算的时候，把个人估算当中的一些隐藏的裕量剔除，把富余的时间压缩出来，作为缓冲，成为项目管理的一个公共资源统一调度、统一使用，使备用的资源有效运用到真正需要它的地方，这样就可以大大缩短原来项目的工期。

4.6.4 资源优化

资源优化就是根据资源供需情况，来调整进度计划。考虑项目资源的有限性，在制定项目进度计划的过程中，项目管理人员需要对有限的资源进行优化，否则可能会造成高成本的项目活动实施和项目延迟，或造成资源的过度使用或闲置。

为了在资源需求和资源供给之间取得平衡，有时需要根据资源制约对活动的开始时间和结束时间进行调整。如果共享资源或关键资源只在特定时间可用、数量有限或被过度分配，就需要进行资源优化。也可以为使资源使用量在整个项目期间保持均衡水平而进行资源优化。

资源优化需要充分利用非关键活动的自由浮动和总浮动时间，但有时也不得不改变关键路径，从而影响项目的总工期。

4.6.5　进度压缩

进度压缩是指在不缩减项目范围的前提下，缩短进度工期，以满足进度制约因素、强制日期或其他进度目标。

项目的工期并非越短越好，工期过短，就可能造成项目费用的大量增加。因此应该在满足要求时间的前提下，使项目计划时间尽量保持在合理工期范围之内，使增加的费用最少。

进度压缩的技术主要有赶工和快速跟进，下面分别进行介绍。

1. 赶工

赶工是通过压缩关键路径上关键活动的持续时间来达到缩短整个项目工期的目的。赶工的例子包括：加班、增加额外资源或支付加急费用，来加快关键路径上的活动。

赶工要对成本、进度和风险进行权衡，确定如何以最低的成本、最小的风险来缩短所需时间。赶工并不总是切实可行的，它可能会导致成本和风险的增加。

以图 4.12 所示的项目网络图为例，该项目的关键路径是 A-E-F-D-G。假设现在要压缩项目的进度，目标是要比计划提前 3 天完成整个项目。假定关键路径上各活动赶工的时间与成本如表 4.3 所示。

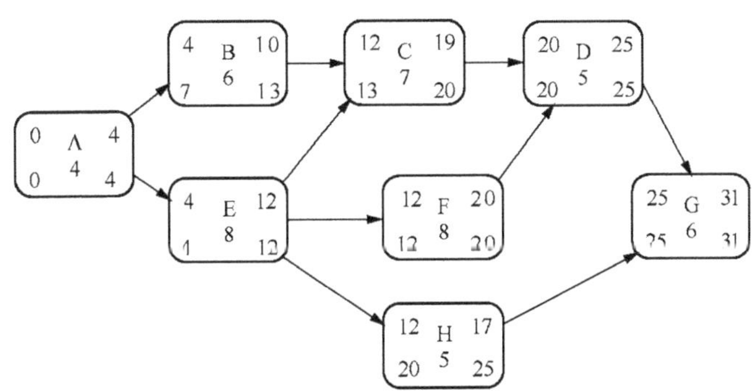

图 4.12　一个项目的网络图

表 4.3　项目活动赶工时间与成本表

活动	原工期（天）	可压缩时间（天）	赶工追加成本（元）	单位追加成本（元/天）	风险
A	4	1	3 000	3 000	低
D	5	2	3 000	1 500	低
E	8	3	1 200	400	高
F	8	2	1 200	600	高
G	6	2	7 000	3 500	无

活动 A 赶工风险低、活动 G 赶工无风险，但这两个活动赶工单位成本较高；活动 D 赶工风险低，赶工成本居中，较 A、G 为低，可以作为一种选择；活动 E、F 赶工成本较低，但风险高。

然而，仅根据以上信息，并不足以做出决定，还应依据项目的实际情况做出决定。比如，若项目风险程度较低，则可选择对活动 E 赶工 3 天；若成本不是问题，但风险应充分考虑，则应选择对活动 G 赶工两天，然后对活动 A 或 D 赶工一天。

注意，在进度压缩过程中，关键路径可能会改变，或出现多条关键路径，此时必须对各条关键路径的持续时间同时压缩至同一数值，否则，起不到缩短工期的作用。

2. 快速跟进

一般来说，项目的阶段性具有上一阶段的输出是下一阶段的输入的特性，即项目上一阶段结束后才能开始项目下一阶段的工作，项目的阶段性成果通常是在下一个项目阶段开始之前提交的。

但是也有一些项目，其后续阶段是在项目前序阶段的工作成果尚未交付之前就开始的。这种项目阶段的搭接作业方法通常被称为快速平行作业法，亦称为快速跟进法，即将一般情况下顺序执行的多项活动改为平行进行。例如，软件项目在设计完成之前就开始编写程序，程序全部完成之前就开始测试，这样可以缩短工期。

显然，应用项目的快速跟进方法，在可能的条件下及时启动相关工作并进行交叉作业，可以有效缩短项目的持续时间，加速项目进程，但这种方法会对项目的有效管理提出更高的要求，同时会增加项目实施过程中的风险。

4.7 进度控制

项目实施过程中会遇到各种客观的或主观的不确定性因素，导致进度计划的执行出现偏差。进度控制就是指监督项目活动的状态，发现实际进度与计划进度的偏离，分析发生偏离的原因和程度，评估这些偏差对未来工作的影响，并决定是否采取纠正或预防措施。

4.7.1 常用的进度控制技术

常用的进度控制技术有以下几种。

（1）进度偏差分析。这种技术是将项目实际进度和进度基准计划利用图形的形式直观地进行比较分析。例如在甘特图（参见第 4.6.1 节内容）上可以用不同颜色的横道线来表示计划和实际进度，可以非常直观地看到进度偏差。

（2）关键路径法中的进度分析。通过比较关键路径的进展情况来确定进度状态。关键路径上的差异将对项目的结束日期产生直接影响。评估次关键路径上的活动的进展情况，也有助于识别进度风险。

（3）关键链法中的进度分析。比较剩余缓冲时间与所需缓冲时间，有助于确定进度状态。是否需要采取纠正措施，取决于所需缓冲与剩余缓冲之间的差值大小。

（4）挣值管理。采用进度绩效测量指标，如进度偏差（SV）和进度绩效指数（SPI），评价偏离初始进度基准计划的程度。有关挣值管理，请参见本书第 5.5 节的内容。

（5）项目管理软件。可借助项目管理软件，对照进度计划，跟踪项目执行的实际日期，报告与进度基准相比的差异和进展，并预测各种变更对项目进度模型的影响。

4.7.2 项目进度计划变更

当项目的实际进度与计划进度之间的偏差超过了一定程度，对项目进度计划的总目标或后续工作产生影响时，就要根据项目实施的现有条件和约束，对项目进度计划加以变更，以保证进度目标的实现。

项目进度计划变更会对项目进度产生如下一些影响。

（1）项目活动的增加和删除；

（2）项目活动的重新排序；

（3）项目活动持续时间估算的变更或者项目要求完工时间的更新；

（4）项目活动时间属性的重新计算；

（5）资源（人力、物力、资金）的重新分配。

项目进度计划的变更通常要遵循一定的变更控制程序：首先要提出变更申请，然后由项目管理人员和相关项目干系人对变更进行评估，经过客户方及上级管理部门的确认和批准后，对项目进度计划进行修改。

4.8　案例分析

本节介绍"软件缺陷管理和度量系统"项目的进度计划。

在项目初期的《项目建议书》（参见第 2.9 节案例分析）中给出了项目的初步进度计划，如表 4.4 所示。

表 4.4　软件缺陷管理和度量系统开发项目进度安排

起止日期	任务
2013 年 4 月 1 日～2013 年 4 月 19 日	项目规划、需求调研和需求分析
2013 年 4 月 22 日～2013 年 4 月 30 日	系统设计
2013 年 5 月 2 日～2013 年 5 月 17 日	完成项目和模块管理、系统设置、缺陷管理功能
2013 年 5 月 20 日～2013 年 5 月 31 日	完成缺陷度量、报表功能
2013 年 6 月 3 日～2013 年 6 月 7 日	完成缺陷监视、自动邮件通知功能
2013 年 6 月 10 日～2013 年 6 月 14 日	完成用户管理、数据库管理、日志管理、帮助
2013 年 6 月 17 日～2013 年 6 月 26 日	系统测试和稳定化
2013 年 6 月 27 日～2013 年 6 月 28 日	项目验收

在制定项目进度计划时，需要对表 4.4 中的进度安排进行细化。通过活动分解得到项目的活动，然后对活动之间的关系进行分析，并为活动分配相应的资源，最后得到表 4.5 所示的项目进度计划。

表 4.5　软件缺陷管理和度量系统开发项目进度计划

活动	工期（工作日）	开始日期	结束日期	人力资源
软件缺陷管理和度量系统	64	2013.4.1	2013.6.28	
项目规划	2	2013.4.1	2013.4.2	刘海，龚晓庆
需求调研	4	2013.4.3	2013.4.8	刘海，龚晓庆，董辉
需求分析	9	2013.4.9	2013.4.19	
界面原型设计	2	2013.4.9	2013.4.10	龚晓庆，孙夏宁

续表

活动	工期（工作日）	开始日期	结束日期	人力资源
用户评审界面原型	1	2013.4.11	2013.4.11	龚晓庆，孙夏宁，张伟
修改需求和界面原型	2	2013.4.12	2013.4.15	龚晓庆，孙夏宁
编写需求规格说明书	3	2013.4.16	2013.4.18	龚晓庆
需求评审	1	2013.4.19	2013.4.19	刘海，张伟，董辉
系统设计	7	2013.4.22	2013.4.30	
体系结构设计	3	2013.4.22	2013.4.24	董辉
数据库设计	2	2013.4.25	2013.4.26	马甲兴
设计评审	2	2013.4.29	2013.4.30	龚晓庆，刘海，董辉，马甲兴，苗勇
系统实现	32			
缺陷管理子系统	12	2013.5.2	2013.5.17	
系统设置	3	2013.5.2	2013.5.6	董辉，马甲兴
项目信息管理	2	2013.5.3	2013.5.6	苗勇
模块信息管理	2	2013.5.6	2013.5.7	马甲兴
缺陷信息管理	2	2013.5.8	2013.5.9	龚晓庆
缺陷查询	3	2013.5.10	2013.5.14	马甲兴
缺陷跟踪	4	2013.5.10	2013.5.15	董辉
缺陷管理子系统评审	2	2013.5.16	2013.5.17	龚晓庆，刘海，董辉，马甲兴，苗勇，张伟
缺陷度量子系统	10	2013.5.20	2013.5.31	
缺陷度量指标的获取	4	2013.5.20	2013.5.23	董辉
度量指标的图形显示	4	2013.5.24	2013.5.29	马甲兴，董辉
报表输出	4	2013.5.24	2013.5.29	苗勇
缺陷度量子系统评审	2	2013.5.30	2013.5.31	龚晓庆，刘海，董辉，马甲兴，苗勇，张伟
自动邮件通知子系统	5	2013.6.3	2013.6.7	
邮件通知方案设置	2	2013.6.3	2013.6.4	龚晓庆
邮件服务器设置	1	2013.6.3	2013.6.3	董辉
自动邮件通知	1	2013.6.5	2013.6.5	马甲兴
缺陷监视	1	2013.6.6	2013.6.6	苗勇
自动邮件通知子系统评审	1	2013.6.7	2013.6.7	龚晓庆，刘海，董辉，马甲兴，苗勇，张伟
其他功能	5	2013.6.10	2013.6.14	
用户管理	2	2013.6.10	2013.6.11	董辉
用户权限设置	2	2013.6.12	2013.6.13	董辉
数据库管理	2	2013.6.10	2013.6.11	马甲兴
日志管理	2	2013.6.10	2013.6.11	苗勇

续表

活动	工期（工作日）	开始日期	结束日期	人力资源
帮助	4	2013.6.10	2013.6.13	龚晓庆
本阶段评审	1	2013.6.14	2013.6.14	龚晓庆，刘海，董辉，马甲兴，苗勇，张伟
系统测试和稳定化	8	2013.6.17	2013.6.26	
集成测试	4	2013.6.17	2013.6.20	董辉，龚晓庆，马甲兴
确认测试	3	2013.6.21	2013.6.25	董辉，龚晓庆，马甲兴，苗勇
压力测试	1	2013.6.26	2013.6.26	董辉，马甲兴
项目验收	2	2013.6.27	2013.6.28	龚晓庆，刘海，董辉，马甲兴，苗勇，张伟

将表 4.5 中的数据输入 Microsoft Project，形成甘特图，如图 4.13 所示。

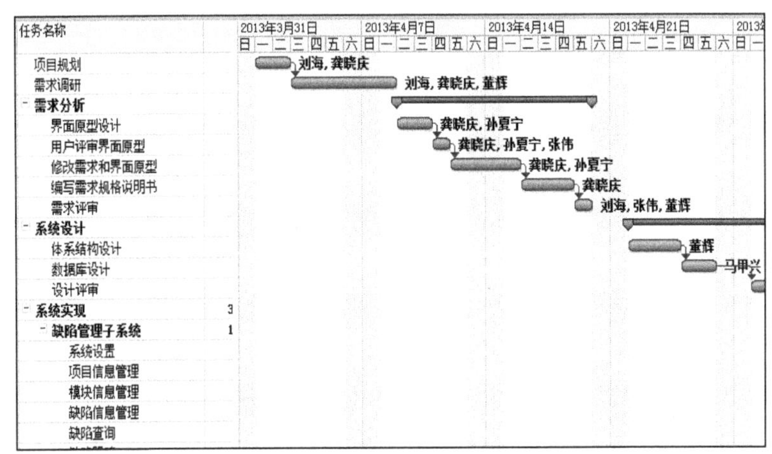

图 4.13　软件缺陷管理和度量系统进度计划甘特图

本章小结

软件项目进度管理是在软件项目实施过程中，对各阶段的工作进展程度和项目最终完成的期限所进行的管理，是为了确保项目按期完成所需要的过程。软件项目进度管理的内容可概括为 6 个部分：活动定义、活动排序、估算活动持续时间、制定进度计划、进度控制。

活动的定义是在工作分解结构的基础上，进一步将工作包分解成更小的、更容易控制的、更具体的活动序列，从而确定实现项目目标所需要的全部活动。活动定义的常用方法有活动分解法和参照模板法。

活动排序是分析项目活动之间的相互依赖关系，确定活动的逻辑顺序。活动之间的关系有 4 种：结束-开始、开始-开始、结束-结束、开始-结束。活动排序的结果用网络图来表示，常用的绘制网络图的方法有前导图法（PDM）和箭线图法（ADM）。

项目的一大特征就是资源约束性，估算活动资源的目的就是明确完成活动所需的资源的种类、数量和性质，以便作出更准确的成本和持续时间估算。

估算活动持续时间就是在给定的资源条件下，估计完成每个活动所需花费的时间量。主要方法有专家判断、类比估算、三点估算、参数估算等。

甘特图法是一种简单直观的制定进度计划的方法，它通过活动列表和时间刻度形象地表示出任何特定项目的活动顺序与持续时间。关键路径法则是通过对网络图进行时间参数的计算，找出计划中的关键活动和关键路径，并且计算其他路径可以浮动的时间，进而明确所有活动在时间安排上的灵活性。在关键路径法中，通过正推法确定各个活动的最早开始时间和最早结束时间，通过逆推法确定最迟开始时间和最迟结束时间。与关键路径法相比，关键链法不仅考虑了活动之间的逻辑关系，还考虑了资源约束和人们的工作习惯，并引入了缓冲的概念，以应对项目的不确定性。

在项目实施过程中，可能会出现资源冲突、资源的过度使用或闲置等问题，因此需要根据资源供需情况，来调整进度计划，即资源优化。

进度压缩是指在不缩减项目范围的前提下，缩短进度工期。进度压缩方法主要有赶工和快速跟进。

进度控制是指监督项目活动的状态，发现实际进度与计划进度的偏离，分析发生偏离的原因和程度，评估这些偏差对未来工作的影响，并决定是否采取纠正或预防措施。

习　　题

1. 问答题

（1）软件项目活动之间有哪几种依赖关系，请结合具体的例子说明。

（2）什么是项目活动的最早和最迟开始时间、最早和最迟结束时间？什么是项目活动的总浮动时间和自由浮动时间？

（3）关键链法在哪些方面对关键路径法进行了改进？

（4）在制定项目进度计划的过程中，资源优化的目的是什么？

2. 选择题

（1）对某个项目活动的持续时间进行三点估算，得到其最乐观时间为 8 天，最悲观时间为 24 天，最可能时间为 10 天，则该活动的持续时间期望值是（　　）。

（A）10 天　（B）12 天　（C）14 天　（D）16 天

（2）快速跟进是指（　　）。

（A）采用并行执行任务，加速项目进度

（B）用一个任务取代另外的任务

（C）如有可能，减少任务数量

（D）减轻项目风险

（3）赶工一个项目时，你应该关注（　　）。

（A）尽可能多的活动

（B）非关键活动

（C）加速执行关键路径上的活动

（D）通过成本最低化加速执行活动

3. 分析题

（1）根据下表的活动历时和活动关系画出前导图和箭线图，指出关键活动及关键路径。

活动	活动历时	前序活动
A	7	
B	3	
C	6	A
D	3	A
E	3	D F
F	2	B
G	3	C
H	2	G E

（2）作为项目经理，你需要给一个软件项目做进度计划，经过任务分解后得到任务 A、B、C、D、E、F、G，下图是这个项目的 PDM 网络图。通过历时估计已经估算出每个任务的工期，现已标识在 PDM 网络图上。假设项目的最早开工日期是第 0 天，请计算每个任务的最早开始时间、最迟开始时间、最早结束时间、最迟结束时间，同时确定关键路径，并计算项目的工期和活动 F 的总浮动时间。

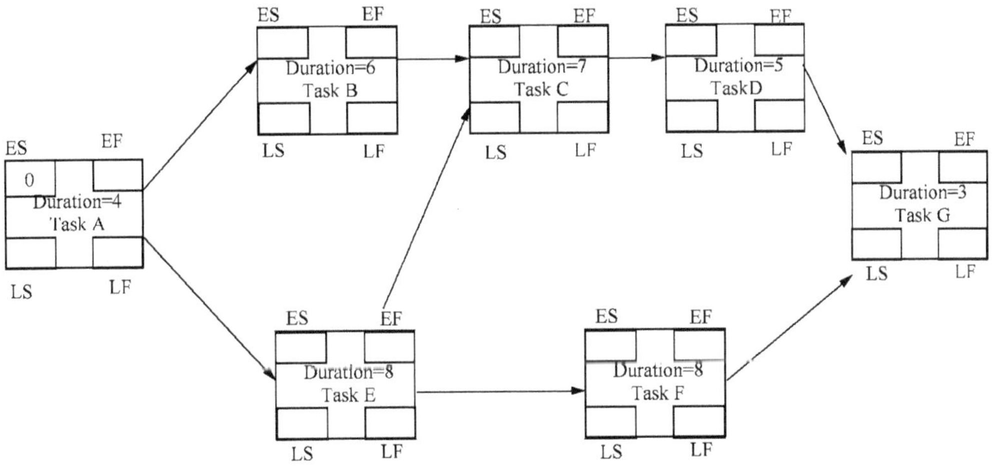

第 5 章 软件项目成本管理

软件项目的管理通常面对着很多不确定性因素，使得项目的成本费用难以预料，而软件项目必须在一定成本约束之下完成。因此，必须有一些具体可行的措施和办法，来帮助项目经理进行项目成本管理，实施整个项目生命周期内成本的估算、预算及控制。

本章首先介绍软件项目成本管理的一些基本概念，然后讲解成本估算方法和成本预算，最后介绍成本控制。

5.1 概述

软件项目成本是完成软件所需付出的代价，是软件项目从启动、计划、实施、控制，到项目交付收尾的整个过程中所有的费用支出。软件项目的成本相比一般的建设项目更加复杂，没有一个规范的行业成本及费用计算依据，项目的随意性和风险都很大，而且软件项目的执行人的劳动消耗所需代价是软件产品的主要成本，因此项目每一个执行者的行为都可能影响到整个项目成本的最终结果。所以不管是项目经理人，还是项目的具体实施人员，都应有较好的成本观念，要掌握一定的成本基础知识，才能真正有效地实施项目的成本监控。

5.1.1 软件项目规模、工作量与成本

软件项目规模一般是指所开发软件的规模大小，通常可以简单地用软件的代码行数来表示，也可通过软件功能的多少来衡量。软件项目工作量是指为了提供软件的功能而必须完成的软件工程任务量，其度量单位为人月、人天、人年等，即人在单位时间内完成的任务量。工作量与软件规模是紧密相关的，此外它还与项目和产品特性（如团队的技术和能力、所使用的语言和平台、团队的稳定性、项目中的自动化程度等）相关。在不会引起混淆的情况下，有时把工作量也称作规模。

软件项目成本是指完成软件项目所付出的代价，即待开发软件项目所需要的资金，通常用货币单位（如美元、人民币等）衡量。软件项目成本与工作量有密切联系，用单位工作量所消耗的成本乘以总工作量，就得到了完成项目工作量所消耗的成本。完成项目工作量所消耗的成本是项目成本最主要的部分。因此，项目工作量的估算和成本估算一般同时进行。

5.1.2 软件项目成本的构成

软件项目通常是资产和技术密集型项目，其成本构成与一般的建设项目有很大区别，成本的

构成中较多的部分体现为系统设备、人工、维护等技术含量较高的部分，其中最主要的成本是指在项目开发过程中所花费的工作量及相应的代价，它不包括原材料及能源的消耗，主要是人的劳动消耗。

一般来讲，软件项目的成本构成主要包括以下几种。

（1）设备、软硬件购置成本

开发人员需要使用计算机网络环境、系统软件等来实施创建和测试工作，硬件设备的购置费由设备的价格加上合理的运输费用组成。软件购置费包括操作系统、数据库系统和其他外购的应用软件购置费。这些费用虽然可以作为企业的固定资产，但因技术折旧太快，需要在项目开发中分摊一部分费用。

（2）人工成本（软件开发、系统集成费用）

人工费用，主要是指开发人员、操作人员、管理人员的工资福利费等。在软件项目中，人工费用总是占有相当大的份额，有的可以占到项目总成本的 80% 以上。通常，不同级别的项目管理者及不同技术级别的开发人员，其小时薪金水平是不同的，即人工费用标准是不同的。按照不同类别的小时工资标准和相应的人工工作小时数就可以估算项目的人工总成本。

（3）维护成本

维护成本是在项目交付使用之后，承诺给客户的后续服务所必需的开支。可以说，软件业属于服务行业，其项目的后期服务是项目必不可少的重要实施内容。因此，维护成本在项目生命周期成本中占有相当大的比例。软件项目后期维护对整个企业的形象非常关键，就像一般消费品的保修维修承诺一样，而且要比一般消费品的维修服务要求更高，因为它常常直接涉及客户方日常经营管理的各个环节，一旦出问题，影响面极大。所以很多软件企业为项目的后期维护投入了大量的资源保证。对于一个项目而言，全面合理地估算并有效控制维护成本对项目的整体收益和企业的经营绩效也相当重要。

（4）培训费

培训费是项目完毕后对使用方进行具体操作的培训所花的费用。因为软件项目的技术专业性极强，而客户通常是非计算机领域的外行，项目成果的应用需要专业的培训才能进行。所以几乎每一个软件项目都要向客户制作操作手册并进行现场培训。这部分费用必须考虑到项日的总费用中去。

（5）业务费、差旅费

软件项目常以招投标的方式进行，并且会经过多次的谈判协商才能最终达成协议，在进行业务洽谈过程中所发生的各项费用（比如业务宣传费、会议费、招待费、招投标费等）必须以合理的方式进行预算，计入项目的总成本费用中去。对于处在同一个城市的客户，当然会有比较少的差旅支出，但异地客户的服务就需要大量的差旅费用，这在 IT 项目中是相当常见的。

（6）管理及服务费

这部分费用是指项目应分摊的公司管理层、财务及办公等服务人员的费用。

（7）其他费用

除上述所列费用外，软件项目的成本中可能还会包含一些其他费用，包括：基本建设费用，如新建、扩建机房、购置计算机机台、机柜等的费用；材料费，如打印纸、磁盘等购置费；水、电、气费；资料、固定资产折旧费及咨询费等。

从财务角度看，可将项目成本构成按性质划分为两种。

（1）直接成本

直接成本是可直接归于项目组织或项目实施的有关成本，包括直接人工费、直接材料费、直接设备费及其他直接费用。例如，如果购进的一批设备全部用于某项目，则该设备成本归于直接成本。

（2）间接成本

间接成本不直接归于任何组织内的特定领域，往往是在组织执行项目时发生的，包括管理成本、保险费、融资成本（手续费、承诺费、利息）等。间接成本中还可包括员工薪金、原材料成本以及其他费用，这些支出是不能直接和项目或项目支出联系在一起的，所以这些费用被规划到间接成本。间接成本主要是由固定成本构成，但是有时也会包含一些可变成本。

5.1.3 软件项目成本管理及其目标

软件项目的成本管理，就是为了确保项目在既定预算内按时、按质、经济、高效地实现项目目标所开展的一种项目管理过程。项目的成本管理包括成本估算、成本预算和成本控制。

成本估算是对完成项目各活动所需要的资源成本的近似估算，这是一个近似值，既可用货币单位表示，也可用工时、人月等工作量单位表示。成本预算是将总成本估算分配到各单项工作活动上，进而确定项目实际执行情况的费用基准，产生费用基准计划。成本控制是控制项目预算的变更，在项目实施过程中，定期将项目的实际成本数据与成本的计划值进行对比分析，进行成本预测，及时发现并纠正偏差，使项目成本目标得以实现。

现实中，软件项目造价昂贵，并经常超过预算，这正是由于软件项目成本管理自身的困难造成的。美国斯坦迪什咨询公司的研究表明，在美国，软件项目实际成本平均达到原始估算成本的 189%，即每个项目竣工后，其总支出将达到原始预算的近两倍。为什么软件项目的成本总是超支呢？这是因为：项目需求含糊，经常会由于客户不断变化的实际要求而变更计划；项目成本结构复杂，成本核算方法和实施难度大；成本的估算不合理，行业标准不明确，尤其是间接成本的估算没有标准成熟的方法和科学依据；项目涉及新的技术或商业过程，有很大的内在风险。

尽管软件项目成本常常由于各种原因超支，但并非没有解决的办法。实际上，结合 IT 项目的成本特点，应用恰当的项目成本管理技术和方法可以很有效地改变这种状况。成本管理的主要目的就是将项目的运作成本控制在预算的范围内，或者控制在可以接受的范围内。

5.2 软件规模度量

软件的规模是影响软件项目成本和工作量的主要因素。最常用的度量软件规模的方法是代码行（Lines of Code，LOC）和功能点（Function Point，FP），分别利用代码行数和功能点数来表示软件系统的规模。

5.2.1 代码行（LOC）

代码行是从软件程序员的角度来定义软件规模。直观地说，一个软件的代码行数越多，它的规模也就越大。软件代码行的数目易于度量，多数软件开发组织和项目组都会对以往开发的软件项目代码行数目进行备案，当开发类似项目时，便可借助这些经验数据，在此基础上对当前软件的规模进行度量。一般是根据经验数据估计实现每个功能模块所需的源程序行数，然后把源程序行数累加起来，得到软件的整体规模。

用代码行的数目来表示软件项目的规模简单易行、自然、直观。但是其缺点也非常明显：在软件项目初期需求不稳定、设计不成熟、实现不确定的情况下很难较为精确地估算出最终软件系统的代码行数；软件项目代码行的数目通常依赖于程序设计语言的功能和表达能力，采用不同的开发语言，代码行数可能不一样。

5.2.2 功能点（FP）

由于代码行规模度量存在上述问题，人们提出用软件系统的功能数目来表示软件系统的规模。1979 年 IBM 公司的 Alan Albrecht 提出了计算功能点的方法。功能点以一个标准的单位来度量软件产品的功能，与实现产品所使用的语言和技术无关。该方法需要对软件系统的两个方面进行评估，即评估软件系统所需的内部基本功能和外部基本功能，然后根据技术复杂度因子对这两个方面的评估结果进行加权量化，产生软件系统功能点数目的具体计算值。以下是软件系统功能点的计算公式：

$$FP=UFC\times(0.65+0.01\times SUM(F_i))\ (i=1,\cdots,14)$$

其中，*UFC*（Unadjusted Function Point Count）即未调整功能点计数值，是 5 个参数（如表 3.1 所示）的“加权和”，$F_i(i=1,2,3,\cdots,14)$是 14 个技术因素的“权重调节值”，常数 0.65 和 0.01 是经验常数。

计算 *UFC* 所涉及的 5 个参数如下。

- 用户输入数：是指由用户提供的、用来输入的应用数据项的数目。
- 用户输出数：是指软件系统为用户提供的、向用户输出的应用数据项的数目。
- 用户查询数：是指要求回答的交互式输入的项。
- 文件数：是指系统中主文件的数目。
- 外部接口数：是指与其他系统的接口数据文件数。

每个参数都可按复杂度分为“简单”“一般”“复杂” 3 个级别，分别分配不同的权重，如表 3.1 所示。*UFC* 的计算方法是将所有参数计数项加权求和。即 *UFC*=（简单用户输入数×3 + 一般用户输入数×4+复杂用户输入数×6）+（简单用户输出数×4+一般用户输出数×5+复杂用户输出数×7）+（简单用户查询数×3+一般用户查询数×4+复杂用户查询数×6）+（简单文件数×7+一般文件数×10+复杂文件数×15）+（简单外部界面数×5+一般外部界面数×7+复杂外部界面数×10）。

表 3.1 *UFC* 的 5 个参数及其权重

参数	加权因子		
	简单	一般	复杂
用户输入数	3	4	6
用户输出数	4	5	7
用户查询数	3	4	6
文件数	7	10	15
外部接口数	5	7	10

F_i（$i=1,\cdots,14$）是 14 个技术因素的“权重调节值”，这 14 个技术因素见表 3.2。

表 3.2 技术因素及其取值

编号	技术因素	F_i 的取值（0,1,2,3,4,5）
F_1	系统需要可靠的备份和复原吗?	0-没有影响 1-偶有影响 2-轻微影响 3-平均影响 4-较大影响 5-严重影响
F_2	系统需要数据通信吗?	
F_3	系统有分布处理功能吗?	
F_4	性能是临界状态吗?	
F_5	系统是否在一个实用的操作系统下运行?	
F_6	系统需要联机数据项吗?	
F_7	联机数据项是否在多屏幕或多操作之间进行切换?	
F_8	需要联机更新主文件吗?	
F_9	输入、输出、查询和文件很复杂吗?	
F_{10}	内部处理复杂吗?	
F_{11}	代码需要被设计成可重用吗?	
F_{12}	设计中需要包括转换和安装吗?	
F_{13}	系统的设计支持不同组织的多次安装吗?	
F_{14}	应用的设计方便用户修改和使用吗?	

F_i 的取值是根据它所对应的技术因素对软件的影响程度，取值范围是 0～5 的任意整数。

举一个简单的例子，假设待开发一个软件项目 X。根据用户的需求描述，该软件项目的 *UFC* 的计算结果如表 3.3 所示，表中的数据项表示各参数在各种复杂级别下的取值与权重值的乘积。*UFC* 的计算结果为 341。进一步假设该软件项目的 14 个权重调节值全部取平均程度，即取值为 3，则 14 个权重调节值的累加值 $SUM(F_i)=42$，因而根据公式 $FP=UFC\times(0.65+0.01\times SUM(F_i))$（$i=1,\cdots,14$）可知，该软件项目的功能点 $FP=341\times(0.65+0.01\times42)=364.87$，即该软件的规模大致为 364 个功能点。

表 3.3 软件项目 X 的 *UFC* 值

参数\取值×权重	加权因子			最终值
	简单	一般	复杂	
用户输入数	6×3	2×4	5×6	56
用户输出数	7×4	6×5	5×7	103
用户查询数	2×3	0×4	5×6	36
文件数	0×7	3×10	3×15	75
外部界面数	2×5	3×7	4×10	71
UFC=				341

用功能点来表示软件项目规模的好处是：软件系统的功能与实现该软件系统的语言和技术无关，而且在软件开发的早期阶段（如需求分析）就可通过对用户需求的理解获得软件系统的功能点数目，因而该方法可以较好地克服基于代码行的软件项目规模表示方法的不足。功能点方法的缺点主要体现在：功能点计算主要靠经验公式，主观因素比较多；该方法没有直接涉及算法的复杂度，不适合算法比较复杂的软件系统；此外计算功能点所需的数据不好采集。

大量实践表明：针对特定的程序设计语言，软件系统的功能点和代码行二者之间存在某种对应关系，如表 3.4 所示。

表 3.4　功能点和代码行之间的换算

序号	程序设计语言	代码行/功能点
1	汇编语言	320
2	C	150
3	Cobol	105
4	Fortran	105
5	Pascal	91
6	Ada	71
7	PL/1	65
8	Prolog/LISP	64
9	Smalltalk	21
10	代码生成器	15

根据该表的数据，一个功能点如果用汇编语言来实现大约需要 320 行代码，如果用 C 语言来实现大约需要 150 行代码，如果用 smalltalk 语言来实现大约需要 21 行代码。从另一个角度上看，该表反映了不同程序设计语言的描述能力是不一样的。

软件规模度量发生在项目实施之前，因而度量的结果与实际的结果有所偏差是不可避免的。但是，如果度量的偏差过大，那么度量的结果将会对软件项目的实施和管理产生消极的影响。因此，在对软件项目的规模、成本和工作量等进行度量的过程中，应尽可能获得合理和准确的度量数据。

5.3　成本估算

成本估算就是对完成项目所需资金进行近似估算。对于一个大型的软件项目，由于项目的复杂性及独特性，成本的估算不是一件容易的事。

5.3.1　成本估算的依据

成本估算的依据（输入）包括工作分解结构、资源需求、资源单价、进度计划和历史信息等内容。

根据工作分解结构（WBS），可将整体成本分解到各工作包中，使成本的估算能够分项进行，各个工作包的成本估算能够做到尽量准确合理。

资源需求（Demand of Resource，DR）是进行成本估算的基础，用来说明所需资源的类型和数量以及分配情况。

资源单价（Price of Resource，PR）与该种资源的需求量相乘即可得到该资源的成本。如果某项资源的单价不清楚，则必须首先对资源单价进行估价。

进度计划中的活动持续时间会影响项目成本估计。

历史信息是保证项目成本估算顺利进行的重要参考，包括过去项目的规模、进度、成本数据等。通常历史信息的来源主要有项目文档、商业成本估算数据库、项目成员的经验知识 3 个方面。

有了上述的基础输入资料，项目的成本估算就可以进行了。但项目的成本估算不仅涉及大量的基础数据，还会涉及许多比较复杂的计算和评估过程。由于影响软件成本的因素很多，目前并不存在一种适用于所有软件类型和开发环境的估算方法或模型。

与项目活动持续时间估算一样，成本估算也可使用专家判断和类比估算方法，此外还有自底向上估算、参数估算等。

5.3.2 专家判断

专家判断就是以专家为获取信息的对象，组织专家运用专业方面的经验和理论，对项目的成本进行估计。此处专家是指具有专门知识和经验，或经过专业培训的团体或个人。

5.3.3 类比估算

类比估算就是通过把当前项目与以往一个或多个项目比较来进行成本估算。该方法运用类似项目的成本资料进行新项目的成本估算，并根据新项目与类似项目之间的差异对估算进行调整。

类比法依靠相似项目的实际经验来估计，需要对以往项目的特性了解得足够清楚，以便确定它们和新项目之间的匹配程度。在新项目与以往项目只有局部相似时，可行的方法是“分而治之”，即对新项目适当地进行分解，以得到更小的任务、工作包或单元作为类比估算的对象。通过这些项目单元与已有项目的类似单元对比后进行类比估算，最后，将各单元的估算结果汇总得出总的估计值。

类比估算法成本较低，耗时较少。在项目详细信息不足时，例如在项目的初期阶段，经常使用类比估算法来估算成本数据。

5.3.4 自底向上估算

自底向上估算方法首先对单个工作包或活动的成本进行最具体、细致的估算，然后把这些细节性成本向上汇总到更高的层次。自底向上估算的准确性和其本身所需的成本，通常取决于单个活动或工作包的规模和复杂程度。

这种估算方法的优点在于，因为每项工作的执行者负责对该项工作进行成本估算，比起高层管理人员来讲，这些直接参与项目建设的人员更清楚项目涉及活动所需要的资源量，估算的专业性和准确性都较高。但缺点是通常花费时间长，工作代价高。

另外，自底向上估算方法在实施中可能会遇到人为的障碍。企业较高层的管理人员很容易认为自底向上的预算具有风险，他们对下级上报的预算并不十分信任，认为下级人员会强调自己负责部分的重要性而且夸大所需要的资源数量；另外，高层管理人员通常不会将资金分配的权力轻易转给下属，这种现象较为普遍，这就不可避免地以人为因素影响了费用的估算。在这种情况下，成本估算往往是由申请预算开始，从最高层起每一层管理人员均让下一层人员申报下一层的预算，而后逐层汇总。伴随成本估算过程往往存在从上而下的指示，下层是根据上层的指示确定自己的预算，这和真正的自底向上完全不同，结果也截然不同。当然，如果公司管理人员能够更为民主，则有助于在此过程中形成良性的协商过程。

5.3.5 参数估算

参数估算是利用历史数据之间的统计关系和其他变量（如软件的规模）来进行项目成本估算。参数估算的准确性取决于参数估算数学模型的成熟度和历史数据的可靠性。

常用的参数估算模型有 Putnam 模型、SLIM 模型、COCOMO 模型等，下面对 COCOMO 模型做一简单介绍。

构造型成本模型（Constructive Cost Model，COCOMO）方法是一种精确、易于使用、应用广泛的基于模型的成本估算方法。最早由勃姆（Boehm）基于对 63 个项目的研究，于 1981 年提出。

在 COCOMO 模型中，根据项目规模、开发环境等因素，可把项目分为以下 3 种。

- 有机模式：指规模较小的、简单的软件项目；
- 半有机模式；指在规模和复杂性上处于中等程度的软件项目；
- 嵌入模式：指必须在一组紧密联系的硬件、软件及操作约束下开发的软件项目。

COCOMO 模型按其详细程度也被分为 3 级。

（1）基本 COCOMO，是一个静态单变量模型，它用一个以代码行数为自变量的函数来计算软件开发工作量。成本估算公式为：$E=a(KDSI)^b$。其中：E 为开发工作量，以人月为单位；DSI，定义为源代码行数，不包括注释行数；$KDSI$ 即为千代码行数，即 1 $KDSI$=1 024DSI。a、b 为两个常数，具体值与项目的种类有关：

有机模式：　$E=2.4(KDSI)^{1.05}$

半有机模式：$E=3.0(KDSI)^{1.12}$

嵌入模式：　$E=3.6(KDSI)^{1.20}$

（2）中间 COCOMO，在用以源代码行数为自变量的函数计算软件开发工作量的基础上，再使用一些与项目规模和类型无关的因素来调整成本的估算。成本估算公式：$E=a(KDSI)^b\times$乘法因子。其中，a、b 的具体取值为：

有机模式：　$a=3.2$　$b=1.05$

半有机模式：$a=3.0$　$b=1.12$

嵌入模式：　$a=2.8$　$b=1.20$

COCOMO 方法重点考虑 15 种影响成本估算的因素，并通过定义乘法因子，准确、合理地估算软件的工作量，这 15 种因素分为以下 4 类。

① 产品因素，包括软件可靠性、数据库规模、产品复杂性。

② 硬件因素，包括执行时间限制、存储限制、虚拟机易变性、环境周转时间。

③ 人的因素，包括分析员能力、应用领域实际经验、程序员能力、虚拟机使用经验、程序语言使用经验。

④ 项目因素，包括现代程序设计技术、软件工具的使用、开发进度限制。

根据每种因素影响大小，这些因素从低到高，在 6 个级别上取值，根据取值级别来确定乘法因子。

（3）详细 COCOMO，包括中间 COCOMO 的所有特性，但用上述各种影响因素调整工作量估算时，还要考虑这些因素对软件工程过程中分析、设计、编码、测试等各阶段的影响。软件生命周期中的有些阶段的影响可能会相对其他阶段更大。详细 COCOMO 提出了“阶段敏感工作权数”对成本估算进行调整。

参数估算方法需要大量历史数据作为支撑，而且数学模型的建立要使用特定的分析技术（如回归分析），因此具有较强的学术性，在许多实际软件项目中的可操作性并不好，所以很多项目管理者更倾向于选择更为简单实用的成本估算方法，比如第 5.3.7 节介绍的“分解-累计”方法。

5.3.6 “分解-累计”估算方法

软件工程专家林锐提出了一种简单直观的软件项目成本估算方法，即分解-累计方法，下面对该方法作介绍。

首先估算产品规模，步骤如下。

（1）项目规划小组先分解产品的功能，制定“产品功能分解与规模估算表”，如表3.5所示。软件规模的度量单位可以使用代码行，也可以使用对象数、页面数等。

表3.5 产品功能分解与规模估算表

模块名称	模块的功能	新开发的软件规模	复用的软件规模
模块A	A.1		
	A.2		
	A.3		
模块B	B.1		
	B.2		
……	……		
汇总			

（2）规划小组成员独立填写产品功能分解与规模估算表。

（3）汇总每个成员的表格，进行对比分析。如果各人估计得差额小于20%，则取平均值；如果差额大于20%，则转向第（2）步，让各成员重新估计产品的规模，直到各个成员估计得差额小于20%为止。

然后估算项目工作量，步骤与产品规模估算相同。先估算开发工作量，再估算管理工作量，填写表3.6所示的工作量估算表。

表3.6 工作量估算表

工作量估量单位	1人年=12人月，1人月≈22人天，1人天=8人小时		
开发工作量估算公式	项目开发工作量≈新开发的软件规模/人均生产率		
开发阶段	人均生产率	软件规模	工作量
需求开发			
系统设计			
实现			
测试			
……			
开发工作量汇总			
管理工作量估算公式	项目管理工作量≈项目开发工作量×比例系数		
项目管理的主要事务	项目规划、项目监控、配置管理、质量管理……		
比例系数	例如20%	项目管理工作量	

如表3.6所示，一般可以把开发过程划分为需求开发、系统设计、实现、测试等阶段，分别估计每个阶段的工作量，然后汇总得到总的开发工作量。一般来说，软件项目80%以上的工作量用于开发，20%以下的工作量用于项目管理。

有了工作量估算值后，就可以比较容易地计算项目的人力成本了，计算公式为

项目人力成本=项目工作量×平均人力资源单价×成本系数

平均人力资源单价可由人员的工资确定，例如人员平均年薪为 8 万元，则平均人力资源单价为 8 万元/人年，之所以要乘以成本系数，是因为人力资源的成本要高于工资，企业除了要为人员支付工资外，还要支付各种保险金、福利、资源消耗等。对软件企业来说，成本系数是 1.5～2.0。

5.4　成本预算

成本预算是一项制定项目成本控制标准的项目管理工作。它是将批准的项目总成本估算按照进度分配到项目各项具体工作中，进而确定成本基准。成本基准是按时间段分配的预算，用于与实际成本支出结果进行比较，从而对成本实施情况进行监控。所以成本预算又称为之制定成本计划。

成本估算和成本预算既有区别又有联系。成本估算的目的是估计项目的总成本和误差范围，而成本预算是将项目的总成本分配到各项工作上。成本估算的输出结果是成本预算的基础与依据，而成本预算则是将批准的项目成本估算（有时因为资金的原因需砍掉一些工作来满足总预算的要求，或因为追求经济利益而缩减成本额）进行分摊。

成本预算的依据之一是项目进度计划。项目进度计划包括项目活动、里程碑和工作包的计划开始和完成时间，可根据这些信息，把计划成本分配到相应的日历时段中。

成本基准的表示方式有两种。第一种如图 5.1 所示，根据单位时间（例如每个月）内完成的工作量或投入的人力、物力和财力，计算单位时间的成本，然后以立方图的形式绘制出来。第二种是计算时间 t 的累计成本，然后绘制成图 5.2 所示的时间-成本累计曲线。

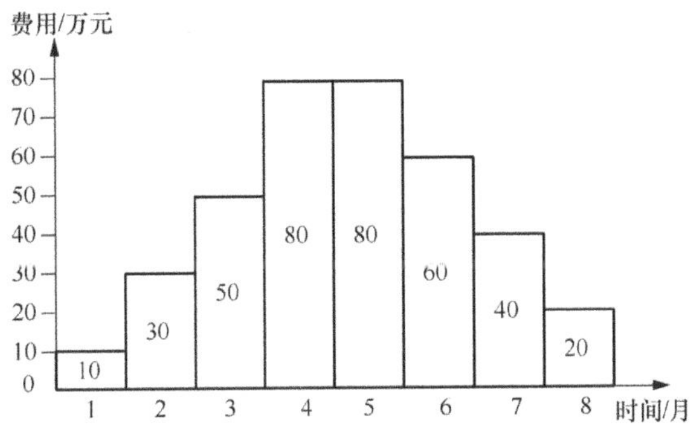

图 5.1　用直方图表示的按月编制的成本基准

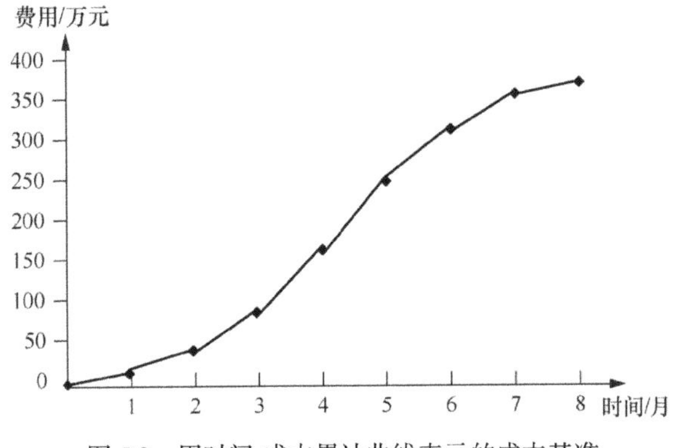

图 5.2　用时间-成本累计曲线表示的成本基准

5.5 成本控制

成本控制是指监督项目状态，发现实际成本支出与成本基准计划之间的差异，以便采取纠正措施，降低风险，实现项目的成本目标。对于以项目为基本运作单位的企业或组织来说，成本控制能力直接关系企业的赢利水平，因此，多数企业或组织都将成本控制放在一个非常重要的地位。

5.5.1 成本控制的基本方法

在项目管理中，成本控制、进度控制和质量控制贯穿于项目实施的整个过程，其基本控制原理如图 5.3 所示。

要实施控制，首先要制定一个合理的行动计划，在根据这个计划实施的同时，收集和分析实际数据，比较计划和实际之间的偏差，如果存在偏差，采取纠正措施，必要时调整原计划。这是一个循环的过程。

成本控制的工作过程如图 5.4 所示。项目的工作范围、成本预算和进度计划是成本控制的依据。项目具体工作开始实施后，就要进行检查和跟踪，然后对检查跟踪的结果进行分析，预测其发展趋势，做出费用进展情况和发展趋势报告，再根据这个报告，作出进一步的决策，即采取措施纠正成本偏差。

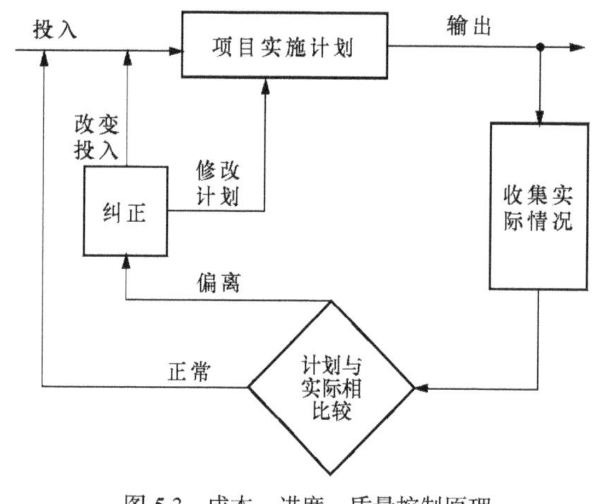

图 5.3 成本、进度、质量控制原理

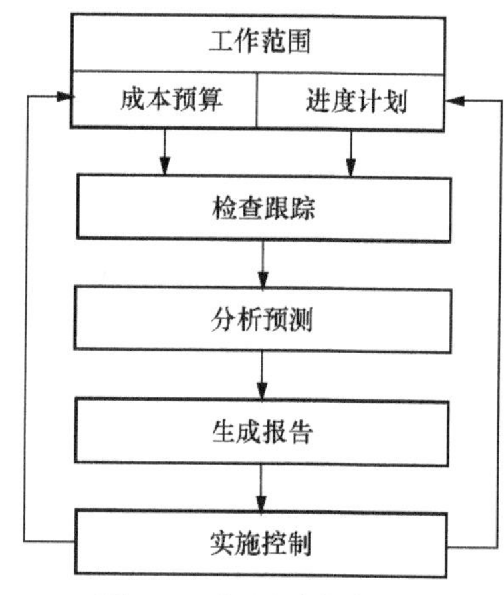

图 5.4 项目成本控制过程

图 5.4 中的“分析预测”是成本控制的核心，常采用挣值分析技术。

5.5.2 挣值分析

挣值分析（Earned Value Analysis）是一种项目绩效衡量技术，是最常用的成本控制方法，它综合了范围、时间和成本数据。给定成本基准计划，项目经理和他的团队可以通过输入实际的信息，然后将其与基准计划进行比较，就能够决定在多大程度上满足了范围、时间和成本目标。基准计划是最初计划加上已被批准的变更。实际信息包括项目工作是否完成或大约完成多少，工作什么时候实际开始或结束，完成的工作实际花费是多少。

挣值分析涉及计算项目的 3 个基本值。

- 计划工作预算成本 BCWS（Budgeted Cost of work Scheduled）：也称为预算成本，它是指根据批准认可的进度计划和预算，到某一时刻应当完成的工作所需投入资金的累计值。
- 已完成工作实际成本 ACWP（Actual Cost of Work Performed）：也称为实际成本，它是指到某一时刻已经完成的工作所消耗的实际成本。
- 已完成工作预算成本 BCWP（Budgeted Cost of Work Performed）：也称为挣值，它是指到某一时刻已经完成的工作的预算成本。

为了对项目的实际进展情况作出测定和衡量，实现对项目的监控，可对 3 个基本值进行如下的分析。

① 对计划工作预算成本（BCWS）和已完成工作预算成本（BCWP）进行比较。

② 对已完成工作预算成本（BCWP）和已完成工作实际成本（ACWP）进行比较。

③ 根据①、②的比较结果识别成本、进度变动情况，并分析引起较大变动的原因。

分析的过程中可导出下列重要的指标。

（1）成本偏差（Cost Variance，CV）：$CV=BCWP-ACWP$

如果成本偏差是负数，则意味着执行工作所用成本多于预算成本，说明工作执行效果不好；如果成本偏差是正数，则意味着执行工作成本少于预算成本，节省了资金；如果成本偏差为 0，则说明项目工作按照预算执行。

（2）进度偏差（Schedule Variance，SV）：$SV=BCWP-BCWS$

进度偏差显示了工作计划完成情况与实际完成情况的差异。正的进度偏差说明实际进度比计划提前，负的进度偏差说明实际进度比计划落后，进度偏差为 0 说明实际进度与计划一致。

（3）成本效能指数（Cost Performance Index，CPI）：$CPI=BCWP/ACWP$

如果成本效能指数等于 1，则说明成本支出按预算进行；如果成本效能指数小于 1，则说明成本支出超出预算；如果成本效能指数大于 1，则说明成本支出在预算范围内，并且有节支。

（4）进度效能指数（Schedule Performed Index，SPI）：$SPI=BCWP/BCWS$

如果进度效能指数等于 1，表示工作按照计划进度进行；如果进度效能指数小于 1，表示落后于计划进度；如果进度效能指数大于 1，表示超前于计划进度。

图 5.5 显示了用挣值分析法得到的评价曲线。横坐标表示时间，纵坐标表示费用的累计。图中成本偏差 $CV<0$，进度偏差 $SV<0$，表示项目运行的效果不好，成本超支、进度拖延，应采取一定的补救措施。

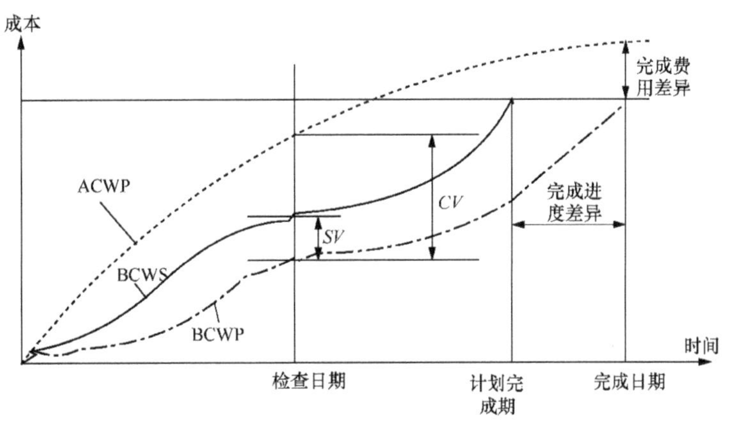

图 5.5　挣值评价曲线

在项目的实际执行过程中，最理想的状态是 BCWP、BCWS、ACWP 3 条曲线紧密相靠，平稳上升，这表示项目的实际情况和期望的走势差不多，向着良好的方向发展。若 3 条曲线偏离很大，则表示项目实施过程有重大问题隐患，或已经发生了严重问题，应对项目重新评估和安排。

挣值分析是评估项目进展、进行管理决策的一项重要技术，也是项目经理和高级管理人员评估项目执行绩效的有力工具。

5.6 案例分析

“软件缺陷管理和度量系统”项目综合应用了类比估算（参见第 5.3.3 节）和“分解-累计”估算（参见第 5.3.7 节）方法对成本进行了估算。

（1）估算产品规模

“软件缺陷管理和度量系统”的规模估算如表 3.7 所示。采用的方法是将系统按功能模块划分，根据以往的经验分别估算各功能模块的新开发软件规模和复用的软件规模，最后汇总得到整个系统的规模。软件规模的度量采用代码行，不包括注释行。该项目采用 Java + JSP 技术开发，使用了成熟的框架 Struts 和 Hibernate，项目组以前有使用这些技术开发中小型系统的经验。

表 3.7　“软件缺陷管理和度量系统”规模估算

功能模块	新开发软件规模（代码行）	复用的软件规模（代码行）
系统设置	1 700	600
项目信息管理	600	200
模块信息管理	600	200
缺陷信息管理	600	200
缺陷查询	800	400
缺陷跟踪	1 200	200
缺陷度量指标的获取	1 400	200
度量指标的图形显示	2 800	
报表输出	1 400	300
邮件通知方案设置	500	100
邮件服务器设置	300	200
自动邮件通知	300	100
缺陷监视	300	
用户管理	800	300
用户权限设置	1 100	200
数据库管理	500	300
日志管理	500	300
帮助	100	100
合计	15 500	3 900

（2）估算项目工作量

由表 3.7 可知，“软件缺陷管理和度量系统”的规模大约是 19 400 代码行，其中新开发的软件的规模大约是 15 500 行。在编码阶段，程序员的人均生产率大约是每人天 300 行代码（包括 Java 代码和 JSP 页面代码），那么编码阶段的工作量就是：15 500/300≈52 人天。

根据以上估算出的软件规模，并结合以前类似项目的经验，估算出项目需求分析的工作量大约是 25 人天，系统设计的工作量大约是 6 人天，测试工作量大约是 25 人天。则项目总的开发工作量为：52+25+6+25=108 人天。

项目管理工作量大约是开发工作量的 20%，即：108×20%≈22 人天。

项目总工作量=开发工作量+管理工作量=108+22=130 人天。

（3）估算项目成本

项目组成员的平均成本参数为 400 元/人天。则可以计算出项目的直接成本：

400 元/人天×130 人天=52 000 元。

除直接成本外，还应计算间接成本，间接成本包括员工福利、客户服务、房租水电、员工培训等。根据已有经验，按直接成本的 25%来计算间接成本，即：

52 000 元×25%=13 000 元。

则项目的总成本=直接成本+间接成本=52 000+13 000=65 000 元。

本章小结

软件项目成本管理的主要目的就是将软件项目的运作成本控制在预算范围内。本章主要讲述了项目成本的估算、预算和控制。

项目的产品规模、工作量和成本是 3 个紧密联系的概念。产品规模是产生工作量的主要因素，工作量又是产生成本的主要因素。软件规模常用的度量是代码行和功能点，项目工作量常用的度量是人月、人年、人天等。

成本估算就是对完成项目所需资金进行近似估算。常用的估算方法有专家判断、类比估算、自底向上估算、参数估算和“分解-累计”估算。

成本预算是将批准的项目总成本估算按照进度分配到项目各项具体工作中，进而确定成本基准。成本基准可用直方图或时间-成本累计曲线表示。

成本控制是指监督项目进展情况，发现实际成本支出与成本基准计划之间的差异，以便采取纠正措施，实现项目的成本目标。最常用的成本控制方法是挣值分析。

习　　题

1. 问答题

（1）什么是软件项目的规模、工作量和成本？它们一般用什么度量单位来度量？

（2）软件项目的成本一般由哪些部分构成？

（3）使用代码行和功能点度量软件规模各有什么优缺点？

（4）项目成本估算的依据是什么？

（5）简述项目成本的类比估算方法及其特点。

（6）简述项目成本的自底向上估算方法及其特点。

（7）什么是成本预算？它与成本估算有什么关系？

2. 单选题

（1）以下哪一项**不是**项目成本类比估算方法的特点？（　　）

（A）通过把当前项目与以往一个或多个项目比较来进行成本估算。

（B）利用历史数据之间的统计关系，通过建立数学模型来进行成本估算。

（C）该方法成本较低，耗时较少。

（D）该方法适合在项目详细信息不足时（例如项目初期）使用。

（2）在基本 COCOMO 模型中，用一个以（　　）为自变量的函数来计算软件开发工作量。

（A）千代码行数　　（B）功能点数

（C）对象数　　（D）页面数

（3）在（　　）模型中，采用了“阶段敏感工作权数”对成本估算进行调整。

（A）基本 COCOMO　　（B）中间 COCOMO

（C）详细 COCOMO　　（D）嵌入式 COCOMO

3. 计算题

项目原来预计 2012 年 10 月 10 日完成 10 万元的工作，但是到该日期时只完成了其中 8.5 万元的工作，而为了完成这些工作实际花费了 9 万元。请用挣值分析法计算在 2012 年 10 月 10 日项目的成本偏差、进度偏差、成本效能指数和进度效能指数各是多少？

第 6 章 软件项目质量管理

软件项目的首要目标就是使软件产品达到质量标准。软件产品的质量问题可能导致经济损失甚至灾难性的后果，质量问题还会增加开发和维护软件产品的成本，使软件产品失去市场。因此项目组织必须通过质量管理措施来提高软件质量。

本章首先介绍有关软件质量和质量管理的一些基本概念，然后依次讲解全面软件质量管理、软件过程改进、质量度量、缺陷移除和预防。

6.1 概述

要实施软件项目质量管理，首先要明确什么是软件质量，在此基础上确定合理的质量管理目标。

6.1.1 什么是软件质量

软件质量就是软件与用户需求相一致的程度。具体地说，软件质量是软件符合明确叙述的功能和性能需求、以及所有专业开发的软件都应具有的隐含特征的程度。因此衡量软件质量好坏的标准不是技术的优劣，而是是否满足用户需求。

软件质量是软件的一个综合特征，不能靠单一的指标来衡量，它是许多质量属性的综合体现。软件的质量属性有很多，常见的有正确性、健壮性、可靠性、性能、易用性、安全性、可扩展性、兼容性、可移植性等。以下是这些质量属性的简要描述。

正确性（Correctness）：软件按照需求正确执行任务的能力。这是软件第一重要的质量属性。

健壮性（Robustness）：软件在异常情况下能够正常运行的能力。健壮性有两层含义：一是容错能力，二是恢复能力。

可靠性（Reliability）：在一定环境下，在一定的时间段内，程序不出现故障的概率。可靠性也可用平均无故障时间来衡量。

性能（Performance）：软件的时间-空间效率，用来衡量软件的运行速度和占用资源的多少。

易用性（Usability）：用户使用软件的容易程度。

安全性（Security）：防止系统被非法入侵的能力。

可扩展性（Extendibility）：软件为适应变化而可被扩充和改变的能力。

兼容性（Compatibility）：与其他软件系统相互交换信息的能力。

可移植性（Portability）：软件不经修改或稍加修改就可以运行于不同软硬件环境之上的能力。

6.1.2 软件项目质量管理的目标

软件项目质量管理的目标无疑是保证软件产品的质量。但是，对于一个具体的软件项目来说，保证软件产品的质量并不意味着追求“完美的质量”。在本书的第一章中就曾强调，要以系统的观点分析软件项目管理问题。产品质量与项目进度、成本等因素是密切相关的，提高产品质量往往意味着延长进度和增加成本。项目管理者必须站在系统整体的高度权衡各方面的因素，找到最佳平衡点，从而达到针对项目目标的全局最优，而非片面追求局部最优。

对航空航天、医疗设备控制等领域的关键性软件，需要不惜代价地追求“零缺陷”，因为这些软件的缺陷有可能造成巨大损失，甚至危及人的生命。但对于绝大多数普通软件来说，则没有必要付出巨大代价追求“零缺陷”，如果由于追求完美质量而造成严重的成本超支和进度拖延，而获得的质量提升为用户所带来的效益又极为有限，就得不偿失了。

在软件项目中，对于软件的各种质量属性并不是放在同等重要的位置上，项目组织应该把关注点放在那些用户最关心的，对软件整体质量影响最大的质量属性上，这些质量属性称为“质量要素”。只有明确了质量要素，才能给出提高质量的具体措施，而不是试图把所有的质量属性都做好；否则不仅做不好，还可能造成损失。

因此，软件项目质量管理的目标是在项目整体目标的约束之下，使软件质量满足用户需求。

6.2 全面软件质量管理

怎样保证软件的质量？软件工程专家林锐提出了一个全面的解决方案，称为“全面软件质量管理”，如图 6.1 所示。

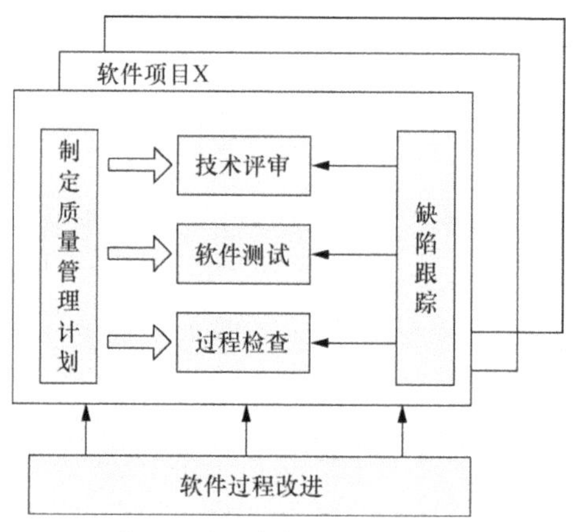

图 6.1 全面软件质量管理模型

在全面软件质量管理中，通过制定质量管理计划来规划软件项目中的各种质量管理活动，通过技术评审和软件测试发现软件缺陷，通过过程检查保证软件过程和产品符合既定的规范，通过缺陷跟踪保证发现的缺陷和问题被正确记录、跟踪和处理。软件过程改进的目的是提高软件组织的技术水平和规范化水平，从而为保证软件质量提供基础，它是面向整个组织的，而不仅仅针对某个项目。

因此，在全面软件质量管理中，软件组织的所有人员（包括开发人员、测试人员、管理人员、质量保证人员等）都对质量负有责任，都参与到了质量管理活动中。

本节对质量管理计划、技术评审、软件测试、过程检查和缺陷跟踪分别作介绍，有关软件过程改进的内容在下一节讲解。

6.2.1　质量管理计划

质量管理计划就是为了实现项目的质量目标，对项目的质量管理工作所做的全面规划。质量管理计划应在项目初期就制定，通常由项目核心成员和质量人员共同协商制定，主要由质量人员起草，由项目经理审批。

质量管理计划一般包括以下主要内容。

- 质量要素分析；
- 质量目标；
- 人员与职责；
- 过程检查计划；
- 技术评审计划；
- 软件测试计划；
- 缺陷跟踪工具。

本书附录 A.8 给出了软件项目质量管理计划模板。

6.2.2　技术评审

技术评审（Technical Review，TR）就是对工作成果进行审查和分析，发现其中的缺陷，并帮助开发人员及时消除缺陷。

技术评审可以在软件项目的任何阶段执行，不必等到软件可运行之后，因此可以尽早发现和消除缺陷，提高软件质量，并降低开发成本。

技术评审分为正式技术评审和非正式技术评审两种基本类型，前者比较严格，需要举行评审会议，参加人员比较多，后者的形式比较灵活，通常在同伴之间开展，不必举行评审会议，参与人员相对较少。一般来说，对重要性和复杂性较高的工作成果，应进行正式技术评审，对重要性和复杂性相对较低的工作成果，可进行非正式技术评审。

以下是正式技术评审的一般流程。

（1）评审主持人召集相关人员，召开评审会议。参加者在会前应阅读相关资料，做好准备。

（2）在评审会议上，由作者扼要地介绍工作成果。

（3）评审员针对所找到的缺陷向作者提出问题，作者回答评审员的问题，双方要对每个缺陷达成共识。

（4）会议结束时，评审小组给出评审结论，评审结论有 3 种。

- 工作成果合格，无需修改。
- 工作成果不合格，拒绝接受。等到错误改正后，还要进行另一次评审。
- 工作成果基本合格，但需做少量修改，修改后不需要再进行另一次评审。

（5）跟踪与审核。作者修改工作成果，消除已发现的缺陷。由指定的审查人员跟踪每个缺陷的状态，直到工作成果合格为止。

6.2.3　软件测试

软件测试是通过执行软件来发现缺陷，它是控制软件质量的重要手段和关键活动。业界的统计数据表明，测试的成本大约占软件开发总成本的 40%甚至更高。

软件测试的分类方法很多，按测试阶段和层次划分，可以分为单元测试、集成测试、确认测试、系统测试、验收测试；按所采取的技术和思想方法的不同，可分为白盒测试、黑盒测试和灰盒测试；按所关注的质量属性和目的的不同，可分为功能测试、性能测试、压力测试、安全性测试、兼容性测试、可靠性测试、容错性测试、安装/卸载测试、恢复测试等；按照测试组织实施的主体不同，可分为开发方测试（包括 α 测试）、用户测试（包括 β 测试）、第三方测试。不同类型的测试方法之间是相互交叉、相互补充和依赖的关系，在实际的测试实践中需要根据情况灵活选取、综合使用。

软件测试要在有了软件编码后才能执行，但测试的计划和设计应在项目前期就开始。测试计划确定了测试的内容和目标，明确了测试范围，制定了测试策略和用例设计方法，安排人力和设备资源等。测试设计就是利用各种测试用例设计方法，编写测试用例，并准备测试数据，开发辅助测试工具和编写自动化测试脚本。

在测试执行阶段，要执行测试用例，发现和记录软件缺陷。测试执行完毕后，还要对测试的结果进行分析总结，撰写测试报告，给出结论。

6.2.4 过程检查

过程检查就是检查软件项目的工作过程和工作成果是否符合既定的规范。在软件项目中，如果工作过程和工作成果不合规范，很可能会导致质量问题。例如，代码和文档的版本及其命名不符合版本控制规范，重要的变更不遵循变更控制流程，都有可能造成开发工作的混乱，进而导致产品质量下降。

当然，工作过程和工作成果符合既定规范，也并不意味着产品质量一定能得到保证。过程检查只是保证质量的一个必要条件，而不是充分条件，它还需要与技术评审、软件测试、缺陷跟踪、过程改进等各方面措施互相配合，共同促进软件质量的提高。

对过程检查要事先做出规划，确定主要检查项、检查时间（或频度）、负责人等。过程检查计划一般包含在软件项目质量管理计划中（参见附录 A.8）。

过程检查一般由质量人员执行，把发现的问题记录下来，过程问题也属于缺陷，应通过缺陷跟踪工具跟踪其处理过程。

6.2.5 缺陷跟踪

所谓缺陷跟踪是指从缺陷被发现开始到被改正为止的整个跟踪流程。缺陷跟踪的目的是确保所发现的缺陷被正确地处理。典型的缺陷跟踪流程如图 6.2 所示。

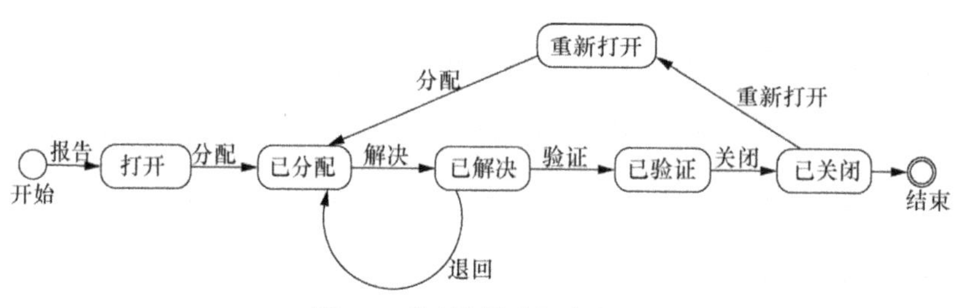

图 6.2 典型的缺陷跟踪流程

图 6.2 是一个状态转换图，每个圆角矩形表示缺陷的一个状态，箭头线表示引起缺陷状态变

化的事件。一个缺陷被报告后，其状态被设置为“打开（Open）”；它被分配给一个开发人员进行修复，此时缺陷状态设置为“已分配（Assigned）”；然后开发人员开始修复缺陷，修复完毕后，将缺陷状态设置为“已解决（Resolved）”；此时测试人员可以开始回归测试，如果回归测试通过，确认缺陷已被修复，则将缺陷处理状态设置为“已验证（Verified）”；否则退回给开发人员重新进行修复。一个缺陷结束了其生命周期后，可将其关闭，其处理状态变为“已关闭（Closed）”。已被关闭的缺陷如果在某些情况下被发现仍有问题，可以将其重新打开，使其处理状态变为“重新打开（Reopened）”，以便再分配给开发人员进行修复。

不同的软件组织的缺陷跟踪流程可能会有所差别，但都与上述典型流程相类似。

缺陷跟踪通常需要工具的支持，靠手工执行不仅非常烦琐、效率很低，而且难以共享信息。缺陷跟踪工具有多种，本书第 11.3 节对缺陷跟踪工具作了较详细的介绍。

6.3　软件过程改进

质量形成于过程，软件组织应通过持续的软件过程改进，不断提高自身的技术水平和规范化水平，这样才能从根本上促进软件质量的提高。

6.3.1　什么是软件过程改进

软件过程（Software Process）是指开发和维护软件产品的活动、技术、实践的集合。软件过程描述了为了开发和维护用户所需的软件，什么人（Who）、在什么时侯（When）、做什么事（What）以及怎样做（How）。

软件开发的过程观认为，软件是由一组软件过程生产的，因此软件质量和生产率在很大程度上是由软件过程的质量和有效性决定的，而软件过程可以被定义、控制、度量和不断改进。所谓软件过程改进是指根据实践中对软件过程的使用情况，对软件过程中的偏差和不足之处进行不断优化。

软件过程改进是面向整个软件组织的。一个成熟的软件组织应该对其软件过程进行定义，形成一套规范的、可重用的软件过程，称为“组织级过程资产”。当有新项目时，可将组织级过程资产中的标准软件过程应用于（或进行适当剪裁后应用于）新项目。当在项目实践中发现软件过程有需要改进的地方，就根据项目的实践经验和数据对组织级过程资产进行改进和优化。这一过程（图 6.3）不断循环，使软件组织的能力和规范化水平不断提高。

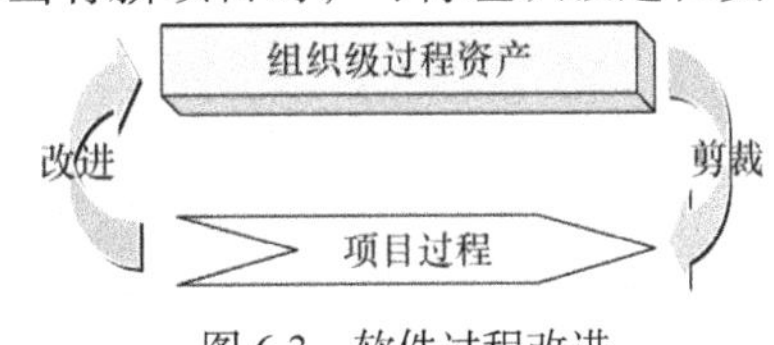

图 6.3　软件过程改进

6.3.2　能力成熟度模型 CMMI

CMMI（Capability Maturity Model Integration）即能力成熟度模型集成，是由美国卡耐基梅隆大学软件工程研究所提出的一个被广泛应用的综合性过程改进模型，由 CMM（Capability Maturity Model）发展而来，覆盖了软件工程、系统工程、集成产品开发和系统采购，以系统和一致的框架来指导组织改善软件过程，提高产品和服务的开发、获取和维护能力。

CMMI 是目前世界公认的软件产品进入国际市场的通行证。一般来说，通过 CMMI 认证的级别越高，就越容易获得用户的信任，在国内、国际市场上的竞争力也就越强。我国政府也鼓励软件企业通过 CMMI 认证。早在 2000 年 6 月，国务院就颁发了《鼓励软件产业和集成电路产业发展若干政策》，其中第 17 条中明确规定“鼓励软件出口型企业通过 CMM 认证，其费用通过中央外贸发展基金适当予以支持”。随后各省市、高新区、软件园都出台了对通过 CMM/CMMI 的企业给予资金奖励的制度。

CMMI 的内容非常丰富，这里限于篇幅，只对 CMMI 的主要思想和内容作简要介绍。

1. CMMI 的成熟度等级

软件过程成熟度是指软件过程被明确和有效地定义、管理、度量、控制和实施的程度。CMMI 把软件过程成熟度分为 5 个等级，如图 6.4 所示。

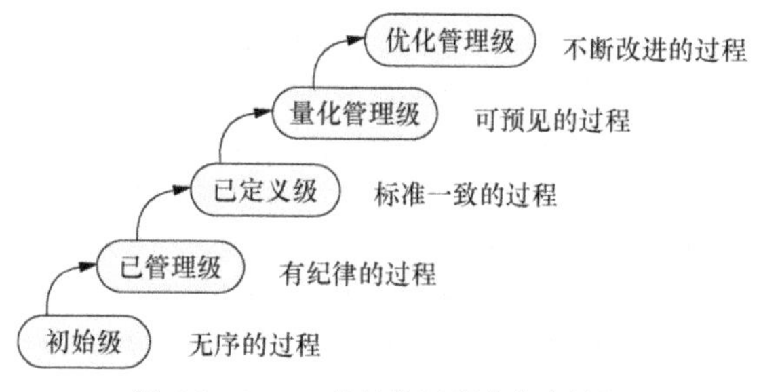

图 6.4　CMMI 的软件过程成熟度等级

各成熟度等级的含义如下。

初始级（CMMI1）：软件过程是无序的，有时甚至是混乱的，对过程几乎没有定义，成功取决于个人努力。管理是反应式的，即对软件开发和维护过程中可能出现的问题没有任何预测和监控手段，当问题发生时才临时作出应对的决定。

已管理级（CMMI2）：建立了基本的项目管理过程来跟踪费用、进度和软件的功能特性。制定了必要的过程纪律，能重复以前类似应用项目取得的成功经验。

已定义级（CMMI3）：已将软件管理和工程两方面的过程文档化、标准化，并综合成该组织的标准软件过程。所有项目均使用经批准、剪裁的标准软件过程来开发和维护软件。

量化管理级（CMMI4）：分析软件过程和产品质量的详细度量数据，对软件过程和产品都有定量的理解与控制。管理活动有一个作出结论的客观依据，能够在定量的范围内预测性能。

优化管理级（CMMI5）：过程的量化反馈和先进的新思想、新技术促使过程持续不断改进。有能力识别软件过程中的薄弱环节，并有足够的手段改进它们，防止缺陷的产生。

因此，CMMI 是一个引导软件组织不断走向成熟的过程改进模型。软件组织根据 CMMI 实施过程改进时，其成熟度级别逐级提升，这是一个不断改进、循序渐进的过程，而不是通过革命性的革新快速实现的。有统计数字表明，一般需要 1.5 年到 2 年时间才能把成熟度提升一级。

在 CMMI 的不同成熟度等级中，需要解决带有不同等级特征的软件过程问题。因此，一个软件组织首先需要了解自己处于哪一个等级，然后才能够对症下药地针对该等级的特殊要求解决相关问题。任何软件开发企业在致力于软件过程改进时，只能由所处的等级向紧邻的上一等级进化，即软件过程的进化是渐进的，而不能是跳跃的。

2. CMMI 的关键过程域

CMMI 的每个成熟度等级（除了初始级）包含若干个关键过程域（Key Process Area，KPA）。KPA 表示当软件组织改进软件过程时必须集中精力解决的关键问题。一个组织要想达到某个成熟度等级，必须满足该等级（以及较低等级）包含的 KPA 的所有要求，满足每个 KPA 的所有目标。

表 6.1 显示了 CMMI 中各成熟度级别上的关键过程域。

表 6.1　　CMMI 的关键过程域

成熟度级别	关键过程域
已管理级	需求管理，项目计划，项目监督与控制，供应商协议管理，度量和分析，过程和产品质量保证，配置管理
已定义级	需求开发，技术解决方案，产品集成，验证、确认，组织过程核心，组织过程定义，组织培训，集成项目管理，风险管理，决策分析与解决
量化管理级	组织过程性能，量化项目管理
优化管理级	组织革新与部署，原因分析与解决

每个关键过程域包含若干个特定目标（Specific Goal），要满足过程域的目的就要达到这些特定目标。每个特定目标又包含一组特定实践（Specific Practice），特定实践是达到特定目标所需要执行的活动。此外，CMMI 还有 5 个一般目标（General Goal），一般目标适用于所有关键过程域。针对每个一般目标，有若干个一般实践（General Practice），一般实践是为达到一般目标所需执行的活动。

3. 用 CMMI 指导软件过程改进

CMMI 支持两种实施软件过程改进的方法，一种称为阶段表示，另一种称为连续表示。

阶段表示（Staged Representation）为过程改进提供了一个预定义的路线图，即从成熟度等级 1 到成熟度等级 5 逐级增加，要达到某一成熟度等级，必须满足该等级（及其以下等级）上所有过程域的目标。连续表示（Continuous Representation）支持单个过程域的改进，可理解为一个过程域接着一个过程域实施改进，要求在每个过程域上不断提升能力。

阶段表示是从 CMM 模型继承而来，已经过多年的实践检验，它提供了一个明确的、被证实的过程改进路径，遵循这条路径不需要过多的讨论和争论。而且由于它的明确性和统一性，有助于进行跨组织的比较。连续表示的优点是提供了灵活性，用户可根据具体的改进目标来选择需要实现的过程域及其实现次序。

经过过程改进，软件组织是否达到了一定成熟度等级，要由评估来确定。CMMI 评估由美国卡内基梅隆大学软件工程研究所授权的主任评估师领导一个评审小组进行，评估过程包括员工培训（企业的高层领导也要参加）、问卷填写和统计、文档审查、数据分析、与企业的高层领导讨论和撰写评估报告等。评估结束由主任评估师签字生效。

软件组织在实施 CMMI 过程改进时，要注意以下几个影响成败的关键因素。

（1）过程改进必须有高级主管的支持与委托，并需要他们积极地管理过程改进的进展。

（2）基层技术人员的参与和支持极端重要。

（3）利用定量的可观察数据尽快使过程改进的成果可见，从而激励参与者的信心和兴趣。

（4）按照软件过程改进对企业文化的要求进行变革，要求软件过程改进为商业利益服务，并与企业其他部分协调。

6.3.3　PSP 和 TSP

CMMI 是一个被广泛应用的过程改进模型，但它只关注“做什么”，而不关注“怎么做”，未提供实现各关键过程域所需要的具体技术和方法。为了解决这一问题，卡耐基梅隆大学软件工程研究所的 Watts s. Humphrey 又提出了个人软件过程（Personal Software Processes，PSP）和小组软件过程（Team Software Processes），用于指导软件工程师个人和开发团队改进其软件过程。

PSP 是一种可用于控制、管理和改进软件工程师个人工作方式的自我改善过程模型，是一个包括软件开发表格、指南和规程的结构化框架。PSP 的关注点包括：

- 如何制订计划；
- 如何控制质量；
- 如何与其他人相互协作；
- 如何预防缺陷；

PSP 为个人的能力也提供了一个阶梯式的进化框架，如图 6.5 所示。个人软件过程改进遵循一系列步骤，每一步包含前一步所有元素并且有所增加。

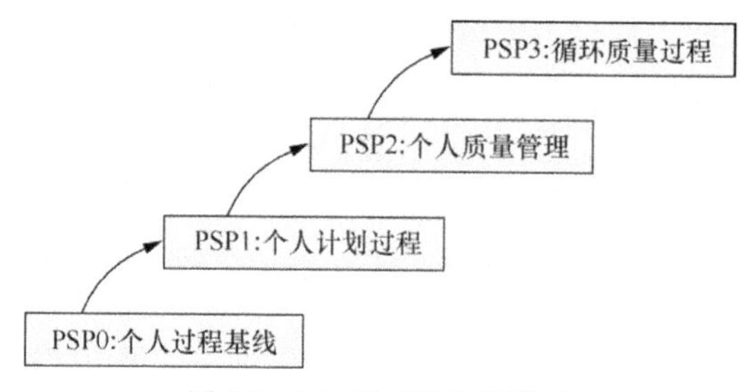

图 6.5　PSP 的过程改进模型

PSP0 是过程基线，目的是为了在个人的工作中引入表格和脚本，以便工程师按照测量和报告格式记录软件过程。PSP0 可以通过增加以下 3 个过程而扩展到 PSP0.1：

- 代码规范；
- 代码规模度量；
- 过程优化计划。

PSP1 是个人计划过程，在 PSP0 的基础上增加了计划步骤，主要包括：

- 规模估计：分为代码规模估算、时间估算、资源估算；
- 状态报告：对软件工程师的工作进行跟踪，检查规模估计与实际状态之间的差异。

PSP1.1 又在 PSP1 的基础上引入了任务计划和安排。

PSP2 强调提高质量，引入了缺陷管理，包含了代码审查和设计审查。PSP2.1 在 PSP2.0 基础上增加了设计模板。

PSP3 将个人软件过程的应用拓展到大规模程序开发当中。将开发大型程序的个体过程细分为可以应用 PSP2 的片段，遵照 PSP2 过程循环增量地开发大型程序，从而支持迭代式的开发。在任何时间点，只有一个 PSP2 级过程是活动的。

TSP 用于指导软件开发团队改进其软件过程，其目标是使软件开发队伍始终以最佳状态来完成工作。TSP 实施集体管理与自我管理相结合的原则，指导开发人员如何在最少的时间内，以预定的费用生产出高质量的软件产品，所采用的方法是对小组开发过程进行定义、度量和改进。

TSP 要求一个软件开发小组（Team）要有共同的目标，大家一致同意的行动计划和适当的领导，小组成员要在需要的时候乐于寻求帮助，小组成员之间要建立并保持高效率的工作关系。

实施 TSP 需要以下条件。

- 需要有高层主管和各级经理的支持，以取得必要的资源。
- 整个软件开发小组至少应在 CMMI 的第二级（已管理级）。
- 全体软件开发人员必须经过 PSP 的培训，并有按 TSP 工作的愿望和热情。
- 开发小组成员应在 2～20 个人之间。经验表明，4～8 个人的小组工作效率最高。

TSP 通过循环开发策略完成产品。先在第一个周期中开发出最小的合理产品，再决定在接下来的每一个周期中要加进去的功能。这样的步骤可以保证得到一系列可运行的软件前期版本。每个周期包括 7 个步骤：决定策略、进行计划、考虑需求、设计、实现、测试和最终检查。

TSP 强调要对软件开发工作及其产品进行度量，度量的基本要素如下。

- 所编文档页数；
- 所写代码行数；
- 花费在各个开发阶段或各个开发任务上的时间；
- 在各个开发阶段中注入和改正的差错数目；
- 在各个阶段对最终产品增加的价值。

TSP 有一些有关软件质量度量的经验原则，例如：软件设计时间应大于软件实现时间；设计评审时间至少应占一半以上的设计时间；代码评审时间应大于编制代码的时间；每千行源程序在编译阶段发现的差错不应超过 10 个；每千行源程序在测试阶段发现的差错不应超过 5 个。

PSP、TSP 和 CMMI 为软件产业提供了一个集成化的、三维的软件过程改进框架。

PSP 注重于个人的技能，能够指导软件工程师保证自己的工作质量，估计和规划自身的工作，度量和追踪个人的表现，管理自身的软件过程和产品质量。经过 PSP 的学习和实践，软件工程师们能够在他们参与的项目中更高效和高质量地完成工作，从而保证了项目整体的进度和质量。

TSP 注重团队的高效工作和产品交付能力，结合 PSP 的工程技能，使软件工程师将个体过程结合进小组软件过程，并通过指导管理层如何支持和授权项目小组，坚持团队的高质量的工作，并且依据数据进行项目管理，以达到生产高质量产品的目的。

CMMI 注重于组织能力和成熟度的提高，它提供了评价组织的能力、改进组织过程的管理方式，比 TSP 具有更高的层次。

6.4　常用的软件质量度量

成熟的软件组织会采用软件质量度量来定量地评价和控制软件质量。正如本章开头所述，软件质量是一个综合属性，不能用单一的度量指标来衡量，软件组织通常是根据具体需要和度量目的选择度量指标。下面介绍几个常用的软件质量度量指标。

（1）缺陷密度

缺陷密度指单位规模的软件所包含的缺陷的数量。缺陷密度用下式计算：

$$缺陷密度=\frac{已知缺陷的数量}{软件规模}$$

上式中的软件规模可以用代码行数或功能点数等方式度量。缺陷密度还可以进一步细化为更具体的度量指标，例如：

- 每千行代码中的高级设计缺陷；
- 每千行代码中的编码缺陷；
- 每千行代码中的用户发现的缺陷。

（2）平均失效时间（Mean Time to Failure，MTTF）

MTTF 指软件在失效前（两次失效之间）正常工作的平均统计时间，它常用来度量软件的可靠性。MTTF 度量常用于安全性要求较高的系统，例如航班监控系统、航空电子系统以及武器系统等。

（3）平均修复时间（Mean Time to Reparation，MTTR）

MTTR 指软件失效后，使其恢复正常工作所需要的平均统计时间。MTTR 用来度量软件的可维护性。

（4）初期故障率

指软件在初期故障期（一般以软件交付给用户后的 3 个月内为初期故障期）内单位时间的故障数。初期故障率用来评价交付使用的软件的质量，预测什么时候软件运行达到基本稳定。一般以每 100 小时的故障数为单位。

（5）偶然故障率

指软件在偶然故障期（一般以软件交付给用户后的 4 个月以后为偶然故障期）内单位时间的故障数。偶然故障率用来度量软件处于稳定状态下的质量，一般以每 1 000 小时的故障数为单位。

6.5 缺陷移除和预防

为了提高软件质量，必须在软件开发的各阶段尽量多地移除缺陷，并通过缺陷预防尽量少地引入缺陷。表 6.2 显示了软件开发各阶段与缺陷引入和移除有关的活动。

表 6.2 与缺陷引入和移除相关的活动

开发阶段	缺陷引入活动	缺陷移除活动
需求	需求说明过程及需求规格说明开发	需求分析和评审
高层设计	设计工作	高层设计审查
详细设计	设计工作	详细设计审查
实现	编码	代码审查
测试	不正确的缺陷修复	测试

6.5.1 缺陷移除

软件开发阶段的缺陷移除效率是衡量该阶段软件过程能力的一个重要指标，该指标可以定义为：

$$\text{缺陷移除效率}=\frac{\text{该阶段中移除的缺陷的数量}}{\text{该阶段开始时存在的缺陷数}+\text{该阶段中引入的缺陷数}}$$

例如，在某软件项目的高层设计阶段通过设计审查发现和移除了 730 个缺陷，在该阶段开始时存在 120 个缺陷，在该阶段引入了 860 个缺陷，则该阶段的缺陷移除效率为：

$$\frac{730}{120+860}\times 100\%=74\%$$

软件组织应不断改进其软件过程，提高在各阶段中移除缺陷的数量，减少引入的缺陷的数量，从而提高缺陷移除效率。

应该在软件项目的早期阶段尽可能多地移除缺陷，这样不仅能够提高软件质量，还有利于降低项目成本。IBM 公司用来管理质量的 4 个度量之一就是缺陷的早期发现百分比，也是审查缺陷移除效率，如下式：

$$\text{早期发现百分比}=\frac{\text{主要审查发现的缺陷的数量}}{\text{总缺陷数}}\times 100\%$$

IBM Houston 公司的数据显示了在早期发现百分比和产品质量之间的一个强相关性。对于从

1982 年 11 月到 1986 年 12 月之间的所有软件产品，早期发现百分比从 50%增加到 85%，相应的，产品缺陷率从 1984 年到 1986 年单调递减了大约 70%。

早期开发阶段的缺陷移除一般来说代价较低。缺陷的发现距离被引入的时间越近，移除缺陷所需的工作量就越少。有研究者对来自 IBM Santa Teresa 实验室的数据进行了分析，发现软件生命周期的 3 个主要阶段，即设计、编码和用户使用（维护阶段）的缺陷移除代价的比率为：1∶20∶82。

6.5.2　缺陷预防

无论是测试还是各种技术审查，都只是一种被动的缺陷检测方法，无法防止缺陷最初的引入，也无法保证能够检测到所有缺陷。此外检测和排除缺陷的过程会消耗大量成本（特别是在软件项目后期，如系统测试和维护阶段）。因此，为了最大程度地减少缺陷并实现软件项目的效益，还需采取主动的预防措施，分析缺陷产生的根本原因，有针对性地消除这些原因，防止将缺陷引入到软件中，即通常所说的“缺陷预防”（Defect Prevention）。

缺陷预防的核心任务是原因分析，也就是找到导致软件缺陷产生的根本原因和共性原因。在这里首先要明确软件缺陷的含义。一个软件缺陷是指软件对其期望属性的偏离，它包含三个层面的信息，即失效（Failure）、错误（Fault）和差错（Error）。失效是指软件系统在运行时其行为偏离了用户的需求，即缺陷的外部表现；错误是指存在于软件内部的问题，如设计错误、编码错误等，即缺陷的内部原因；差错是指人在理解和解决问题的思维和行为过程中所出现的问题，即缺陷的产生根源。一个差错可导致多个错误，一个错误又可导致多个失效。软件缺陷原因的分析不能只停留在“错误”这一层面上，而要深入到“差错”层面，才能防止一个缺陷（以及类似缺陷）的重复发生，因此软件缺陷的根本原因往往与过程及人员问题相关，缺陷预防总是伴随着软件过程的改进。

软件缺陷原因分析过程一般包括选择缺陷数据、分析缺陷数据、识别公共原因并提出改进措施 3 个步骤。采用该方法的软件组织通常是在软件项目的每个开发阶段结束后，或者定期（如每个月末）进行缺陷原因分析，提出改进措施，从而促进组织的过程改进。软件缺陷原因分析通常是以会议的形式进行，会议人员应包括开发团队中的重要成员，如项目管理人员、过程管理人员、技术人员（特别是那些报告和修复缺陷的人员）等，这样才能更好地理解和分析软件缺陷，并产生最佳的解决方案。

对于中小规模的软件项目，缺陷数据的选择较为简单，可选择某一时期或某一项目阶段所发现和处理的所有缺陷作为待分析的数据集，但对于大型项目来说，由于缺陷数量庞大，而缺陷原因分析又是一个费时的任务，只能选择一个具有统计显著性的缺陷样本集合，选择时需考虑的因素包括缺陷的严重程度、复杂性、相对于软件模块和开发团队的分布等。在进行缺陷分析之前，还要对所选择的缺陷数据集进行检查和预处理，即修补不完整和不一致的数据，清理错误数据（如误报的缺陷）和重复数据。

对所选择的缺陷数据，要逐个进行分析，确定缺陷的触发条件、在哪一个开发阶段被引入以及为什么会引入等。随着软件组织经验的增长和数据的积累，可对分析结果进行分类，从而有利于更为快速和准确地进行分析。例如 Motorola 公司将软件缺陷引入的根本原因分为开发阶段相关（Phase-related）、人员相关（Human-related）、项目相关（Project-related）和复审相关（Review-related）四类。又把人员相关问题分为通信障碍、缺少相关知识、协作失误和人为疏忽等类。在这些分类的基础上，可很方便地使用一些工具来确定缺陷产生的根本原因，例如图 6.6 所示的因果图可作为辅助工具来分析一个缺陷的根本原因。因果图又称鱼骨图，图中每一个分支都代表一类缺陷原因，分支越细，原因就越具体，对于一个具体的缺陷，沿着图中的分支逐步进行分析，就可以确定缺陷的根本原因。

在逐个分析了缺陷之后，还要对缺陷数据的总体趋势进行分析，识别出公共问题及其产生原因，并制定有关过程、技术和人员管理方面的改进措施。例如，如果经统计发现由人员通信问题所引起的软件缺陷占有较大的比例，就要调整开发团队的结构，改善人员交流的方式；如果由需求问题引起的软件缺陷较多，就要改进需求管理过程和技术。

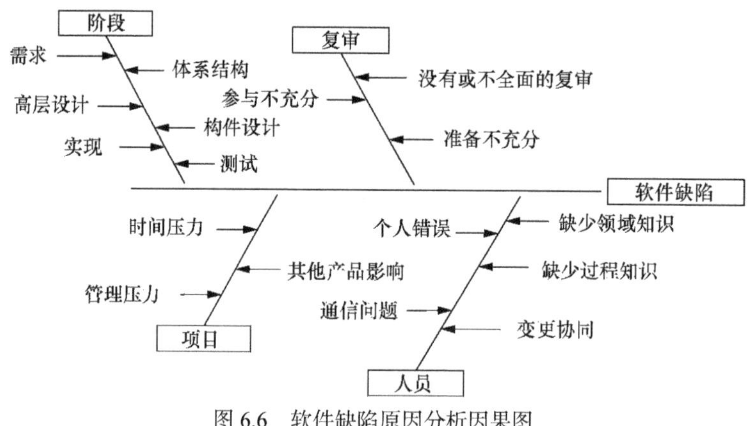

图 6.6　软件缺陷原因分析因果图

6.6　案例分析

软件缺陷管理和度量系统质量管理计划

1. 引言

为保证软件质量，本文档对"软件缺陷管理和度量系统"项目的质量目标和质量管理活动做出全面的规划。本文档的读者对象是项目组全体人员以及高层管理者。

2. 质量要素分析

本系统的质量要素如表 1 所示。

表 1　软件缺陷管理和度量系统质量要素

质量要素	优先级	解释及目标
正确性	1	必须保证系统各项功能正确执行。系统功能的测试覆盖率为 100%
可靠性	1	系统在长时间连续运行的情况下不出现故障
性能	1	在 100 个用户并发执行主要操作时（例如缺陷添加和缺陷查询），系统响应时间不大于 1s
健壮性	2	不会因为一般的误操作而导致系统崩溃。系统失效后易于恢复
安全性	2	系统应能防止出现数据丢失、破坏、泄露、非法访问的现象。系统应提供身份验证和权限控制功能，保证系统操作和数据访问只能由具有相应权限的人执行
易用性	2	系统的软件易于安装和使用，界面美观。有基础计算机操作能力的人经过短时间培训后便能够安装和使用
可扩展性	2	能够以补丁的形式提供缺陷修复和功能增强。当系统进行功能增强和升级后，原有的数据仍能使用

3. 组织与职责

参与质量工作的角色包括高层管理者、质量保证人员、项目经理、测试人员、开发人员，他们的职责如表 2 所示。

表 2　　项目的角色和职责

角色	职责
高层管理者	参与重要的质量评审活动；处理项目组内部无法解决的有关质量的问题
质量保证人员	制定质量管理计划；参与过程检查、技术审查和测试；跟踪和验证质量问题；向项目组提交质量度量结果
项目经理	审核质量管理计划；参与技术审查；审核过程检查报告、技术审查报告和测试报告；负责制定重要的质量问题的纠正措施，并分配资源实施纠正措施
测试人员	制定测试计划；设计和执行测试；提交测试报告
开发人员	按照软件开发规范完成开发工作；设计和执行单元测试；修复软件缺陷

4. 过程检查计划

过程检查计划如表 3 所示。

表 3　　项目的过程检查计划

过程域	主要检查项	时间或频度	负责人
项目计划	项目计划文档内容是否完整和符合规范	2013.4.2	孙夏宁
需求开发	需求规格说明书内容是否完整，与模板的符合程度	2013.4.19	孙夏宁
设计	数据库设计和体系结构设计文档内容是否完整和符合规范	2013.4.30	龚晓庆
编码	程序编码是否符合编码规范，是否符合版本控制规范	编码阶段每周一次，周五	龚晓庆
测试	测试计划、测试报告文档内容是否完整和符合规范	2013.6.14 2013.6.26	龚晓庆
验收	用户手册、项目验收报告、项目总结报告内容是否完整和符合规范	2013.6.28	孙夏宁

5. 技术评审计划

技术评审计划如表 4 所示。

表 4　　项目的技术评审计划

待评审工作成果	评审时间	负责人
界面原型	2013.4.11	张伟
需求规格说明书	2013.4.19	刘海
数据库设计说明书	2013.4.30	董辉
体系结构设计说明书	2013.4.30	董辉
测试计划	2013.6.14	马甲兴

6. 软件测试计划

软件测试计划如表 5 所示。

表 5　项目的软件测试计划

测试活动	时间	负责人
单元测试	系统实现阶段	开发人员
集成测试	2013.6.17～2013.6.20	马甲兴
确认测试	2013.6.21～2013.6.25	董辉
压力测试	2013.6.26	董辉

7. 缺陷跟踪

本项目使用开源缺陷跟踪工具 Bugzilla。

项目组的任何人员都可以报告缺陷。缺陷被修复后，需通过回归测试才能关闭。

质量保证人员每周要对未修复的缺陷进行分类统计。

本章小结

软件质量就是软件与用户需求相一致的程度，它是软件的一个综合特征，用一系列质量属性来表示。对于一个具体的软件项目，那些用户最关心的，对软件整体质量影响最大的质量属性称为质量要素，项目组织应该把关注点放在质量要素上。

全面软件质量管理采取一系列的措施来保证软件质量：通过制定质量管理计划来规划软件项目中的各种质量管理活动，通过技术评审和软件测试发现软件缺陷，通过过程检查保证软件过程和产品符合既定的规范，通过缺陷跟踪保证发现的缺陷和问题被正确记录、跟踪和处理，通过软件过程改进来提高软件组织整体的技术水平和规范化水平。

软件过程改进是指根据实践中对软件过程的使用情况，对软件过程中的偏差和不足之处进行不断优化。CMMI 是一个广泛使用的指导软件过程改进的模型，它包含 5 个过程成熟度级别，每个级别包含若干关键过程域。PSP 和 TSP 分别用于指导软件工程师个人和开发团队改进其软件过程。

软件质量度量为定量评价和控制软件质量提供了基础。常用的软件质量度量包括缺陷密度、平均失效时间、平均修复时间、初期故障率、偶然故障率等。

为了提高软件质量，必须在软件开发的各阶段尽量多地移除缺陷，并通过缺陷预防尽量少地引入缺陷。软件开发阶段的缺陷移除效率是衡量该阶段软件过程能力的一个重要指标。缺陷预防的关键是找到产生缺陷的根本原因，缺陷原因分析的过程一般包括选择缺陷数据、分析缺陷数据、识别公共原因并提出改进措施 3 个步骤。

习　题

1. 问答题

（1）什么是软件质量、质量属性、质量要素？

（2）全面软件质量管理包括哪些部分？各部分的作用是什么？

（3）什么是缺陷跟踪？请简述一个典型的缺陷跟踪流程。

（4）请解释软件过程和软件过程改进的含义。

（5）CMMI 的过程成熟度分为哪几个等级？每个等级有哪些特征？

（6）PSP 将个人能力分为哪几个等级？每个等级有哪些特征？

（7）软件组织实施 TSP 需要哪些条件？

（8）请解释缺陷密度、平均失效时间、平均修复时间的含义。

（9）软件缺陷原因分析过程包含哪些步骤？简述每个步骤所执行的任务。

2. 选择题

（1）软件在异常情况下能够正常运行的能力称为软件的（　　）。

（A）正确性　（B）健壮性　（C）性能　（D）可靠性

（2）与其他软件系统相互交换信息的能力称为软件的（　　）。

（A）易用性　（B）可扩展性　（C）兼容性　（D）可移植性

（3）（　　）是通过执行软件来发现缺陷。

（A）软件测试　（B）技术评审　（C）过程检查　（D）缺陷跟踪

（4）配置管理是 CMMI 的（　　）上的关键过程域。

（A）已管理级　（B）已定义级　（C）量化管理级　（D）优化管理级

3. 判断题（正确的打√，错误的打×）

（1）软件项目质量管理的目标就是使所有的质量属性都达到最好。（　　）

（2）技术评审可以在软件项目的任何阶段执行，因此可以尽早发现和消除缺陷。（　　）

（3）工作过程和工作结果通过了过程检查，就能保证软件的质量。（　　）

（4）CMMI 既说明了软件过程改进应“做什么”，也说明了“怎么做”。（　　）

（5）软件组织要达到 CMMI 的某个成熟度级别，必须满足该级别及其以下级别上所有关键过程域的要求。（　　）

第 7 章 软件配置管理

在软件开发和维护过程中，会产生数量众多且版本不同的文档、代码等中间产品，为了保证软件项目顺利、有序地进行，必须控制这些产品的变化，使它们始终保持完整性、一致性和可追踪性，这正是软件配置管理要解决的问题。软件配置管理是软件项目管理的重要内容，也是 CMMI 和 ISO 9000 质量管理体系的核心内容之一。

本章首先介绍软件配置管理的基本概念和作用，然后讲解软件配置管理的核心功能，即版本控制、系统集成、变更管理，随后简要介绍配置状态报告和配置审计，最后阐述在软件项目中实施配置管理的过程。

7.1 软件配置管理概述

配置管理（Configuration Management，CM）广泛应用于各种工程领域。对于一般意义上的 CM，可以给出如下简短的定义：

CM 是一门用来记录并控制产品数据的管理学科。

具体地说，CM 的主要内容有：标志、记录各种配置项的功能和物理特性；控制配置项及其相关文档的变更；记录并报告有效管理配置项所需的信息，包括已提出的变更的特征和已批准的变更的实现状态；审核配置项以验证规范、接口控制和其他合约规定的一致性。

软件配置管理（Software Configuration Management，SCM），顾名思义，是应用于软件工程领域的配置管理，既具有广义的配置管理的一些特征，也具有其显著的特殊性。经过 30 多年的发展，软件配置管理越来越成熟，不仅形成了一个完整的理论体系，而且出现了大批的配置管理工具。随着软件产业的发展壮大，软件配置管理已得到了广泛的重视和普及。

7.1.1 什么是软件配置管理

我国的国家标准《GB/T 11457（2006）软件工程术语》对软件配置管理的定义是：软件配置管理是标志和确定系统中配置项的过程，在系统整个生命周期内控制这些项的投放和起动，记录并报告配置的状态和变动要求，验证配置项的完整性和正确性。

在 IEEE 610.12—1990 标准中，软件配置管理的描述则比较详细，包括以下内容。

- 标志：识别产品的结构、产品的构件及其类型，为其分配唯一的标识符，并以某种形式提供对它们的存取。
- 控制：通过建立产品基线，控制软件产品的发布和在整个软件生命周期中对软件产品的修改。例如，确定哪些修改会在软件的最新版本中实现。

- 状态统计：记录并报告构件和修改请求的状态，并收集关于产品构件的重要统计信息。例如，修改这个错误将影响多少个文件。
- 审计和复审：确认产品的完整性并维护构件间的一致性，并确保产品是一个严格定义的构件集合。例如，确定目前发布的软件产品所用的文件的版本是否正确？
- 生产：对产品的生产进行优化管理，它将解决最新发布的产品应由哪些版本的文件和工具来生成的问题。

从以上定义可以看出，软件配置管理贯穿整个软件生命周期，对软件产品进行标志、控制和管理，它系统地控制对配置项的修改，以维护配置项的完整性、一致性和可追踪性。软件配置管理应包括版本控制、系统集成、变更管理、配置状态统计和配置审计等功能，其中版本控制是软件配置管理的主要思想和核心内容。

7.1.2　软件配置管理的作用

在软件项目中，可能会遇到以下问题。

- 找不到某个文件的历史版本；
- 开发人员使用错误的程序版本；
- 开发人员未经授权修改代码或文档；
- 人员流动，交接工作不彻底，造成一些开发成果的丢失；
- 无法重新编译软件的某个历史版本；
- 因协同开发，或者异地开发，版本变更混乱导致整个项目失败。

造成以上问题的根本原因是软件项目面临着持续不断的变化，源代码、文档、数据、可执行文件、配置文件等配置项都处在不断的变更过程中。而软件配置管理正是用于控制变化的，它通过一套管理方法、规则和相关工具来控制软件系统的演变，明确记录了各种配置项在什么时候做了哪些修改，从而确保软件开发者在软件生命周期中的各个阶段都能得到精确的产品配置。

软件配置管理对程序员、项目管理者（项目经理）和企业高层领导来说都是必要的。对于程序员来说，配置管理系统可以安全地保护他每一天的工作成果，同时使他能够及时准确地得到所需的配置项及相关信息；对于项目管理者来说，通过配置管理能够方便地了解到项目的进展情况，协调各项目成员之间的开发，提高整个开发团队的协同工作能力；对于企业高层领导来说，则可以通过软件配置管理了解整个组织的当前状态，有助于对整个组织实施全局控制，以保证产品能及时交付给客户，并且能够对客户提出的问题报告作出及时的响应。

软件配置管理系统相当于软件企业的产品“仓库”和“调度中心”，可对工作成果进行有效保护，保存待开发软件系统的状态供开发者随时提取，简化开发过程的管理工作，有助于提高软件产品质量，保持软件开发和维护工作的有序化。因此软件配置管理是软件项目管理中其他领域的基础。

7.1.3　软件配置管理的相关概念

在讲解软件配置管理的具体功能之前，先介绍一下有关软件配置管理的几个基本概念，包括软件配置项、基线和配置库。

1. 软件配置项

软件配置管理的对象就是软件配置项（Software Configuration Item，SCI），有时简称为配置项。在软件开发过程中产生的文档、程序和数据都可以是配置项，例如需求规格说明书、设计规格说明书、源代码、可执行程序、安装包、测试计划、测试用例、测试数据、用户手册、项目计划等。另外，构造软件的工具和软件赖以运行的环境也应作为软件配置项来管理，例如操作系统、开发工具、数据库管理系统、编辑器等，这些工具和环境要与特定版本的软件产品相匹配，从而在任何时候都能够构造和运行软件的任一版本。

在软件项目进行过程中，要不断识别和标记软件配置项，以一定的目录结构保存在配置库中。对配置项的任何修改都应在软件配置管理系统的控制之下。

2. 基线

基线（Baseline）是一个配置项或一组配置项的集合，其内容已经经过正式的复审而被接受，因此可以作为后续开发工作的基础，并且只能通过正式的变化控制过程来改变。例如，在需求分析阶段结束后得到了软件的需求规格说明书，该需求规格说明书的内容经过了用户和开发者的联合评审而被接受，确定为基线，成为后续的软件设计和编码的依据，此时该需求规格说明书的内容就不能随意修改，否则对后续工作的影响太大，如果要修改的话，必须按照一个正式的变更控制流程（参见 7.4.2 节）来进行评估和确认。

按照基线的定义，所有配置项可分为基线配置项和非基线配置项两类，基线配置项的内容在一定程度上被"冻结"了，不能随意修改，而对于非基线配置项，可以进行非正式的修改。

基线通常代表了软件开发过程的各个里程碑，它标志着开发过程中一个阶段的结束，因此基线把各阶段的工作划分得更加明确，以便于检查和确认阶段开发成果。软件项目中常见的基线有：项目计划、需求规格说明、软件设计说明、特定版本的源代码、测试计划和用例、可运行软件产品等。

在软件配置管理中，基线的含义在不同的应用场合会有所不同。例如，除上述基线的概念外，系统集成过程产生的源代码整体版本也称为基线（参见 7.4.1 节）。

3. 配置库

顾名思义，配置库就是存储软件配置项的库。对配置库的要求首先是安全可靠，要有访问权限控制，必须保证配置库中的配置项不被随意删除、修改，或被非法用户获取；其次是完整性，要保证各基线配置项的完整；再次，要能够对配置库方便地进行备份和恢复，在正常情况下每隔一段时间（例如每日或每周）做一次备份，保证在出现异常时，能方便地进行恢复。

软件配置项的多个版本都是集中存放在配置库中的，而要配置库存储每个配置项的各个版本的全部内容显然是无法接受的，对于计算机存储空间来说是巨大的浪费。因此实际的软件配置管理系统对于配置项的不同版本，一般都采用增量存储的方法，即不同的版本只存储变化的部分。这种技术有两种方式，一种是前进法，存储初始版本的全部内容，其后续版本则只存储与前一版本的差异；另一种是后推法，存储当前最新版本的全部内容，而对老版本则只存储与其后一版本的差异。前进法是一种比较直接的技术，而后推法则比较快捷，效率较高，因为越新的版本，被访问的频率也就越高。

7.2 建立软件配置管理环境

建立软件配置管理环境包括企业级和项目级两个层次上的工作。

在企业级，首先要建立统一的软件配置管理工具集，其次要建立标准的软件配置管理规范，如变更控制流程、版本编号规则、缺陷跟踪流程、分支策略等。一个软件项目可使用标准的软件配置管理规范，如果有特殊需要，也可对其进行剪裁，或重新制定规范。有关企业级的软件项目管理工作，请参见 7.7.1 节。

在项目级，要在软件配置管理工具的支持下建立配置库，并为不同的人员（如开发人员、测试人员、集成人员、项目管理者等）分配不同的访问配置库的权限。这些工作一般在项目初期完成。

7.3　版本控制

前面提到过，软件配置管理的主要思想和核心内容就是版本控制。版本控制是对配置项的不同版本进行标志和跟踪的过程。一个版本是配置项的一个实例，在内容和功能上与其他版本有所不同，或是修正、补充了前一版本的某些不足。版本控制系统把什么时候、什么人更改了配置项的什么内容忠实地记录下来，每一次配置项的改变，其版本号都会增加，从而保证可以在任何时刻取得任何一个配置项的任何一个版本，实现了版本的可追踪性。

版本控制包括了对配置项版本的一系列操作控制，例如检入检出控制、记录版本历史信息、更新工作空间、取得历史版本、分支的创建与合并等。

7.3.1　配置库的检入检出机制

配置库的检入检出机制是版本控制的基础。要理解这一机制，首先要理解以团队的方式开发软件的一般模式，该模式如图 7.1 所示。

当一个团队开发软件时，为了保证各团队成员之间开发成果的同步性，需要设立一个公用的服务器，在此服务器中的公共存储空间中建立配置库，存储源代码等配置项。所有开发人员都通过网络从服务器上的配置库中下载（即检出）相应的配置项，在本地计算机的工作空间中进行开发，然后把修改后的配置项再提交（即检入）到配置库中。配置库是由版本控制系统的服务器端工具来建立和管理的，而开发人员的本地计算机上则安装有版本控制系统的客户端工具，因此通过版本控制，团队成员可以协调一致地工作。

可以想象，在这样的团队开发模式下，如果没有版本控制系统，很容易产生不同成员之间开发工作的冲突和混乱。例如，程序员 A 在他的本地工作空间中修改了源程序文件 file1 后，提交到了服务器上，程序员 B 同样也修改了源程序文件 file1，在程序员 A 之后提交到服务器上，在没有版本控制的情况下覆盖掉程序员 A 提交的 file1，此时服务器上的 file1 文件就只包含程序员 B 的修改结果，而不包含程序员 A 的修改结果，使程序的完整性受到破坏。此时如果编译和运行服务器上的源代码，程序员 B 负责的软件模块没有问题，而程序员 A 负责的软件模块就很可能出现错误。

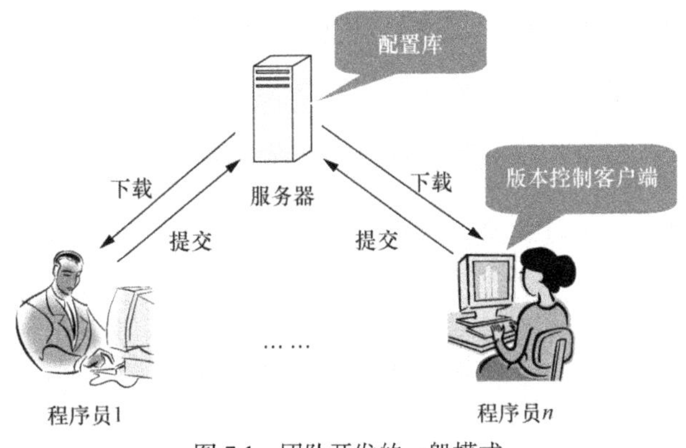

图 7.1　团队开发的一般模式

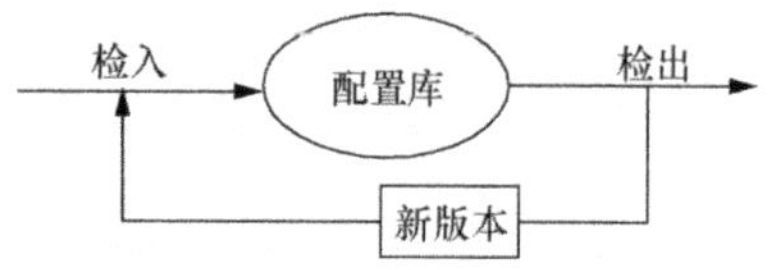

图 7.2 配置库的检入检出机制

怎样解决这种冲突和混乱？版本控制系统中配置库的检入检出机制提供了答案。该机制如图 7.2 所示。

开发人员将所需文件从配置库中检出（Check out）到本地机的工作空间里，当完成了某一文件的修改后，再将此文件检入（Check in）到配置库中，此时一个新的版本号将自动与此文件相关联。例如修改前的文件版本号为 1.0，修改并检入后的版本号就变为 1.1。如果有多人修改同一个文件，则配置库的检入检出机制通常使用以下两种方法防止他们的修改互相冲突和覆盖。

第一种方法是“加锁-解锁”法，也称为串行方法。一个开发者在修改文件之前，配置库会将该文件加锁，其他人不能对它进行修改，直到该开发者修改完毕，将文件检入到配置库中时，再将文件解锁，其他人才能进行修改。这种方法的缺点是效率太低，因为不能由多人并行修改同一个文件。

第二种方法是“修改-合并”法，也称为并行方法。不同的开发者可同时修改某一文件，修改完成后，在某一合适的时刻进行合并，合并过程是由版本控制工具辅助完成的，而不是纯手工完成的。至于合并的时刻，对于不同的版本控制工具，可能是不同的，有的是在检入给配置库之前合并，有的是在检入给配置库之时合并，把它作为检入这一过程的一部分，还有的是在检入给配置库之后再合并。“修改-合并”方法由于效率较高，因此在实际的软件开发中使用得较多。

微软出品的版本控制工具 Visual SourceSafe（VSS）默认支持第一种方法，通过设置，也可支持第二种方法。ClearCase（CC）、开源软件 Subversion（SVN）都同时支持以上两种方法，但以第二种方法为主。此外还有其他几十种版本控制工具，它们都至少支持以上两种方法中的一种。

对配置库中文件的访问是受权限控制的。要检出文件，必须至少有该文件的读取权限；要检入文件，必须至少有该文件的修改权限。这样，配置库的检入检出机制就解决了团队软件开发的两个基本问题：第一个问题是并行控制，也就是上面提到过的保证不同人员对同一配置项进行的修改不会互相覆盖；第二个问题是访问控制，即保证具有相应权限的人员才能访问配置项。

7.3.2 软件版本编号方法

版本号是配置项的某个版本的唯一标识。源代码文件、文档文件、软件产品整体（源代码整体或安装包）都有版本号。合理的版本编号策略可以使软件配置管理更为简便和有序。目前业界尚无统一的软件版本编号方法，但常用的方法有两种：数字顺序型编号和属性编号。

数字顺序型版本编号通常会分为几段，不同段上的数字的变化，标志着产品的不同类型的变化。例如，一种典型的版本编号策略是：版本号分为 3 段，形如 x.y.z，其中 x 为主版本号，y 为特征版本号，z 为缺陷修复版本号。主版本号的增加表示提供给客户的主要产品功能的增强；特征版本号的增加表示产品新增了一些特征或做了一些重要修改；缺陷修复版本号的增加表示在软件产品上做了一些缺陷修复工作。当某一级版本号增加时，其下级版本号要清零。例如，软件的一个版本是 1.3.2，如果该版本新增了一些特性，使特征版本号增加为 4，那么缺陷修复版本号要被复位为 0，所以整个版本号就变为 1.4.0，同样，如果软件做了重大改进，提升了主版本号，那么特征版本号和缺陷修复版本号就都要复位为 0，这样就得到了版本 2.0.0。

如果要标记软件的 α 测试版和 β 测试版，可在上述 3 段数字版本编号后面增加一个大写字符 A 或者 B 来分别表示 α 版本或 β 版本。例如，1.2.4A 或 1.2.4B。如果存在多次的 α 发布和 β 发布，可在 A 或 B 后面添加一个数字来说明发布的次数，例如，1.2.5A1 和 1.3.0B2。

以上版本编号策略是面向用户的，而在开发团队内部，对版本号也有要求。例如，测试团队需要区分测试对象的版本，软件的每次对外发布，可能也对应着不止一次内部测试。一种简单的解决方法是，版本号中再增加一段，说明是新版本软件发布前的第几次送测，或称第几次内部发布。比如，1.0.3.0，是发布版本 1.0.3 在发布前的第 1 次送测，而 1.0.3.1 是第二次送测。当然，新增加的这一段数字不必让外部用户看到。

数字顺序型版本编号的特点是简单易用，但它所包含的信息有限，而且如果段数太多的话，就难以让人识别和理解。因此在有些情况下，开发团队会使用属性版本编号，就是把版本的一些重要属性反映在版本标识中。可以包括的属性有：客户名、开发语言、开发状态、硬件平台、生成日期、技术特征、质量状态等。例如下面的这个版本号就包含了软件的生成日期和时间，以及技术特征（native threads，jit）。

J2SDK.v.l.2.2:10/31/2000-18:00,native threads, jit-122

像这样复杂的属性版本号一般只应用于开发团队内部，而不显示给用户。

7.3.3　配置项的演化图

前面讲到过，在版本控制系统的管理之下，配置项每次修改之后的检入都会引起版本的变化，如果把一个配置项（可以是一个文件或是软件产品整体）的所有历史版本及其演化顺序绘制出来，就形成了图 7.3 所示的配置项演化图（Evolution Graph）。

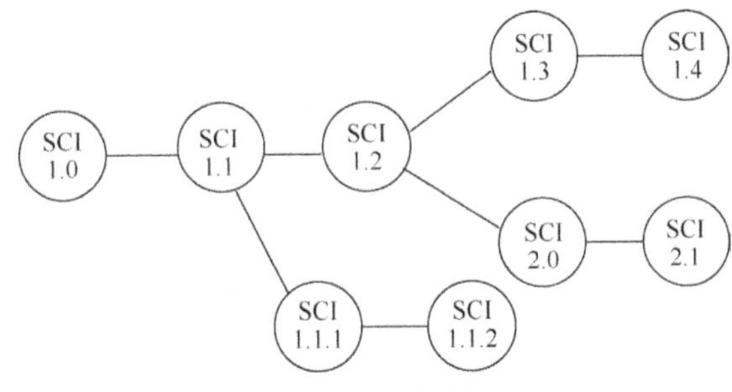

图 7.3　配置项演化图

从图 7.3 可以看出，配置项的版本并不是只沿着一条路径按线性顺序演化的，而是会产生许多分支，这一点在第 7.2.5 节介绍“分支”时还会详细讲解。由于配置项演化图整体上呈树形，因此也称为“版本树”。

7.3.4　版本控制的具体操作

版本控制的具体操作有很多种，除了前面讲过的检入和检出操作外，还有记录版本信息、更新工作空间、取得历史版本、标志软件整体版本、保存安装包等。通过适用的版本控制工具，这些操作都可以很方便地执行。

开发人员在完成了一个配置项的修改并检入时，版本控制工具会自动记录下检入的时间和执行检入的人员，除此之外，开发人员通常还需要输入一些附加信息，例如本次修改的目的、修改的内容及产生的影响等，这些信息都会被记录在配置库里，可以用配置管理工具很方便地查看。

开发人员在自己的本地机的工作空间中工作时，配置库中可能已有了很大的变化，其他开发人员已向配置库提交了很多代码。这样，开发人员自己的工作空间中的代码就有过时的风险，使得自己开发的代码不能与其他人最新的代码共同工作。因此，开发人员要适时更新（Update）自己的工作空间，使其与配置库保持同步。一般在开始一个新任务的时候，如开发一个新功能模块，修改一处代码等，要执行一次更新操作，以建立关于这个任务的初始工作环境。在任务完成后，即将检入的时候，也要做一次更新，并简单测试一下，以保证自己新写的代码，可以与别人的代码一起工作。在完成任务期间，如果任务持续时间较长，也应进行若干次更新。当然，更新操作也不需要过分频繁，以免影响开发效率。

在软件开发和维护的过程中，经常需要取得配置项的某个历史版本。由于配置库中详细记录了配置项的每次修改，因此使用版本控制工具可以迅速得到配置项的任一历史版本。

在软件项目周期的不同时期会产生不同的软件产品版本，且在同一时期也会有不同用途的版本，因此需要记录软件的整体版本，明确软件产品的每个整体版本都包含哪些特定版本的源程序文件。有两种方法可以完成这一任务：第一种方法是在软件开发过程中，当某一产品版本形成时，复制其所有源代码，保存在一个合适的地方。一些版本控制工具提供的复制（Copy）命令即可完成这一操作。另一种方法是在软件的整体版本所包含的所有相关文件的特定版本上打个标签（Lable/Tag），标签的名字就是整体版本的名字，将来在需要该版本的软件时，只需搜索所有打上这个标签的文件，就可以找到这个整体版本对应的所有源文件的正确版本。

软件的安装包包含了所有对用户有用的配置项，包括可执行程序、数据和用户文档。在发布软件之前，或在对软件进行系统测试或验收测试之前，都需要生成安装包。安装包同样需要保存，并标上相应的版本号，原因有两个：首先，如果保存了各版本的安装包，将来在需要某一安装包时，可以迅速而准确地得到它，而不必重新执行编译、链接和打包过程（对于大型项目来说，这一过程可能会持续数小时），从而能节省时间。其次，用户或系统测试人员发现的软件 Bug，有可能是由安装包的生成过程造成的，例如，两次使用的编译参数不同，导致上次生成的安装包和这次生成的安装包不一样。为了找出问题，保存上次生成的安装包就很重要，把两次（或多次）生成的安装包进行对比，容易定位问题所在。

7.3.5 分支管理

1. 分支的概念

分支（Branch）可以形象地看作是配置项演化图中的一条独立路径。例如，图 7.4 所示的配置项演化图中就包含 3 条分支：在中间的一条分支上，配置项版本从 1.0、1.1，一直演化到 2.1；从这条分支的 1.1 版本处产生了一条新的分支（标记为 B），在这条分支上配置项的初始版本为 B1.0；从第一条分支的 1.2 版本处也产生了一条新分支（标记为 A），在该分支上配置项的初始版本为 A1.0。

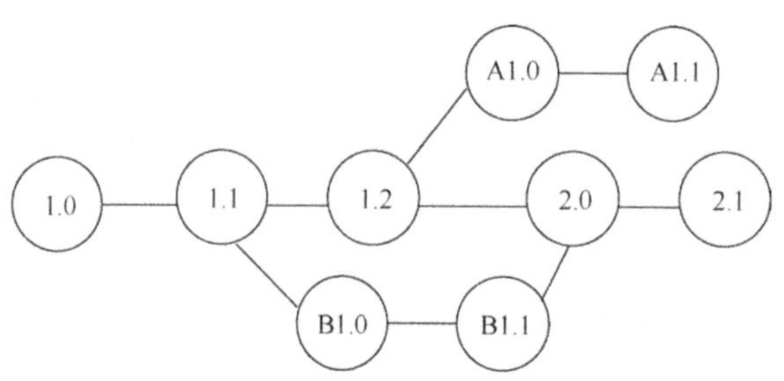

图 7.4　带分支的配置项演化图

虽然任何配置项版本的演化都可形成分支，但软件配置管理中所说的“分支”通常是指软件整体版本演化过程中产生的分支。

分支的创建是一种复制操作，也就是在分支的起点处，将原分支上的内容进行复制，形成新的分支，并对新分支进行标记，这一过程可通过版本控制工具来完成。每个分支在创建后都是独立生长的，一个分支上内容的修改，不会对其他分支产生任何影响。

虽然一个软件的版本演化会产生多个分支，但这些分支并不是完全处于同等地位的。在众多的分支中，有一个被称为“主线”或“主干”（Trunk），例如图 7.4 中用粗线标出的那条中间的分支就是主线。其他的分支大多是从主线上产生的，并有可能再合并回主线上。软件开发团队应该集中精力于主线的开发，只在必要的时候迁移到分支上工作，这一点在后面还会进行讲解。

分支的合并是指把一条分支上的内容合并到另一条分支上。有两种情况：第一种是将一条分支上的所有工作成果都合并过去，例如，图 7.4 中的 B 分支在演化到 B1.1 版时完全合并到了主线上的 2.0 版，该分支停止生长。第二种情况是只将分支上的一部分工作成果合并过去。例如，在一条分支上进行的一些缺陷修复工作如果对其他分支也是有意义的，则只将这些缺陷修复合并到其他分支。分支的合并同样也是一种复制行为，也就是说执行合并后，被合并的分支上的内容不会受任何影响。

2. 分支的作用

在软件开发过程中之所以要使用分支，主要是由于以下两个原因。

（1）开发者需要创建软件的不同用途的版本。一个软件在不同时期或针对不同的用户群，会产生不同用途的版本。例如 Windows Vista 有 7 个版本：家庭类的初学者版、家庭基础版、家庭标准版和家庭终极版，商务类的小企业版、专业版和企业版，分别针对不同的用户群。在这种情况下，需要为不同的版本创建分支，使各版本能够并行开发，互不干扰。

（2）在软件开发过程中，有时需要创建一个相对独立的开发环境。例如，如图 7.5 所示，软件在主线上演化到版本 A 时，需要由一组人员来协作完成一个大的任务（例如实现一组密切相关的功能）。这个大的任务与软件的其他开发任务关联不大，但在该任务内部，不同人员的工作是密切相关的，他们之间必须频繁地进行交互。如果让这一组人员在主线上完成这一任务，他们就需要频繁地往主线上提交工作内容和从主线上更新工作空间，因此他们的工作必然与软件团队中其他人员之间的工作互相干扰，影响开发效率。此时，应该在 A 版本处创建一个分支 M，让这一组人员在 M 分支上完成他们的任务，使他们的开发工作与其他人员在主线上的开发工作互不干扰，当他们的任务完成后，再把他们的工作成果合并到主线上。在软件项目中，这样的情况是经常发生的，有时还要为测试过程和系统集成过程（详见 7.3 节）提供独立的开发环境。由于分支是独立演化的，因此它为独立开发环境的创建提供了支持。

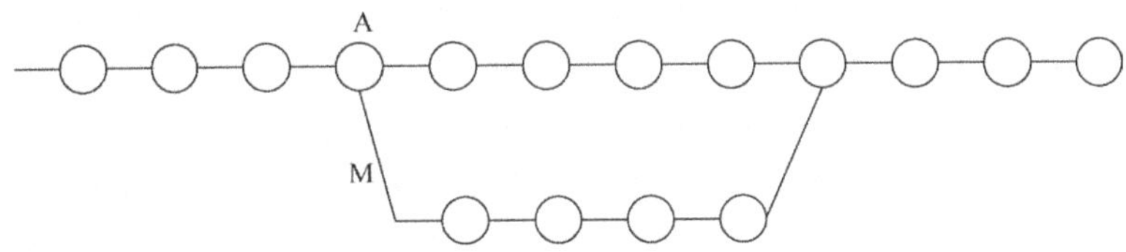

图 7.5　为提供独立的开发环境而创建分支

3. 使用分支的注意事项

分支的使用要有所规划，适当管理，通常需要注意以下几点。

（1）分支不能随意创建，要规划好何时创建，从何处创建。每个分支都应该有一个明确的目的，要用分支的名字来简要说明该目的。

（2）分支要规划好是否合并，合并到哪里。分支上所有的工作成果都要合并，还是有选择地合并。

（3）分支要规划相关角色和权限：谁有权读取分支上的内容或向分支提交，分支的合并及分支上的集成工作由谁负责，谁负责创建、删除和重新命名分支。

（4）不管版本树的分支有多少，都应该有一条主线，作为开发工作的主流，集中精力于主线的演进，其他分支以主线为基础进行开发。例如，在为一个软件开发多个不同用途的版本（变体）时，不能不分主次地为每一个版本创建一个分支，各自独立开发。因为一个软件的不同变体有许多公共的特性，如果各个变体之间没有共享，各自独立演化，必然会产生大量重复劳动。正确的分支策略如图 7.6 所示，A、B、…、G 都是软件的变体，开发团队在主线上开发一个“标准版”，包含各变体公共的特性，从主线上的特定版本处创建分支，来开发变体，在分支上主要进行变体特殊功能的开发。这样就避免了重复劳动，而且使版本演化策略更为清晰，易于管理。

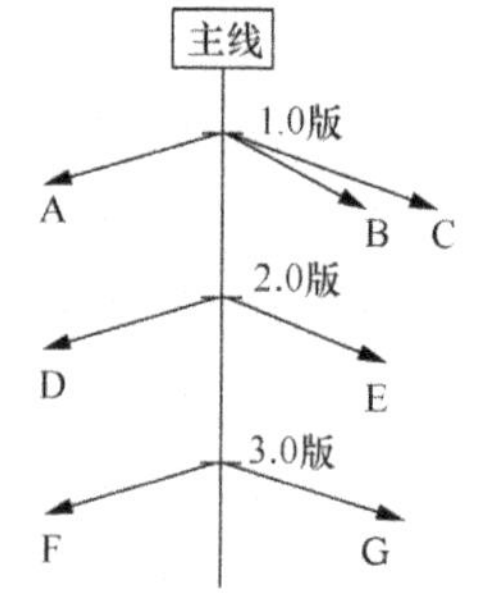

图 7.6 基于主线的分支管理策略

7.3.6 项目外资源的版本控制

除项目中所产生的源代码、文档、数据等配置项外，项目还会使用一些外部资源，例如开发和运行环境、系统组件等，如图 7.7 所示。

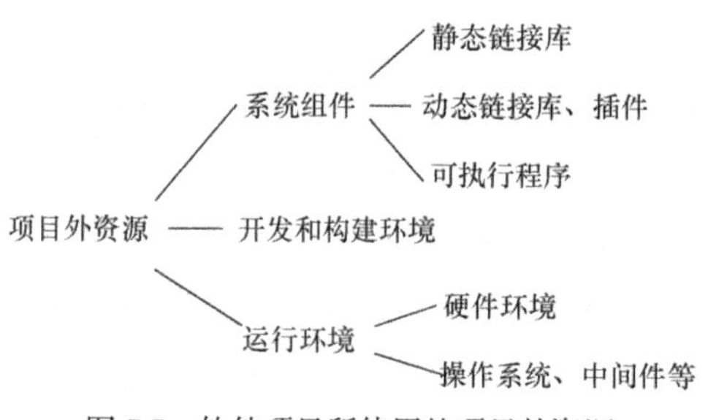

图 7.7 软件项目所使用的项目外资源

对于这些项目外资源，也应纳入版本控制，否则在需要这些资源的特定版本时，不能及时、准确地得到，同样会造成软件开发和维护的混乱。但把项目外资源纳入版本控制并不意味着一定要把它们放入配置库。以二进制形式存在的软件包一般不适合放进配置库，特别是当它很大的时候。可以把它们保存在共享目录里，加上适当的描述说明和适当的存取权限。关键是要记录清楚项目使用了哪些外部资源，什么版本。可以用文本文件或表格的形式记录，并把这些文本文件或表格文件放入配置库中妥善管理。

7.4 系统集成

在软件开发过程中，各开发人员关心的是自己所负责的功能模块能否正常运行，但软件作为一个整体，必须保证不同开发人员所开发的模块能够集成在一起，协调工作，这就是系统集成的任务。

7.4.1 系统集成的概念和步骤

系统集成（System Integration），简称集成，就是把软件产品的各个组成部分组合在一起，使产品作为一个整体是可以运行的。系统集成首先要保证各模块能够在一起编译链接通过，然后进行一个粗略测试，也称冒烟测试（Smoking Test），证明系统基本可运行，可以送交进行详细的测试。系统集成是保证软件产品完整性和软件模块间一致性的手段，也是软件配置管理的一个重要内容。

前面讲过，开发人员要适时更新自己的工作空间，使自己开发的模块能够与产品整体协调工作，这实际上也是一种系统集成工作，但这种系统集成关注的是开发人员本人所负责的模块能否与其他人员开发的模块协调运行。严格意义上的系统集成是由“集成工程师”（Integrater / Integration Engineer）所执行的全局性的集成，这种集成通过一系列严格规范的步骤，确保产品整体是集成的，并且具有一定的质量（产品是否完全符合质量标准是由随后的测试过程检验的）。

系统集成过程一般包括以下几个步骤。

第 1 步，确保开发人员都提交了本次将要集成的源代码。

第 2 步，冻结或者标识将要集成的源代码。每次集成必须明确要集成哪些内容，即集成了哪些文件，以及文件的哪些版本。为此需要冻结源代码，在集成前禁止开发人员向配置库提交，或者用打标签的方式把当前的软件整体版本标志出来。

第 3 步，取出要集成的源代码。最好将代码存放在一个全新的文件夹中，不包含一些杂项，如编译的中间文件和结果文件，尚未提交的本地修改等。

第 4 步，编译、链接和打安装包。这一过程通常称为构建（Build）。如果在构建过程中遇到了问题，需要修改源代码，回到第 1 步。

第 5 步，安装并粗略测试。如果发现问题，修改了源代码后，回到第 1 步。

第 6 步，标志和储存集成成果。集成成果有两个：一个是源代码的整体版本（基线），另一个是生成的安装包。有关这两个集成成果的标志和保存在 7.3.4 节已介绍过。通常还要生成一个“发布说明”，说明本次集成了哪些功能和修改。

第 7 步，通知相关人员本次集成完成。例如通知项目经理和测试人员。

7.4.2　持续集成

持续集成起源于“极限编程”（Extreme Programming，XP），是它的十二个基本原则之一，后来逐渐成为软件产业界一个广泛应用的最佳实践。所谓持续集成是指以很高的频率进行系统集成工作，例如每天、每半天、每两小时甚至更短的时间间隔，就执行一遍集成。持续集成的基本思想是：团队开发并不是单纯的分而治之，而是分散、解决问题，然后集成，而等待集成的时间越长，集成的代价就越高，集成过程就越不可预知。所以持续集成的好处是能尽快地发现和纠正配置库里源代码的问题，保证在绝大部分时间里配置库里的源代码是没有问题的，不对开发人员产生负面影响。

由于集成的频率很高，持续集成通常需要自动化工具的支持，将编译、链接、打包、部署和测试连贯地自动执行下来，并自动报告所发现的问题。开源软件 Cruise Control 和 IBM Rational 的 Build Forge 都能够很好地支持持续集成。

7.4.3　集成中的测试和纠错

前面讲过，集成过程中，编译链接通过后，要做粗略测试。此时的测试不宜太多太细，否则会降低集成的频率，延缓基线的产生，阻塞后续的开发和测试工作。粗略测试的目的是排除那些严重的、对后续工作有严重影响的错误。因此可以把所有可能出现的严重问题按照严重程度排序，选择前面的若干问题，作为检测对象，针对这些问题编写测试用例。

如果能自动执行粗略测试，则可以显著提高集成的效率，提高集成的测试强度，有利于频繁地集成。因此开发人员应尽量使用自动化测试技术，达到自动执行测试用例的目的。

如果在测试中发现了问题，通常采取以下两种方式处理。

（1）对于容易解决的问题，立即着手解决。

（2）如果问题比较棘手，需要开发人员仔细研究，那么通常应把引起问题的提交从配置库中剔除，也就是“回退合并”，使本次集成不再包含该提交。

对于上述第一种情况，开发人员在修复问题后，再次提交到配置库，但与此同时，配置库中还可能出现了其他开发人员正常的提交，两者混杂在一起，此时应如何处理呢？一般有以下几种处理方式。

方法一：在集成工程师开始集成之时，先把配置库所锁上，除非允许，禁止提交。如果集成过程中发现了问题，由相关人员修复，在取得权限后，把修复提交到配置库。直到集成完成产生基线后，再解锁配置库。该方法比较保守，可能会阻碍开发过程。

方法二：在集成工程师开始集成之时，把配置库中要集成的分支（称为“集成分支”）锁上。如果在集成过程中有开发人员要提交，就开辟临时分支，让程序员提交到临时分支上。集成完成后，再把该分支上的内容合并回集成分支。

方法三：集成工程师始终不锁集成分支。当集成遇到问题时，如果集成分支上已经有新的正常提交，就为本次集成开辟出一个临时分支，把为本次集成所做的修复提交到临时分支上，并在临时分支上产生基线，此后再把基线合并回集成分支。

方法二和方法三在本质上是一样的，即让开发人员的正常提交与集成工程师的集成工作并行执行，互不干扰。这在理论上是最好的一种方法，但在具体的版本控制工具中，需要考察其实现是否复杂，是否明显增加了集成工程师或程序员们的操作步骤，是否容易出错等。

方法四：集成工程师始终不锁集成分支。当集成遇到问题时，即使集成分支上已经有新的正常提交，也把为本次集成所做的修复提交到集成分支上。当集成工程师再次编译构建时，不仅包括了为本次集成所做的修复，也包括了新的正常提交。本方法最为简便，但有一定的风险。

以上 4 种方法究竟使用哪一种，要根据具体的项目情况灵活掌握。

7.4.4 使用集成成果

每次集成会产生软件的安装包和源代码基线。测试人员会使用安装包进行详尽的测试，而基线对开发人员有很大的用处。

开发人员在更新自己的工作空间时，如果每次都是更新到配置库中最新的代码，则有可能出现编译链接不通过的情况，阻碍自己的开发工作。解决方法是在更新工作空间时，不更新到配置库中的最新内容，而是更新到最近一次集成产生的基线。这种方法称为间接工作流（Non-immediate Workflow），而更新到配置库中最新内容的方法称为直接工作流（Immediate Workflow）。如图 7.8 所示，图中的粗箭头线代表集成分支，短横线代表集成产生的基线，每个黑色小圆圈代表一次在集成分支上的提交。

间接工作流虽然更为可靠，但也有缺点。如果一个程序员需要拿到其他程序员最新的代码修改才能继续工作，而其他程序员的最新代码修改还没有被集成到基线中，那么只有等待，直到下一次集成完毕后产生新的基线。此外，程序员在提交程序修改时，只能保证自己的修改在上一个基线里没有问题，而不能保证在版本库中最新的软件版本里没有问题。为克服间接工作流的这些缺点，可采用如下方法。

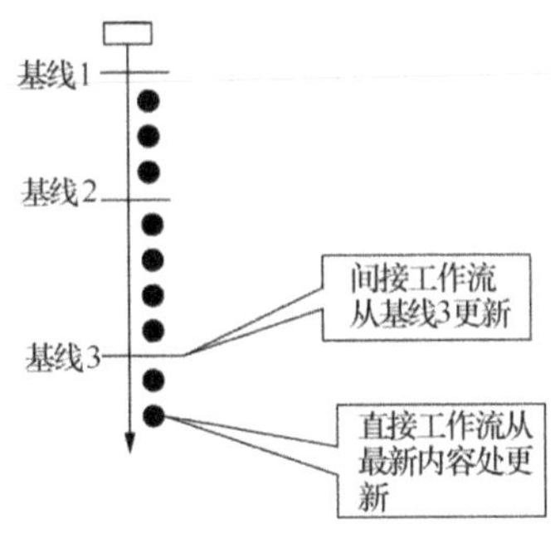

图 7.8 直接工作流和间接工作流

（1）做出折衷，如果需要的最新代码不在基线中，就使用直接工作流；在提交修改之前，也使用直接工作流。

（2）加快集成的频率，例如采用持续集成，使得配置库里的最新代码一旦有问题，几乎可以立即被发现，并被立即解决。从而保证即使是用直接工作流，每次更新得到的也是被集成后有一定质量的基线。

配置管理工具对间接和直接工作流都可提供支持。Subversion 默认使用直接工作流，也可以实现间接工作流。ClearCase 默认使用间接工作流，也可以设置为直接工作流。

7.4.5 多层集成

前面在讲分支管理（参见第 7.3.5 节）时提到过，分支的一个重要作用就是建立一个相对独立的开发环境。例如，几个人共同完成一个大的开发任务，需要紧密配合，频繁交流。此时他们每个人所完成的任务不宜频繁提交到开发团队所有人使用的公共环境里（主干上）。因此他们有必要创建一个私有的分支，每个人完成了自己的程序模块后，先提交到这个私有分支上，在私有分支上集成无误后，再提交到公共环境中，与其他程序再进行集成。这样就在两个层次上进行了集成。

两层或两层以上的集成称为多层集成（Multilevel Integration）。

多层集成常应用在大型项目中。大型项目开发人员众多，源代码也庞大复杂。研发团队分成了若干研发小组，每个小组负责完成一个组件（或一个子系统），此时可以考虑在每个小组内做第一层集成，然后再做小组间的总的集成。

与多层集成紧密相关的一个概念是“复合基线”。一个系统是由不同的组件组成的，各组件的集成工程师都会通过集成形成本组件的一系列基线。而系统的总体集成工程师取得各个组件的特定基线，通过集成，形成系统整体的一个基线，即复合基线（Composite Baseline）。

复合基线在基于组件的软件开发中有重要作用。

7.5 变更管理

在软件开发和维护过程中，配置项的变更（Change）是无法避免的，软件项目的复杂性和不确定性在很大程度上是由变更引起的，因此对变更的控制是软件配置管理的一个不可缺少的功能。

7.5.1 变更管理的作用

引起变更的因素有很多，例如需求的变化、功能的扩充、运行环境的变化、改正错误、新技术的采用等。对于这些变更，如果不能很好地控制和管理，必然会造成软件开发和维护的混乱，其结果是使软件质量恶化、项目进度拖延、项目成本增加。因此变更管理是软件项目的一项非常重要的工作。

并非对配置项的所有修改都要进行变更管理。一个配置项在被完成并提交测试或发布之前，要频繁地进行修改，这些修改通常不被视为“变更”，也不需要进行变更管理。软件配置管理中所谓的“变更”是指配置项开发完成后在正式测试或使用时所提出的修改，特别是那些影响较大的修改。

变更管理的具体方法与变更的特性（规模、发生时间等）和项目特性（过程模型、团队规模等）密切相关。但一般来说，对于那些影响面比较小的变更，如缺陷修复、功能的少量增强等，可以采用缺陷跟踪（参见第 6.5.2 节）的方式进行管理；对于规模较大、影响面也较大的变更，例如需求基线和设计基线的修改，就要执行更为严格的变更控制过程，从而将变更可能造成的负面影响降到最小。

7.5.2 严格的变更控制过程

为了更好地执行严格的变更控制，一个常见的做法是设立“配置控制委员会”（Configuration Control Board，CCB），包含开发人员、测试人员、配置管理人员、质量保证（QA）人员和用户等各方面的代表，负责对变更进行评估和决策。

严格的变更控制过程如图 7.9 所示。相关人员提出变更请求后，CCB 组织人员对变更进行充分的评估，根据评估的结果决定批准或拒绝变更，对于批准的变更，要分配一定的人员去实施，实施完毕并验证无误后，及时通知受该变更影响的人员。

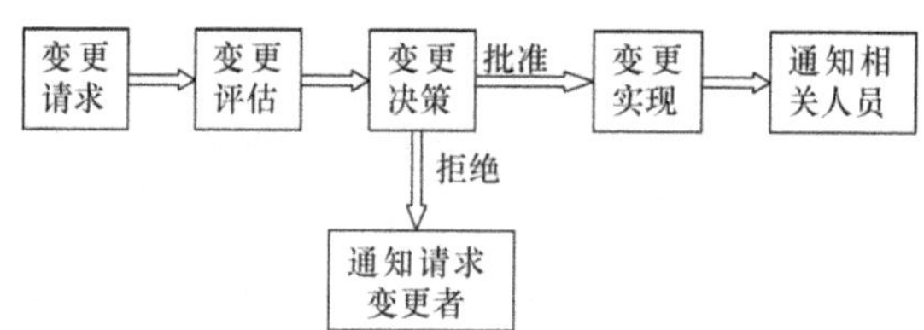

图 7.9　严格的变更控制过程

作为变更控制过程的第一步，首先应该由变更申请人填写一个类似于表 7.1 所示的变更请求表，提交给 CCB。在该表中变更申请人填写的内容主要是变更的内容、原因和影响分析。

表 7.1　变更请求表

项目名	变更申请人	提交日期
变更内容		
变更原因		
变更影响分析		
紧急程度	重要程度	
CCB 决定		
变更实施责任人	变更日期	
递交 QA 日期	QA 决定	
递交 SCM 日期		

对于提交上来的变更请求，CCB 要进行评估，评估内容主要包括：变更的必要性和替代方案，该变更对项目的进度、成本、软件结构等方面的影响，实施该变更的代价和风险等。在评估过程中要征求各方面人员的意见。

CCB 要根据评估结果对变更做出决策：如果拒绝变更，应通知变更申请人；如果批准了变更，要指定相应的负责人去实现变更，安排他们的任务。

实现变更的过程如图 7.10 所示。首先要设计一个实现变更的方案，这对于那些规模比较大的变更是尤其必要的，可能会包括需求分析和设计过程。然后从配置库中检出需要修改的配置项，具体实现变更。实现的变更必须经过测试人员和质量保证人员的测试和验证，被证明正确无误后，在配置管理人员的指导下将配置项检入到配置库中，形成新的版本。

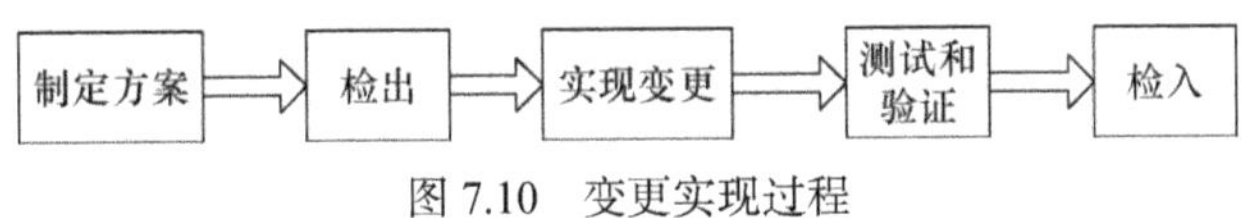

图 7.10 变更实现过程

在实现变更的整个过程中，变更执行人员、配置管理人员、QA 人员都应该对变更负责，并在表 7.1 所示的变更请求表上留有记录，因此该表能反映变更控制的全面情况。变更执行人员还应该在具体实现变更的模块代码或文档上，留下反映变更情况的信息。

对于实现的变更，要及时通过 E-mail、项目网站信息发布等形式通知受变更影响的人员，使他们作出响应的调整。

需要注意的是，上述变更控制过程只应在确实需要的时候才使用，如果对变更不作区分地应用这种严格的控制过程，很容易形成繁文缛节，挫伤开发者的工作积极性，妨碍他们创造性的发挥。

7.5.3 任务管理

在软件配置管理系统中，任务（Task）是指由软件项目团队人员所执行的一个活动，它生成或改变配置项。配置项的变更是通过执行任务完成的。

根据任务的执行结果，可以把任务分为文字性任务和编码性任务两类。文字性任务的执行结果是产生一些文字配置项，如各种文档。编码性任务的执行结果是产生软件源代码，又分为“新功能”和“缺陷”两种类型，前者指开发软件的新功能，后者指对已有功能进行修正和完善。任务管理就是对任务的执行流程进行控制和管理，从而达到控制变更、保证软件质量的目的。

任务管理首先要设置任务的执行流程。优秀的配置管理工具（如 ClearQuest、JIRA）可以对任务流程进行定制。任务流程可使用状态模型图或状态转移矩阵表示。本书 6.5.2 节介绍了“缺陷”任务的流程，即缺陷跟踪流程，下面再介绍一下“新功能”任务的流程。

图 7.11 显示了一个状态模型图，表示典型的新功能任务流程。

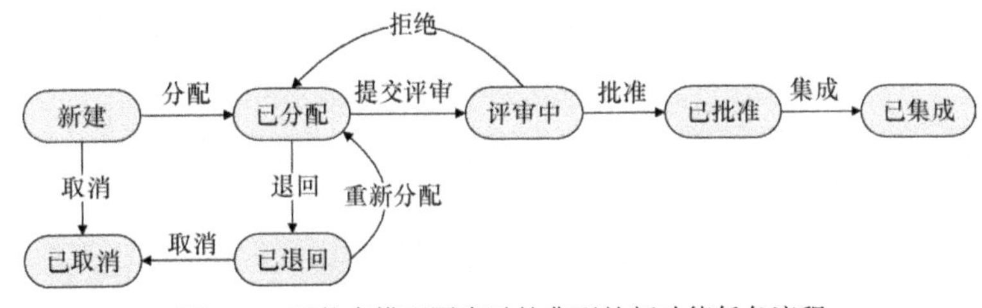

图 7.11 用状态模型图表示的典型的新功能任务流程

一个新功能任务被创建后，处于“新建”状态，该任务被分配给一个或一组开发人员执行后，处于“已分配”状态，开发人员完成了新功能的开发后，将新功能提交评审，此时任务处于“评审中”状态，如果评审未通过，则拒绝新功能，任务返回到“已分配”状态，如果评审通过，则批准新功能，任务进入到“已批准”状态，已批准的新功能可集成进软件产品中，进入“已集成”状态。此外，处在“已分配”状态的任务可能被退回，进入“已退回”状态，处在“新建”和“已退回”状态的任务可能被取消，进入“已取消”状态。

图 7.11 所示的新功能任务流程还可以用表 7.2 所示的状态转移矩阵表示。矩阵的列和行分别表示原状态和目标状态，列和行交叉的单元格表示引起状态变换的动作。

表 7.2　用状态转移矩阵表示的典型的新功能任务流程

To \ From	新建	已分配	评审中	已批准	已集成	已退回
新建						
已分配	分配		拒绝			重新分配
评审中		提交评审				
已批准			批准			
已集成				集成		
已退回		退回				
已取消	取消					取消

在任务流程中，不同的人员角色具有不同的职责和权限。任务流程涉及的常见的人员角色包括项目管理人员、开发人员、开发小组长、测试人员、测试小组长、集成人员等。应使用配置管理工具设置在任务的每个状态下可由哪些角色执行哪些动作。例如，开发人员的权限是：在任务处于已分配状态时，接受任务，使之处于工作状态；如果认为任务无效（例如缺陷不能重现或与其他缺陷报告重复），可以把任务退回；在任务完成后可提交评审。

当任务的状态发生改变后（例如一个任务被分配给了一个开发人员），相关人员应及时得到通知。自动邮件通知是最常用的一种方式。任务管理工具（例如 JIRA）一般带有自动邮件通知功能，利用这些工具可以设置在任务发生了哪些状态变迁时，应自动用邮件通知哪些相关人员。

任务管理会产生丰富的任务信息，包括任务描述信息、人员信息、时间信息等，这些信息对软件项目管理非常有价值。项目是通过执行所有的任务完成的，所以从配置管理系统所记录下的任务信息中，可以提取出丰富的支持项目管理的数据度量，例如有关项目进度的度量、有关产品质量的度量、有关工作效率的度量等。优秀的软件配置工具一般都提供了便利的机制，为项目人员查找所需的数据，并以表格或图形的方式显示出来。

7.5.4　发行管理

当对软件进行了重要的变更后，可能需要发行软件的新版本。软件的发行版本与内部版本不同，它要向用户提供一个完整的安装包，包含了所有用户需要的配置项。项目经理和配置管理人员要根据用户要求和商业策略决定何时发行新版本，新版本包含哪些新特性。

在发行新版本时，要向用户说明该版本与上一个发行版本之间的差异，让用户了解新增了哪些功能，哪些功能的使用方式发生了变化，哪些缺陷在这个发行版本中修复了。因此，软件的发行版通常都包含一个“发布说明”文档，用于说明版本之间的差异。为了获得版本之间差异的信息，可以查看版本控制系统、变更请求记录、项目计划或迭代计划及需求文档等。

软件的发行应该是有计划的，在发行前必须保证该发行版本只包含本次计划发行的新特性，而不包含额外的新特性，这就需要控制不同发行版本之间的差异。施加这种控制的一种方法是由项目经理或其他管理人员根据本次发行的需要为开发人员分配任务，确保开发人员只去完成与本次发行相关的任务。还有一种方法是在开发人员完成了开发任务后，如果想提交开发成果，需要得到批准，只有符合本次发行的成果才能提交。

7.6 配置状态报告和配置审计

在软件项目的执行过程中，必须不断对各种配置项的状态进行监控和审查，以确保开发人员能够及时准确地得到配置项的当前状态信息，并使配置管理工作按照标准和计划正常进行。配置状态报告和配置审计就是用来完成这一任务的。

7.6.1 配置状态报告和统计

“配置状态报告”用来记录和报告配置项变更处理过程的相关信息，这些信息包括一个已批准的配置清单，变更请求当前的处理状态以及已批准的变更的实现情况。

正如前面所介绍的，变更在其处理过程中会经历不同的状态：首先变更请求被提交，然后进入评估和审批状态。对已经被批准的变更，仍要搞清楚它处在什么状态，例如工程师是否已经开始实现变更？是否已完成？是否经过了测试和验证？是否已经提交？这些信息是被许多人所关心的，例如变更提出者、项目经理、受变更影响的开发人员、测试验证人员等，因此需要被记录和报告，以利于管理。

由于许多配置项都处在不断的变更过程中，相关人员必须及时准确地了解发生了哪些变更，以及这些变更的当前处理状态，从而保证人员之间协调一致地工作。配置状态报告通过改善相关人员之间的通信来达到以上目的。

有关变更的信息和数据，有时需要经过统计分析而得到综合数据，例如每月或每周产生的变更请求数、处理的缺陷数，当前处在某一状态的变更数等。统计分析结果可以用分布图、趋势图等形式直观地显示出来。这些综合数据对软件项目管理有着重要意义。

其实除了有关变更的信息外，软件配置管理所记录的许多其他信息也是很有价值的，例如配置库信息、产品和发布信息、文件版本信息、检入检出信息等，对这些信息进行适当的统计和分析，可对项目管理和过程改进提供有力的支持。

7.6.2 配置审计

配置审计的目的是验证配置项符合特定的标准或要求。通常在软件开发每个阶段结束后，或产品发行之前，都要进行配置审计，它是正式技术复审的一种补充。

正式技术复审关注配置项的正确性、完整性和一致性（例如需求、设计、代码配置项之间的一致性），而配置审计关注的是配置项的特性是否满足标准和计划的要求，例如，配置库中是否已纳入了所有已标志的配置项，配置项的名称和版本标志是否符合规范，其在配置库中的存储位置是否符合规定，分支的创建是否符合版本演化策略，是否在配置项中显著标明了每次所作的修改，是否注明了修改时间和修改者，软件发行版本所应实现的所有变更请求是否都有源代码的实际修改相对应等。因此配置审计也是保证软件质量的一个重要环节。

不要把配置审计误解为“对配置库中的每个配置项都检查一遍”，那样做代价太大了。配置审计的对象是项目的主要配置项，如果主要配置项符合规范，就可以认为配置管理符合既定的规范。反之，如果质量人员在审计的时候发现主要配置项比较混乱，那么应当告知当事人及时更正。

7.7 软件配置管理过程

软件组织实施软件配置管理的过程如图 7.12 所示。

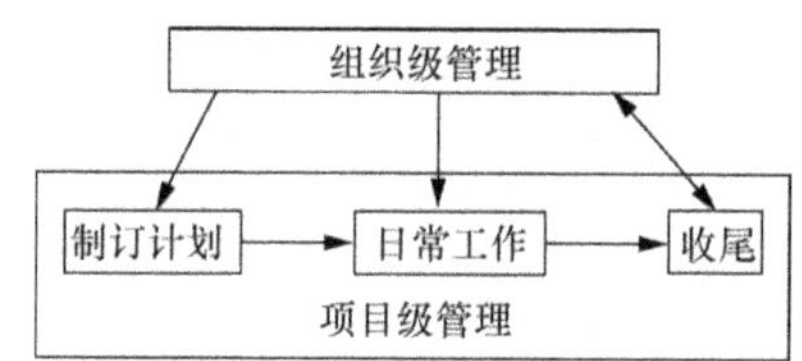

图 7.12 软件配置管理过程

组织级管理的作用是建立组织级的软件配置管理标准、流程、人员结构以及工具环境。而对于一个具体的软件项目来说，首先要制定项目配置管理计划，在项目执行过程中要做好日常配置管理工作，在项目末期要做好配置管理收尾工作。项目级的配置管理工作是以组织级管理工作为基础的，其中项目配置管理收尾工作还会反过来影响组织级管理工作。以下分别对图 7.12 中的各部分进行介绍。

7.7.1 组织级管理

软件配置管理绝不只限于项目级，如果每个软件项目都各自为政，有自己的一套配置管理系统和方法，那么必然会造成软件组织大量的资源浪费和管理上的混乱。因此，在组织（企业）级也要进行软件配置管理，建立组织的标准流程和规范，统一的工具环境和人员配备。

软件配置管理中有许多流程和规范，例如缺陷跟踪流程、变更控制流程、版本命名规范等。几乎可以肯定的是，不同软件项目的研发，对软件配置管理的需求都有相似之处，不应该采用完全不同的流程和规范。从这一点出发，应该考虑在组织级建立标准的流程和规范，具体的软件项目可对这些标准流程和规范进行剪裁（Tailor），适应其特殊需要。需要说明的是，组织级的标准流程和规范不一定只有一套，而且不是一成不变的，针对不同类型的项目，可能需要建立不同的标准流程和规范，而且随着软件组织经验的积累，还会对它们不断进行改进。

一般来说，一个组织的软件配置管理工具应该统一购买、安装和设置，并统一维护和升级，如果需要对工具进行改造和二次开发，甚至需要完全自己写一个工具，也应该在组织级来统一完成，而不要每个项目单独搞一套。另一方面，不同类型、不同背景的研发项目对工具可能会有不同要求，为此，可以考虑通过对工具的设置和不同的使用方法来实现。当然，如果不同的项目对配置管理的需求相差比较远，也可以考虑使用不同的工具。例如，两三个人的小项目，可以使用开源的版本控制工具；但上百人的大项目，就应该考虑使用大型商用工具。即便如此，也应该尽量减少工具的品种，避免开发人员花费太多的时间去适应不同的工具。有关软件配置管理工具的选择和使用，第 11 章有比较详细的介绍。

软件组织通常都会有一个组织级的软件配置管理组，其职责是：对软件配置管理工具和环境进行设置和维护，负责与工具相关的培训和咨询，制定软件配置管理的流程、规范和方法并监督它们的执行，对它们进行调整和改进，还有可能参与具体的软件项目中对标准流程规范的剪裁和配置管理计划的制定。

7.7.2 配置管理计划

在软件项目的初期要制定配置管理计划，配置管理计划是软件项目计划的一部分（参见第 2.6 节），全面规划了项目生命周期中的所有配置管理工作。配置管理计划要指定对哪些软件资产进行管理，一般包括源代码、文档、安装包、工具环境等；要确定文件和产品整体的版本命名、版本存储方法；制定配置审计计划和配置库备份计划等。

此外，配置管理计划要明确软件配置管理的角色和职责，并分配相应的人员。配置管理员是一个极为重要的角色，其职责是具体执行各种配置管理任务，包括软件配置管理工具的日常管理和维护、提交配置管理计划、各配置项的管理和维护、完成配置状态报告和配置审计等。配置管理员在有些情况下可以由组织级的软件配置管理组中的成员兼任。有时还需要设置集成工程师，负责系统集成。当然配置管理员和集成工程师角色可能由一人兼任，也可能每个角色对应多个工作人员，视项目的具体情况而定。对于大型或中型项目，鉴于配置管理的重要性和复杂性，通常需要成立 CCB（配置控制委员会），对配置管理的各项活动进行决策（例如审批配置管理计划、审批变更请求等），而对于小型项目，这类决策可由项目经理或配置管理员执行。

配置管理计划还需要考虑工具和流程。正如上一小节所提到的，在组织级就应建立统一的工具环境和标准的流程，在项目级，只需根据项目特点来确定工具的使用方法，对标准流程进行剪裁和定制。当然，对于那些软件组织非常陌生的项目类型，也可能需要重新选择工具和制定流程。

配置管理计划的内容都应在“软件配置管理计划”文档中详细描述。该文档一般是由配置管理员编写的，并提交相关负责人（如项目经理，CCB）批准。本书附录 A.6 给出了软件配置管理计划模板。需要指出的是，软件配置管理计划文档的内容及详略根据项目特点的不同而有很大的差异，有些项目甚至不需要这样一份独立的文档。附录 A.6 只给出了软件配置管理计划中最典型的内容。还要注意到，软件配置管理计划的内容，很可能会随着项目的进展而改变，应该积极面对这样的变化，适当调整计划，并反映在计划文档中。

7.7.3 软件配置管理日常工作

在项目的整个生命周期中，项目组的全体人员都会参与软件配置管理的日常工作。对于配置管理员来说，主要的职责就是保证配置管理系统正常运行。例如，监控配置管理计划的执行，并在必要时进行调整；保证所有的配置项被存放在正确的位置，并被正确地标明了版本及相关信息；对工具进行某些维护工作和手动备份工作；管理全体人员对配置库的访问权限；帮助解决所有人员有关工具和流程方面的问题；对分支的创建、软件的发布等具体事宜给出意见或做出决定。

集成工程师负责系统集成，保证正确地生成、命名和存储安装包，并保证安装包版本与源代码整体版本之间的追溯关系。在一些项目中，配置管理员也同时兼任集成工程师的职责。

CCB 负责变更请求的评估和批准。

程序员和文档编写人员负责对各种配置项进行检出、修改和检入操作。

7.7.4 软件项目配置管理收尾

在软件项目的收尾阶段，配置管理工作同样也要收尾。此时首先要进行软件资产的整理和归档，包括对源代码、安装包和文档的妥善保存，对变更请求等相关数据的整理和保存。此外，不能忽视对开发环境和构建方法的整理和归档，否则，有可能在将来无法构建软件产品。

其次，要对软件项目的配置管理工作本身进行总结，得到的经验教训，值得以后其他项目参考。在整个项目过程中，可能对软件配置管理流程进行了调整和改进，对这些要进行分析，看是否有可能加入到组织一级的软件配置管理流程中，从而使其他项目受益。在工具方面，如果引入了新的软件配置管理工具，或对已有工具进行了定制或二次开发，也要考虑这些成果能否上升为组织一级，供日后其他项目使用。

7.8 案例分析

本节给出“软件缺陷管理和度量系统”项目的配置管理计划。

软件缺陷管理和度量系统配置管理计划

1. 引言

本文档对“软件缺陷管理和度量系统”项目的软件配置管理工作作出全面规划，保证项目的各种配置项被安全、有序地管理，保持各种配置项的完整性和一致性，使项目组人员在任何情况下都能及时得到正确版本的配置项。

本文档的读者对象是项目组中的管理人员、开发人员和测试人员。

2. 人员与职责

本项目配置管理的人员和职责如表 1 所示。

表 1 配置管理人员和职责

角色	人员	职责描述
配置管理员	龚晓庆	制定配置管理计划；创建和维护配置库；变更控制；为项目组人员使用配置管理工具和执行配置管理规范提供咨询和帮助
项目经理	刘海	审批配置管理计划和重要变更
质量保证人员	孙夏宁	参与评估和审批配置项的变更

3. 配置管理环境

3.1 配置管理工具

本项目采用开源配置管理工具 Subversion，该工具功能较强，易于使用，且项目组人员对该工具较熟悉。

3.2 配置库目录结构

本项目的配置库目录结构如表 2 所示。

表 2　配置库目录结构

内容	路径
立项	\BMMS\PAM
需求管理	\BMMS\RM
项目跟踪与监控	\BMMS\PTM
设计	\BMMS\DESIGN
源代码	\BMMS\SOURCECODE
测试	\BMMS\TEST
发布	\BMMS\RELEASE

3.3　配置库用户权限

本项目的配置库用户权限如表 3 所示。

表 3　配置库用户权限

用户类别	人员	权限说明
配置管理员	龚晓庆	所有权限
项目经理	刘海	读、添加、修改
质量保证人员	孙夏宁	读
开发人员	董辉，马甲兴，苗勇	读、添加、修改
高层管理人员		读

4. 配置项计划

4.1　主要配置项

本项目主要配置项如表 4 所示。

表 4　主要配置项

主要配置项	文件名	预计正式发布时间
《合同》	BMMS 系统合同-V1.0	2013.3.20
《项目计划》	BMMS 项目计划-V1.0	2013.4.2
《质量保证计划》	BMMS 质量保证计划-V1.0	2013.4.2
《配置管理计划》	BMMS 配置管理计划-V1.0	2013.4.2
《需求规格说明书》	BMMS 需求规格说明书-V1.0	2013.4.19
《体系结构设计》	BMMS 体系结构设计说明书-V1.0	2013.4.30
《数据库设计》	BMMS 数据库设计说明书-V1.0	2013.4.30
《测试计划》	BMMS 测试计划-V1.0	2013.4.30
《测试报告》	BMMS 测试报告-V1.0	2013.6.26
待发布软件安装包	BMMS-V1.0	2013.6.26
《用户手册》	软件缺陷管理和度量系统用户手册-V1.0	2013.6.26
《验收报告》	软件缺陷管理和度量系统验收报告-V1.0	2013.6.28

4.2 项目基线

本项目的基线如表 5 所示。

表 5 项目基线列表

基线名称	基线包含的配置项	预计建立时间
项目计划	《项目计划》,《质量保证计划》,《配置管理计划》	2013.4.2
需求	《需求规格说明书》	2013.4.19
设计	《体系结构设计》,《数据库设计》	2013.4.30
实现	软件源代码整体版本 V1.0	2013.6.14
测试	《测试计划》	2013.4.30

5. 配置审计计划

本项目在以下时间点执行配置审计。

（1）系统设计完成时；

（2）编码阶段中每个子系统完成时；

（3）系统测试完成后至系统验收前的某一时间点。

配置审计的内容是检查配置项的特性是否满足标准和计划的要求，包括：配置库中是否已纳入了所有已标志的配置项，配置项的名称和版本标志是否符合规范，其在配置库中的存储位置是否符合规定，分支的创建是否符合版本演化策略，是否在配置项中显著标明了每次所作的修改，是否注明了修改时间和修改者。

6. 配置库备份计划

每周执行一次配置库备份，时间是周五下午 16:00，采用全量备份。

7. 版本控制规则

7.1 软件版本编号规则

软件的内部版本号采用三级数字形式：X.Y.Z。

X 是“主版本号”，当软件有全局性的改变和升级时，其值加 1。

Y 是“特征版本号”，当软件有某些特征/功能上的改变和增强时，其值增加，增加的幅度根据修改的多少而定。

Z 是“缺陷修复版本号”，当软件只有较小的改动或缺陷修复时，其值增加，增加的幅度根据修改的多少而定。

当上级版本号增加时，下级版本号清零。例如软件版本号是 1.2.5，当主版本号增加到 2 时，特征版本号和缺陷修复版本号清零，成为 2.0.0。

7.2 文档版本编号规则

文档的状态有两种：草稿（Draft）和已发布（Released）。“草稿”是指文档还未通过评审，还未正式使用；“已发布”是指文档已通过评审，可正式使用。

处于已发布状态的文档，其版本号格式为：VX.Y，其中 X 和 Y 是数字，例如：

“软件缺陷管理和度量系统需求规格说明书-V1.0”。

如果文档有全局性的大的修改，X 值加 1。

如果文档有较多的修改，但仍是局部性的修改，Y 值增加，增加幅度根据修改的多少而定。

如果文档仅有微小改动，版本号不变。

当 X 值增加时，Y 值清零。

文档的初始版本号为 1.0。

处于草稿状态的文档，在版本号最后加“Draft”。例如：

“软件缺陷管理和度量系统需求规格说明书-V1.0-draft”。

修改处于已发布状态的文档时，如果新的内容会覆盖旧的内容，而且旧的内容需要保留，则新建一个新版文档。

8. 变更控制规则

变更控制遵循以下流程。

（1）由变更请求者提出变更申请。

（2）项目经理、配置管理员和质量保证人员对变更进行评估，确定变更的影响，并根据评估结果批准或拒绝变更。

（3）对于已批准的变更，由变更实施者从配置库中检出要修改的文件，然后实现变更。

（4）测试人员和质量保证人员变更进行测试和验证。

（5）变更通过测试和验证后，经配置管理员同意，变更实施者把修改的文件检入配置库。

本章小结

软件配置管理贯穿于整个软件生命周期，对软件产品进行标志、控制和管理，它系统地控制对配置项的修改，以维护配置项的完整性、一致性和可追踪性，从而确保软件开发者在软件生命周期中的各个阶段都能得到精确的产品配置。因此软件配置管理的主要思想和核心内容就是版本控制，版本控制是对配置项的不同版本进行标志和跟踪的过程，保证可以在任何时刻取得任何一个配置项的任何一个版本。版本控制包括了对配置项版本的一系列操作控制，例如检入检出控制、记录版本历史信息、更新工作空间、取得历史版本、分支的创建与合并等。

在版本控制的基础上，软件配置管理还要完成系统集成、变更管理、配置状态报告和配置审计等重要任务。系统集成就是把软件产品的各个组成部分组合在一起，使产品作为一个整体是可以运行的。为了尽快地发现和纠正配置库里源代码的问题，目前软件组织普遍采用“持续集成”。在集成的过程中要进行粗略测试和纠错，因此集成所产生的基线具有一定质量，可用于更新开发人员的工作空间，即间接工作流。在大型项目中，常使用多层集成，在每个开发小组内做第一层集成，然后再做小组间的总的集成。

对软件配置项的变更有必要进行系统化的管理，严格的变更控制流程包括变更的请求、评估、决策、实现等步骤。任务管理是对任务的执行流程进行控制和管理，从而达到控制变更、保证软件质量的目的，项目团队中不同的角色在任务执行流程中有不同的权限。

配置状态报告用来记录和报告软件配置管理所需的必要信息，如发生了哪些变更，这些变更当前的处理状态等，从而改善相关人员之间的通信，保证人员之间协调一致地工作。配置审计的目的是验证配置项符合特定的标准或要求，它是正式技术复审的一种补充。

软件组织的配置管理过程所涉及的工作可分为组织级和项目级两类，组织级工作的作用是建立组织级的软件配置管理标准、流程、人员结构以及工具环境。而在项目级，首先要制定项目配置管理计划，在项目执行过程中要做好日常配置管理工作，在项目末期要做好配置管理收尾工作。

习　　题

1. 单项选择题

（1）软件配置管理最核心的内容是（　　）。

（A）版本控制　　（B）配置审核　　（C）集成管理　　（D）配置状态统计

（2）关于软件产品的版本编号方法，以下描述错误的是（　　）。

（A）数字顺序型版本编号由若干数字组成，数字之间用“.”分隔。

（B）属性版本编号可以包含更多的有关软件产品的信息。

（C）在数字顺序型版本编号中，当某一级版本号改变时，其下一级版本号保持不变。

（D）属性版本编号适合在软件组织内部使用。

（3）关于基线配置项，正确的描述是（　　）。

（A）是不可以变化的配置项

（B）基线是经过正式审批的配置项，是后续工作的基础

（C）对大部分基线的变更，不需要执行严格的变更控制流程

（D）基线发生变更时，必须修改需求

（4）下列关于配置控制委员会（CCB）职责的描述，错误的是（　　）。

（A）对变更进行评估　　（B）拒绝或批准变更

（C）执行缺陷跟踪　　（D）审批软件项目配置管理计划

2. 问答题

（1）阐述配置库的检入检出机制及其作用。

（2）版本控制系统是怎样防止不同的人对同一文件所作的修改相互覆盖的？

（3）什么是分支？为什么要使用分支？

（4）什么是系统集成？系统集成的一半步骤有哪些？

（5）什么是持续集成？持续集成能带来什么好处？

（6）在开发人员更新自己的工作空间时，有直接工作流和间接工作流两种方式，请解释它们的含义。

（7）在哪些情况下使用多层集成？

（8）简述严格的变更管理流程。

（9）什么是配置审计？它有什么作用？

（10）在组织级，一般要做哪些软件配置管理工作？

第8章 软件项目团队管理

软件项目是由各类人员所组成的团队完成的，所以人员和团队是软件项目中最具决定性的因素。团队管理的目标就是保持团队的凝聚力和战斗力，使团队高效工作，从而促进项目的成功，同时也促进团队和个人的发展。

团队管理涉及项目组织的规划、人员的获取、团队建设和日常管理、人员沟通、干系人管理等内容，本章将分别讲解这些内容，并在最后讨论了软件开发人员作为团队的一员，应具备哪些非技术素养。

8.1 概述

软件产业是以智力和人力为主要经营资源，以知识和信息为经营载体，以创新为主要经营特色的知识、智力密集型产业，因此软件项目团队既有一般项目团队的性质，也有其特殊性。

8.1.1 什么是软件项目团队

软件项目团队是由软件项目的不同干系人所组成的，具有共同目标、紧密协作的集体。软件项目团队包括所有项目干系人：项目发起人、资助者、项目组（开发团队）、供应商、客户等。有时，软件项目团队也特指项目组（开发团队）。

与一般的人力资源相比，软件项目团队具有以下特点。

- 临时性。团队因项目而组织在一起，项目结束后，团队通常也会解散。
- 团队成员的不稳定性。在软件项目的不同阶段，人员会加入和退出。
- 年轻化程度较高。
- 是高度集中的知识型团队。
- 成员的业绩不易量化考核。由于软件开发的复杂性和软件产品的不可见性，简单的计件和计时等量化考核方式通常不能满足团队成员绩效考核的要求。

8.1.2 什么是软件项目团队管理

软件项目团队管理就是采用科学的方法，对项目组织结构和项目全体参与人员进行管理，在项目团队中开展一系列科学规划、开发培训、合理调配、适当激励等方面的管理工作，使项目组织各方面的主观能动性得到充分发挥，同时促进高效的团队协作，以利于实现项目的目标。

软件项目团队管理主要包括以下内容。

（1）项目组织的规划：确定项目中的角色、职责和组织结构。

（2）团队人员获取：获得项目所需的人力资源（个人或集体）。

（3）团队建设：提高团队成员个人为项目做出贡献的能力；提高团队作为集体发挥作用的能力。

（4）团队日常工作管理：跟踪团队成员工作绩效，解决问题和冲突，协调变更事宜。

（5）沟通管理：对在项目干系人之间传递项目信息的内容、方法和过程进行综合管理。保证项目干系人及时得到所需的项目信息。

（6）项目干系人管理：识别项目干系人，分析他们对项目的期望和影响力，采取措施有效调动他们参与项目的决策和执行。

8.1.3 团队协作的重要性

团队管理的根本任务是促进团队协作，良好的团队协作对项目成功是至关重要的，因为它能够发挥出集体的力量。

开源软件运动的领导者之一 Eric Steven Raymond 曾在他的著作《大教堂与市集》中解释了 Linux 作为一个开源项目为什么会有如此之高的开发效率和软件质量。他把原因总结为“Linus 法则”：只要眼球足够多，所有臭虫都好捉。意思是 Linux 的开发充分利用了全世界开发者的集体智慧，使得系统中的缺陷能够被迅速发现和修复，而 Linux 项目的负责人 Linus 通过在 Internet 上频繁地发布 Linux 版本来不断地向开发者反馈其开发成果，使遍布全世界的开发者总是能够看到系统的最新状态。Raymond 还使用了一个“蚂蚁觅食”的类比来说明他的观点：蚂蚁依靠群体觅食，众多蚂蚁各自分散地寻找食物，使找到食物的概率大了很多，找到后用一种非常高效的、可扩展的通信机制互相通信。对于 Linux 项目来说，寻找 Bug 就相当于蚂蚁觅食，遍布全世界的志愿开发者就相当于众多的蚂蚁，而 Internet 就相当于蚂蚁之间的通信机制。

实际上，这种蚂蚁觅食式的开发方式所带来的好处绝不仅仅局限在发现和排除 Bug 上。在软件的高层设计中，在产品和项目的许多决策中，发挥集体智慧都是极为重要的，一个人往往按照其习惯的和擅长的思维方式和解决问题的方式，在一条路径上探索。而许多人在一个问题空间里进行多路径的探索，其效能远远超过单个人。所以 Raymond 甚至认为，Linus 最重要的贡献不是创建了 Linux 内核本身，而是开创了 Linux 的开发模式。

小到一个项目，大到一个企业，要想取得成功，都必须通过团队协作发挥集体的力量，而不能仅靠少数精英人物的贡献。

8.2 项目组织的规划

通过项目组织的规划，可确定项目团队的角色，明确汇报关系（组织结构），分配人员职责，制定人员配置管理计划。

8.2.1 项目团队角色

项目团队是由不同角色的人员组成的，不同角色之间要形成一种相互配合、相互制约的关系，共同促进项目目标的实现。所谓“相互制约”是指当一种角色的工作偏离了项目目标的时候，另一种角色会发现并促使其采取措施加以纠正。例如，当开发人员所开发的软件出现质量问题时，测试和质量保证人员会及时发现，并配合开发人员解决质量问题。

软件项目团队中常见的角色包括：项目经理、系统分析人员、架构师、开发人员、测试人员、质量保证人员、项目管理和支持人员、市场人员、用户支持人员等。不同规模、不同类型的软件项目所包含的角色是有区别的。例如，微软的一个软件产品项目团队通常由一个"产品单元经理"（Product Unit Manager）领导，包含图 8.1 所示的各种角色。

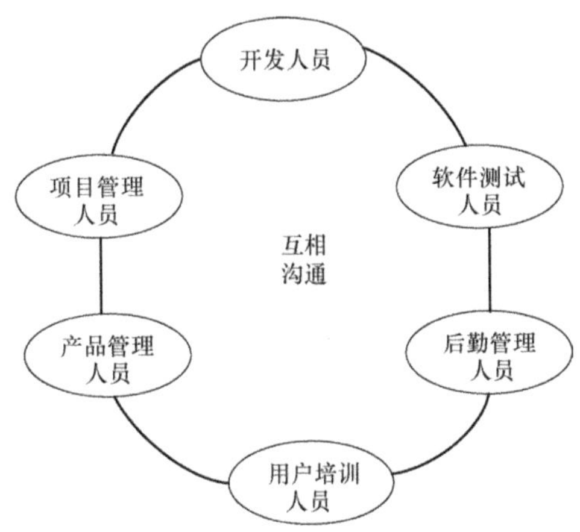

图 8.1　微软软件项目团队角色构成

在图 8.1 所示的产品团队中，开发人员负责开发软件；测试人员通过执行测试来发现软件质量问题；项目管理人员负责团队内部的沟通协调，保证项目在进度、成本等方面的约束下顺利进行；用户培训人员负责培训客户；产品管理人员负责获取和定义用户需求、市场分析和研究、产品推销和公共关系；后勤管理人员对项目所需的设备、材料、软件工具等资源进行管理，保证项目能够平稳地进展。注意，这些角色的地位是平等的，从而形成一个检查和平衡机制，使任何一种角色的工作失误都能很快被发现和纠正。

在小型项目中，可以简化团队的组成，压缩团队的规模，也就是说，可以把一些角色组合在一起，由相同的一组人员来担当。例如，图 8.1 所示的各种角色中，项目管理和后勤管理角色可以组合在一起，软件测试、产品管理和用户培训人员可以组合在一起。

项目经理是整个项目团队的核心角色，对项目的成败起着关键作用。项目经理的责任主要包括以下几点。

（1）制定开发计划。

（2）组织项目实施。组建项目团队，为项目团队成员分配任务，有效调动每个人的能力去完成项目任务。

（3）项目控制。监控项目的运行，积极预防问题的发生，纠正偏差。

项目经理为了履行其责任，必须有一定的权力，包括项目事务的决策权，项目资源的分配权和适当的财务权。一些企业的领导在项目经理的授权上有太多的限制，特别是在财务权上。项目经理用钱时需要上级领导层层审批，不能自己做主。没有财务权的项目经理不是完整意义上的项目经理。企业不给项目经理财务权的初衷是为了控制成本，防止不适当的财务支出，但实际上效果适得其反，由于项目经理没有财务权，他们就不会关心成本也无法控制成本。

项目经理的能力和素质要求主要包括以下几点。

（1）管理能力。管理能力体现在对项目团队的组织、沟通、协调，充分发挥每个成员的能力和集体智慧；完成项目团队与外部组织的沟通和协调；很好的口才和写作能力。

（2）一定的技术能力。软件项目是知识和技术密集型的活动，项目计划、人员的使用、技术评审等均需要项目经理有一定的技术能力。

（3）一定的商业头脑。项目经理需要理解产品需求、市场策略、盈利模式、企业战略等，这需要有一定的商业头脑。

（4）其他素质。例如责任心、热情、抗压能力等。

8.2.2 项目的组织结构

项目的组织结构是项目团队所有成员为了进行分工协作，而在职务范围、权力和责任方面所形成的结构体系。所以组织结构的本质是团队成员的分工协作关系，组织结构的内涵是人们在职、责、权方面的结构体系，确定了团队成员及部门之间的汇报关系，因此组织结构又称为权责结构。

没有什么好的或坏的组织结构，只有适合或不适合的组织结构。要根据具体的企业情况和项目情况来设计项目的组织结构。

常见的项目组织结构有 3 种类型：职能型、项目型和矩阵型。

1. 职能型组织结构

职能型组织结构如图 8.2 所示，这种组织结构是在组织当前的职能型等级结构下加以管理，项目组成员（在图中以灰色方框表示）从各职能部门中抽调。职能部门是按照专业职能和业务来划分，例如研发部门、销售部门、财务部门等。项目可以由一个或多个职能部门承担，项目成员分别受他所在的职能部门的经理管辖。项目整体的协调工作主要在各部门经理之间进行。虽然也可能有项目经理，但其权力非常有限，通常只负责各部门间的沟通、协调和监督作用，对项目成员没有完全的领导权。

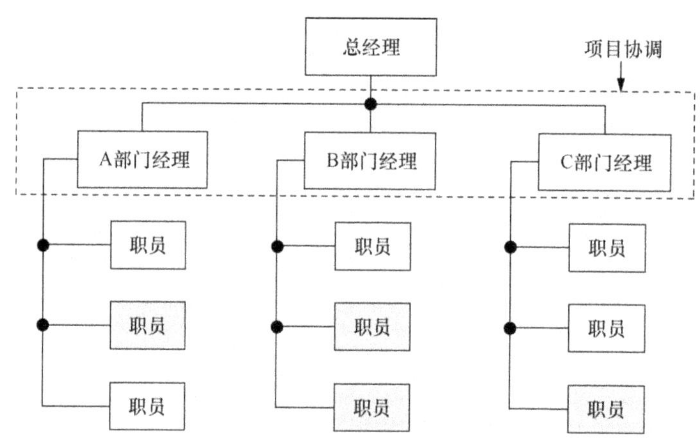

图 8.2 职能型组织结构

职能型项目组织结构主要有以下优点：以职能部门作为承担项目任务的主体，可以充分发挥职能部门的专业优势和资源集中优势，有利于保障项目需要资源的供给和项目可交付成果的质量。职能部门内部的技术专家可以同时被该部门承担的不同项目所使用，节约人力，减少了资源的浪费。同一职能部门内部的专业人员便于相互交流、相互支援，对创造性地解决技术问题很有帮助。此外，项目成员可以将完成项目和完成本部门的职能工作融为一体，可以减少因项目的临时性给项目成员带来的不确定性。

职能型项目组织结构的缺点主要包括：不能完全做到以项目目标作为驱动力和导向，职能部门往往集中精力于对本部门有益的工作上，而项目和客户的利益可能得不到优先考虑。项目决策过程要经过多个管理层，过程繁琐，因此对客户和市场的需求反应迟钝而且容易失真。当项目需要由多个部门共同完成时，权力分割不利于各职能部门之间的沟通交流、资源调配、团结协作。项目成员在行政上仍隶属于各职能部门的领导，项目经理对项目成员没有完全的领导权。

2. 项目型组织结构

项目型组织结构就是指完全根据项目需要创建独立项目部门，项目部门的经营与其他单位分离，企业分配给项目部门一定的资源，然后授予项目经理管理项目的最大自由。项目型组织结构是一种面向项目目标的垂直组织方式，存在一个项目就有一个项目部门，如图 8.3 所示。

在这种组织结构中，项目经理具有高度独立性、对项目享有完全的领导权。

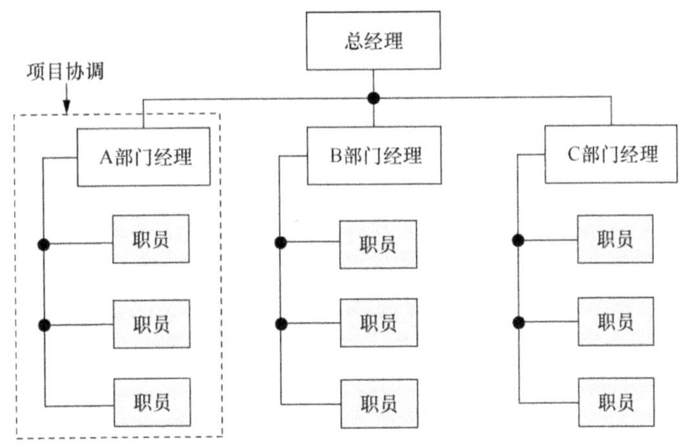

图 8.3　项目型组织结构

项目型组织结构的优点在于：项目经理对项目可以全权负责，可以根据项目需要灵活调动项目组织的内部资源或者外部资源。项目型组织的目标单一，完全以项目为中心安排工作，能够对客户的要求作出及时响应，有利于项目的顺利完成。组织结构简单，项目成员直接属于同一个部门，彼此之间的沟通交流简洁、快速，提高了沟通效率，同时也加快了决策速度。

项目型组织结构的缺点在于：当一个公司有多个项目时，每个项目有自己一套独立的班子，这将导致类似项目的重复努力和规模经济的丧失。项目团队自身是一个独立的实体，容易与其他组织之间出现一条明显的分界线，从而削弱组织之间的有效融合。没有强大的职能群体，技术支持困难，也阻碍了企业能力的持续提高。在项目完成以后，项目型组织的使命即完成，项目成员有可能闲置甚至被解雇，对项目成员来说，缺乏一种事业上的连续性和安全感。

3. 矩阵型组织结构

矩阵型组织结构同时具有职能型组织结构和项目型组织结构的特征，试图把两者的优点结合起来。在该组织结构中，根据项目的需要，从不同的职能部门中选择合适的人员组成一个临时项目组织，由项目经理领导，他对项目的成功负有全部责任。职能部门有责任向项目提供最好的技术支持。矩阵型组织结构如图 8.4 所示。

矩阵型组织结构的性质有强弱之分，这取决于项目经理对所拥有的职能资源的影响力。当项目经理比职能经理对职能资源的使用有更大影响力时，矩阵结构才是强有力的。此时项目经理有能力提供技术指导、委派职责，对项目成员的工作成效有很大影响。如果职能经理比项目经理更有影响力，那么矩阵结构就是弱的。

矩阵型组织结构的优点是：专职的项目经理负责整个项目，以项目为中心，能迅速解决问题。企业的多个项目可以共享各个职能部门的技术骨干和其他资源，节约成本。项目的组织结构既有利于项目目标的实现，也有利于公司宏观目标方针的贯彻。此外，项目成员在事业稳定性上的顾虑减少了。

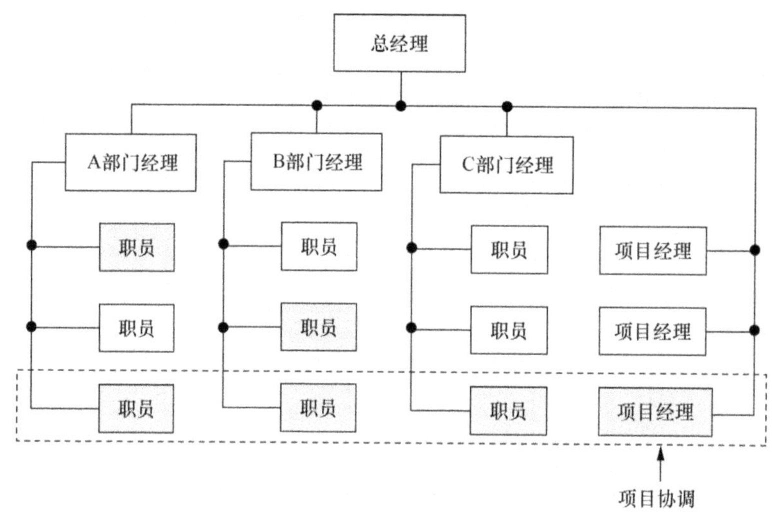

图 8.4 矩阵型组织结构

矩阵型组织结构的缺点是：容易引起职能经理和项目经理权力的冲突，资源共享也可能引起项目之间的冲突。项目成员（处在矩阵行和列的交织处）有多头领导。他们的任用、升迁、解雇的权力仍由职能部门经理把持,而职能部门经理对他们的绩效考核又必须通过项目经理才能完成。当职能部门经理和项目经理的命令相冲突时，可能会出现无所适从的情况。

在使用矩阵型组织结构时，要注意以下几点。

（1）横向的项目组织与纵向的职能部门各自负责的工作和管理内容要明确，否则容易造成责任不清、双重指挥的混乱局面。因此矩阵型组织良好运作的关键是这两类部门的协调。

（2）由于项目经理和职能经理都有各自的权力和责任，他们必须站在项目大局的高度进行良好的沟通和协调。避免出现以下情况：项目经理只考虑什么对自己的项目有利（而不关心其他任何方面），职能经理则认为自己的部门比任何项目都重要。

（3）由于项目成员往往来自不同的职能部门，其工作目标和工作方法可能有所差异，在项目初期的磨合阶段可能会产生矛盾。要求项目经理及时识别矛盾，并控制和疏导由此产生的对抗。

（4）由于项目成员从属于某个职能部门，项目经理必须解决好以下问题：如何才能激励成员为项目工作，并保证对项目忠诚。当项目指令和规则与部门政策相冲突，尤其是当成员感到自己的职能部门上司可能会对自己不满时，如何说服他按项目的要求做?

从以上介绍可以看出，没有一种组织结构类型是万能的，要根据项目的实际要求和项目所处的企业环境进行选择。

4. 项目组织结构的设计

选择了项目组织结构的类型，只是在宏观上确定了项目组织结构的性质。在此基础上，还要设计项目组织的各组成部分及其报告关系、责任关系。设计结果通常用项目组织结构图表示。

对于大型项目，可以分层次进行设计，即先考虑整体的组织结构，再逐层细化。例如，某软件项目的整体组织结构如图 8.5 所示。图中的箭头线表示管理流。

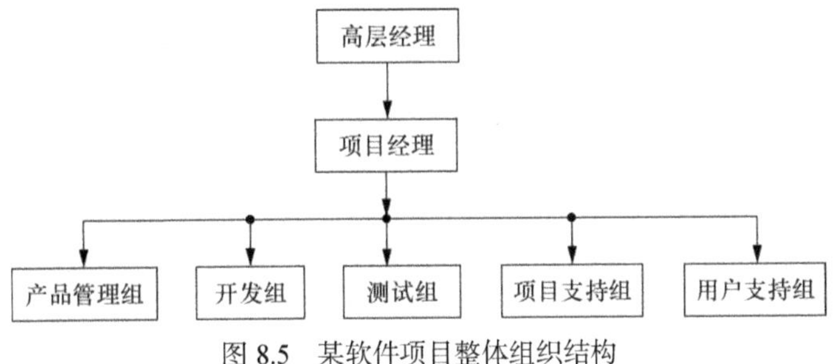

图 8.5　某软件项目整体组织结构

对图 8.5 所示的软件项目整体组织结构还要进一步细化，例如对“项目支持组”的组织结构进行设计，得到图 8.6 所示的下一层组织结构。

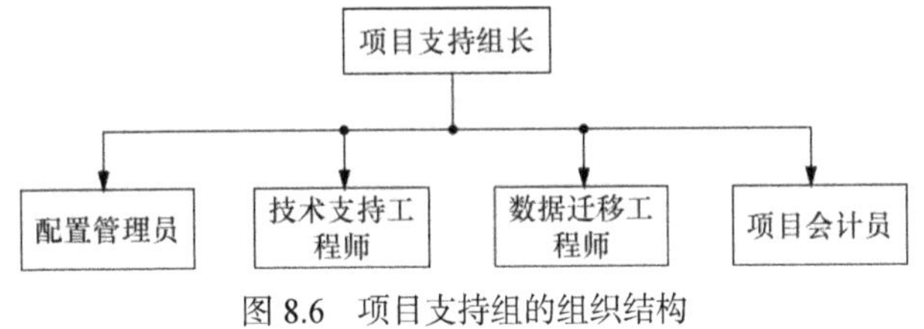

图 8.6　项目支持组的组织结构

8.2.3　软件开发小组结构

在大型软件项目中，通常根据软件的功能模块将从事开发的人员划分为若干小组（Team），每个小组负责一个功能模块的开发。小组的组织结构对小组的工作效率和工作质量有很大影响。

软件开发小组的人员要“少而精”。人数太多的小组会产生较大的沟通开销和沟通问题，影响工作效率和软件质量。

软件开发小组的结构形式可分为 3 类。

（1）民主分散型（Democratic Decentralized，DD）。小组没有固定的领导，而是根据不同的任务来指定临时的任务协调员。决策由小组通过协商来共同制定，小组成员之间的通信是水平的。

（2）控制集中型（Controlled Centralized，CC）。顶层的问题解决和小组内部协调由小组领导负责。小组领导和小组成员之间的交流是垂直的。

（3）控制分散型（Controlled Decentralized，CD）。这种结构形式综合了前两种结构形式的特点。小组有一个固定的领导，来协调不同的任务。问题的解决是集体行为，但解决方案的实现由小组领导划分给不同的成员或成员组。个人和成员组内部的交流是水平的，同时也存在沿着控制层次的垂直交流方式。

以上几种软件开发小组的结构形式各有其特点和适用范围。集中式的小组结构有权威指导和统一管理，能以较快的速度完成任务，适用于处理简单问题。分散式的小组结构能够激发人员的创造力和集体智慧，产生更多、更好的解决方案，因此更适合于解决困难的问题。

民主分散型（DD）的小组容易产生更高的士气和工作满意度，因此适用于那种生存期较长的小组。民主分散型的结构内部通信路径较多，通信开销也较大，但适用于解决那种可模块化程度较低的问题，因为解决这样的问题需要大量的通信和交互。如果需解决的问题可以被高度模块化，控制集中型（CC）和控制分散型（CD）小组结构则比较适合。此外，有经验表明，CC 和 CD 型小组产生的软件缺陷比 DD 型小组少。

因此，选择软件开发小组结构时，主要应考虑以下因素。

- 需解决问题的难度。
- 程序的规模（用代码行或功能点度量）。
- 小组存在的时间（小组生命周期）。
- 问题可已被分解和模块化的程度。
- 对系统的质量和可靠性的要求。
- 系统交付日期的紧迫性。
- 项目所需要的交流的频繁程度。

在软件产业界，最早的开发小组结构形式是控制集中型，其代表是 “主程序员小组”（Chief Programmer Team），由 IBM 公司于 20 世纪 70 年代初期开始采用。主程序员小组的结构如图 8.7 所示。

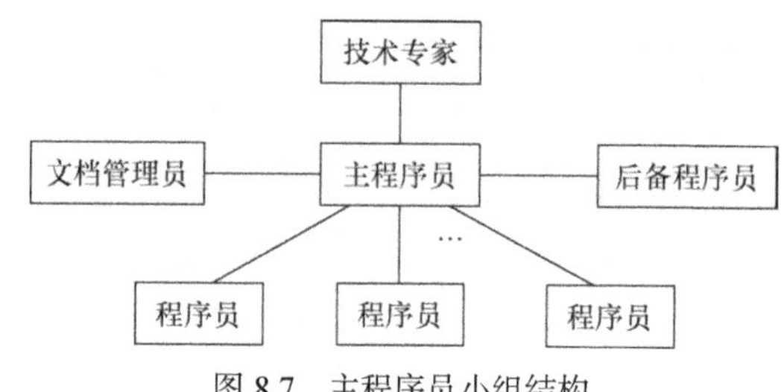

图 8.7　主程序员小组结构

主程序员小组的核心是一个具有丰富经验的工程师（主程序员），他负责计划、协调和审查小组的所有技术活动。程序员（通常 2～5 人）负责分析和开发任务。一个后备程序员支持主程序员的工作，并在必要时可替换主程序员的工作。可能还会有若干技术专家、书写员及文档管理员来支持主程序员。文档管理员可以为多个小组服务，他的工作包括：维护和控制所有软件配置项，收集和整理相关数据，分类和索引可复用软件构件，支持小组的研究和评估工作等。

作为例子，这里简单介绍一下微软公司的软件开发小组。在微软，一个稍大一些的产品部门，分成几个功能块组（Feature Team）。每个功能块组一般负责一个具体的功能模块，并由 10～50 人组成。根据功能模块的大小，功能块组又可能被分成若干子功能块小组，最后每个功能块小组一般不超过 10 人，其中至少会有一个程序经理（Program Manager）、几个开发人员和几个测试人员。

程序经理全权负责该小组的功能模块的完成。对功能进行定义、规划和设计；进行各种决策，掌握进度；协调开发和测试人员的工作并跟踪错误；协调本开发小组和外部其他部门（市场、用户支持、产品设计等）的工作。因此程序经理是管理者和协调者，不直接参与编程和测试。

8.2.4　项目人员职责分配

项目经理要为项目组织中的部门或个人分配职责，避免因责任不清而造成工作互相推诿，责任互相推卸的现象。责任分配矩阵（Responsibility Assignment Matrix，RAM）是用来对项目团队成员进行分工，明确其角色与职责的有效工具。表 8.1 是责任分配矩阵的一个例子。

表 8.1　责任分配矩阵的例子

部门	WBS 任务					
	1.1	1.2	1.3	1.4	1.5	……
开发部门	R	RP				
测试部门			RP			

续表

部门	WBS 任务					
	1.1	1.2	1.3	1.4	1.5	……
项目支持部门				RP		
硬件部门	P					
用户支持部门					RP	
……						
R：负责者 P：执行者						

对于很小的项目，可以通过 RAM 把职责直接分配给个人；对于较大的项目，RAM 可以划分出多个层级，先把职责分配给子团队或部门，然后再继续细分。

如果需要详细描述角色的职责，也可使用文字叙述的方式，包括角色的职责、授权、能力和资格等信息。这样的文件可以称为岗位描述、角色-职责-授权表格等，对将来的项目有很好的参考价值。

8.2.5 人员配置管理计划

人员配置管理计划描述何时以何种方式满足项目的人力资源需求。在项目期间，人员配置管理计划可能会不断进行更新，以指导项目的人员招募和团队建设工作。根据具体项目的需要，人员配置管理计划可以是详细的或宽泛的，内容也有所区别，但一般应考虑以下内容。

（1）项目团队组建的相关问题。例如，人力资源来自于组织内部还是外部，团队成员需要同地办公还是远距离分散办公，组织的人力资源部门可以为项目管理团队提供多大程度的支持。

（2）时间表。说明项目对每个或每组团队成员工作时间的安排，以及招募活动何时开始。

（3）成员遣散安排。确定团队成员的遣散方法和时间。在最佳时机把团队成员撤离项目，可节约成本，而且如果把成员平滑过渡到其他项目中去，可提高士气。

（4）培训需求。如果预期分派的项目成员不具备所需的技能，则可以制定相应的培训计划。

（5）表彰和奖励。用明确的奖励标准和有计划的奖励系统来促进所期望的员工行为。

（6）合规性。人力资源的使用要符合相关的政府规定和其他既定的人力资源政策。

8.3 团队人员获取

团队人员获取就是根据项目团队的角色和职责、项目组织结构图和人员配备管理计划，获取完成项目工作所需的人力资源。

8.3.1 获取团队人员的方法

获取团队人员一般采取以下几种方法。

（1）预分派

在某些情况下，一些成员已预先分派到项目中工作，例如在竞标过程中承诺分配特定人员到项目中，或项目的成功依赖于特定人员的专有技能。

（2）谈判

大多数人员的获取需要经过谈判。项目经理需要与职能部门经理或其他部门负责人谈判，以获得所需要的人员。在谈判时，项目的影响力会起作用，例如，一位职能经理在决定把一个各项目都抢着要的优秀人才分配给哪一个项目时，会考虑本部门能得到哪些益处和项目的知名度。

（3）招募

当企业缺少完成项目所需的内部人才时，就需要从外部获得所需服务，包括招聘和分包。

在获取和任用项目团队人员时，除考虑人员的专业技能外，最好能结合人员的性格特征和兴趣，做到“知人善任”。

在获取团对人员后，应确定人力资源可利用情况。人力资源可利用情况记录了项目团队成员在项目上可工作的时间，明确了项目团队成员在时间安排上的冲突，包括休假时间和承诺给其他项目的时间。这些信息是制定可靠的项目进度计划所必需的。

实际的项目人员分配很少能够完全符合最初的人员配置管理计划，因此在获取团对人员后，往往需要对人员配置管理计划进行必要的变更。

8.3.2 虚拟团队

虚拟团队为项目团队人员的招募提供了新的可能性。虚拟团队是指拥有共同目标，但工作地点分散，在工作过程中很少或完全不面对面交流的一组人员。

现代电子通信设施的完善（电子邮件、即时通信、视频会议等）使虚拟团队成为可能。

虚拟团队有以下优点。

（1）可以组建在同一组织工作，但工作地点十分分散的团队。

（2）雇用方式更为灵活，可以为项目团队增加特殊技能和专业知识，即使项目人员不在同一地理区域。

（3）可以纳入在家办公的员工。不仅节省了工作空间和设备的费用，而且可能提高工作效率。

（4）可以安排不同时区的人员的任务分工来减少任务的持续时间。例如，一个虚拟团队包括了在中国的软件开发人员和在美国的测试人员，那么中国的软件开发人员在今天下班的时候提交新的集成版本给美国的测试人员，第二天早上上班的时候就可以得到测试结果。

（5）可以把行动不便的人纳入项目团队。

但虚拟团对也有以下约束。

（1）由于虚拟团对成员之间的交流受到限制，因此分配给虚拟团队员工的任务需求要十分明确。

（2）要做好协调工作。协调分散的员工也许很难，特别是跨国和跨时区的情况。

（3）计算工作量和付费也许需要按件或按量计算，而不是按工时计算，因为对于分散的团队，计算工时很困难。

（4）远程或者素不相识的协作者之间也许缺乏信任感。

8.4 团队建设和日常管理

项目团队建设是指提高团队成员的技能，以加强他们完成项目活动的能力；提高团队成员的信任感和凝聚力，以促进团队协作。项目团队日常管理是指通过观察团队的行为、管理冲突、解决问题，以及评估团队成员的绩效，来促进项目的进展。

团队建设和日常管理涉及到人际关系和人的情感、动机等因素，因此不仅需要制度上的保障，还需要项目管理者的“情商”，进行“人性化管理”。

团队建设和日常管理工作主要包括培训、人员激励、绩效考核、冲突管理等。

8.4.1　培训

培训的目的是提高项目团队成员的能力。培训可以是正式或非正式的，培训方式包括课堂培训、在线培训、计算机辅助培训、在岗培训（由其他项目团队成员提供）、辅导及训练。

如果项目团队成员缺乏必要的管理或技术技能，可以把对这种技能的培养作为项目工作的一部分。应该按人员配置管理计划中的安排来实施预定的培训，也应该根据管理项目团队过程中的观察、交谈和绩效评估的结果来开展必要的计划外培训。培训可以由组织内部或外部培训师来执行。

8.4.2　人员激励

激励就是通过一定的引导行为来激发团队成员的工作动机和工作热情。常见的激励方式有薪酬激励、机会激励和情感激励等。由于每个人的需要可能都有特殊性，所以激励措施要因人而异。

根据马斯洛的需要层次理论，人有不同层次的需要。在软件企业中，知识型员工普遍追求高层次的需要，因此企业管理者不能只停留在满足员工低层次的需要上。例如，知识型员工的自尊心强，需要被人尊重，因此不要在公开场合批评和贬低员工的工作。软件开发人员是追求自我实现的群体，企业管理者可以帮助他们制定职业生涯规划，尽力提供培训、工作锻炼的机会来帮助员工实现其职业发展需要。

8.4.3　绩效评估

绩效评估就是工作行为的测量过程，即用过去制定的标准来比较工作绩效的记录及将绩效评估结果反馈给职工的过程。绩效评估的根本目的是发现问题，完善工作，并使员工更好地发展，而不是为了惩罚绩效不好的员工。

按照目的划分，绩效评估的类型有：奖金分配评估、提薪评估、业绩评估、人事评估、职务评估和晋升评估等。

绩效评估一般程序如下。

（1）建立业绩考核体系。

（2）将业绩期望告知员工。

（3）测量实际业绩。

（4）比较实际业绩和考核标准。

（5）进行矫正。

8.4.4　冲突管理

项目的高压环境、责任模糊、技术上的不同观点等都可能引起团队成员之间的冲突。如果适当管理，冲突的解决会带来益处，有助于提高创造力和做出好的决定，相反则会带来负面影响。

要管理冲突，应回答下面几个问题：

- 为什么会产生冲突？
- 该怎样处理冲突？
- 能否预测和防范冲突？

冲突的诱发因素有很多，常见的有项目管理方式方法、技术见解、人力资源分配、成本估计和进度规划等。各种原因的冲突在项目的不同阶段，其表现强度是不同的。例如，技术冲突和管理方式方法冲突在项目后期的表现强度较弱，而在项目的中期则相对较强。

冲突的处理方式主要有以下几种。

（1）问题解决（Problem Solving）：也称为“正视”（Confrontation）。双方一起积极地定义问题，收集问题信息，开发并且分析解决方案，直到最后选择一个最合适的方法来解决问题。这是冲突管理中最有效、最可取的一种方法。

（2）妥协（Compromising）：双方协商并且都做出一定程度的让步，寻找一种能使双方都可接受的方法。

（3）求同存异（Smoothing）：双方都关注他们同意的观点，而避免冲突的观点。

（4）撤退（Withdrawal）：把眼前的问题搁置起来，等以后再解决。

（5）强迫（Forcing）：采用一方的观点，否定另一方的观点。属于“赢-输”式的处理方式，除非有特殊情况，一般不推荐这种方法。

采用哪种处理方式视冲突的具体情况（为什么冲突？与谁冲突？）而定。

在项目初期就应该对冲突管理进行计划，分析在项目的各阶段会出现哪些冲突，该怎样避免，怎样处理。但不适合在整个企业层次上建立冲突管理的政策和程序，因为每个项目产生冲突的情况和解决冲突的方法都有特殊性。

8.5 沟通管理

沟通是人与人之间的思想和信息的交换。沟通从一定意义上讲，就是管理的本质。据统计，项目经理 80%以上的时间用于沟通管理。沟通失败是项目失败的重要原因。

沟通管理就是确定项目干系人的信息需要，并保证以合适的方式，把信息及时传递给他们。

8.5.1 沟通需求分析

通过沟通需求分析可以明确各种项目干系人的信息需求。例如开发人员需要用户需求信息和技术信息，高层管理者需要项目总体进度、成本、质量信息，用户则需要进度信息和发布信息。信息需求包括信息的类型和格式以及该信息的价值。不要向项目干系人传递对他没有价值的信息。

为降低通信开销，应限制通信渠道。因此沟通需求分析需要依据项目组织结构图和项目团队成员的职责关系。

8.5.2 沟通方式

沟通方式可按不同的标准进行分类。例如，按传播媒介的方式可划分为书面沟通、口头沟通和电子媒介；按组织系统可分为正式沟通和非正式沟通；按信息传播方向可分为上行沟通、下行沟通、平行沟通和越级沟通。采用什么沟通方式取决于信息的内容、对信息需求的紧迫性以及项目环境等。

这里介绍一下项目中的正式沟通和非正式沟通。

（1）正式沟通是通过项目组织明文规定的渠道进行信息传递和交流的方式。正式沟通的一种主要形式是“项目评审”。项目评审以会议的方式进行，用来检查项目当前的执行情况，并确定采取的管理措施。项目评审可分为 3 种：定期评审、阶段评审和事件评审。

① 定期评审是根据项目计划和跟踪采集的数据定期（例如每周）召开评审会议，对项目的执行状态进行评审，检查项目规模的变化、各项责任落实情况、项目进度是否得以保证、资源调配是否合理等，对于出现的偏差制订纠正措施。不同的项目人员可以在定期评审会议上正式地交流沟通。

② 阶段评审也称里程碑评审，是指在项目计划中规定的时间点（或里程碑处），对该阶段的任务完成情况和产品进行评审，目的是检查当前计划的执行情况，检查产品是否合格，对项目风险进行分析处理，并对下一阶段的项目计划进行必要的调整。

③ 事件评审是指对项目进行过程中相关人员提交的事件报告（主要指对项目进度、成本、质量有影响的事件）进行评审，分析事件性质和影响范围，讨论事件处理方案，并判断是否影响项目计划，必要时采取纠正措施。

以上各种项目评审结束后，要产生一个评审报告，包括评审结果和所发现的问题，评审报告要及时发布，这样可以使项目相关人员了解项目的当前状态、进展以及下一步的工作计划。项目周报是一种很常用的定期评审报告，本书附录 A.7 给出了软件项目周报的模板。

（2）非正式沟通指在正式沟通渠道之外进行的信息传递和交流，它具有随意性和灵活性，人员可多可少，时间可长可短，沟通的媒介也多种多样，并没有一个固定的模式或方法。例如聊天、非正式的面谈或聚会等都是非正式沟通。

软件项目团队中存在着大量非正式沟通。非正式沟通补充了正式沟通的不足（正式沟通缺乏灵活性，且可能给项目人员带来压力），满足了项目人员的需要。因此作为管理者，应该为项目成员间的非正式沟通提供条件。

8.5.3　项目沟通管理计划

项目沟通管理计划确定项目相关人员的信息和沟通需求：谁需要什么信息、什么时候需要、怎样获得、选择的沟通方式等。沟通管理计划是整个项目计划的一个附属部分，应在项目的前期阶段完成。在项目进行过程中，要根据沟通需求随时对其进行检查和修订，以保证它的持续有效性和适用性。

项目沟通管理计划一般包括以下内容。

（1）项目干系人的沟通需求：他们需要什么信息，什么时候需要，这些信息对他们有什么价值。

（2）沟通方式。描述传达信息所需的技术和方法。

（3）人员联系方式。

（4）工作汇报方式：明确表达项目组成员对项目经理或项目经理对上级和相关人员的工作汇报关系和汇报方式，明确汇报时间和汇报形式。

（5）沟通时间安排。确定一些正式沟通的时间和频率。

（6）沟通计划维护人：明确本计划在发生变化时，由谁进行修订，并对相关人员发送。

8.6　项目干系人管理

项目干系人是指能够影响项目或受项目影响的全部个人、群体或组织，如客户、发起人、执行组织、供应商等。项目干系人管理包括识别干系人，分析他们对项目的期望和影响，制定合适的管理策略来有效调动干系人参与项目决策和执行，在项目执行过程中与干系人持续沟通，以便了解他们的需要和期望，解决实际发生的问题，管理利益冲突。应该把干系人满意度作为一个关键的项目目标来进行管理。

在项目早期就应该识别干系人，并分析和记录他们的相关信息。这些信息包括他们的利益、参与度、相互依赖和影响力等。干系人可能来自组织内部的不同层级，具有不同级别的职权；也可能来自项目执行组织的外部。由于项目经理的时间有限，必须尽可能有效利用，因此应该按干系人的利益、影响力和参与项目的程度对其进行分类，这样可使项目经理能够专注于那些与项目成功密切相关的重要关系。

识别项目干系人的常用方法是干系人分析。干系人分析通常应遵循以下步骤。

（1）识别全部潜在干系人及其相关信息，如他们的角色、部门、利益、知识、期望和影响力。关键干系人通常很容易识别，包括所有受项目结果影响的决策者和管理者，如项目发起人、项目经理和主要客户。通常可对已识别的干系人进行访谈，来识别其他干系人，扩充干系人名单，直至列出全部干系人。

（2）分析每个干系人可能的影响和支持，并把他们分类，以便制定管理策略。在干系人很多的情况下，就必须把干系人排序，以便有效分配时间和精力，来了解和管理干系人的期望。

（3）评估关键干系人对不同情况可能做出的反应或应对，以便策划如何对他们施加影响，提高他们的支持，减轻他们的潜在负面影响。

在整个项目生命周期中，要调动项目干系人适时参与项目，确保他们清晰地理解项目的目标、收益和风险，提升他们对项目的支持，并把来自他们的抵制降到最低，从而显著提高项目成功的机会。

8.7 软件专业人员的非技术素养

软件专业人员在其职业生涯中，不但要发展其技术能力，还要培养一些非技术素养（或称为人文素质）。只有具备了必要的非技术素养，才能在团队中有良好表现，进而促进个人和团队的发展。非技术素养包括很多方面，这里仅谈一下对个人发展和团队协作都非常重要的团队意识、主人翁精神、写和说的能力以及管理能力。

8.7.1 团队意识

团队意识就是团队成员为了团队的整体利益和目标而相互合作、共同努力的意愿和作风。团队意识具体表现在以下几点。

- 对团队的强烈归属感和一体感；
- 团队成员间的相互协作从而形成有机的整体；
- 对团队事务的尽心尽力和全方位投入；
- 使团队目标优先于个人目标；
- 愿意分享信息，理解别人的行为并产生适当的反馈；
- 当其他成员需要时给予帮助；
- 对别人的反馈作出积极的反应。

而违反团队意识的两种常见做法是：

- 不愿把自己的技术知识与别人分享，怕别人威胁自己的职位；
- 不喜欢与别人交流，不愿求助于别人，有问题后孤军奋战。

当工作在一个团队中时，要善于利用集体的智慧解决难题，如果你试图自己去做每一件事情，结果必然是既慢又不是最好的。例如微软公司的软件团队就善于发挥集体智慧，当一个员工遇到一个自己无法解决的难题时，他会将问题描述清楚，然后通过 E-mail 或会议的形式告诉大家，请大家一起来解决。通常很快就会有人告诉他解决办法。

8.7.2　主人翁精神

主人翁精神是指对团体及其产品有一种“拥有”意识，因此主动关心团体的利益并愿意为之付出努力。主人翁精神还表现在发挥主观能动性、敢于负责、勤于思考、勇于做出判断并表达自己的意见。这样一种态度和那种被动消极的工作态度迥然不同，产生的效果也大相径庭。

当你加入一个产品开发团队以后，无论团队是只有一两个人，还是成百上千人，你都是产品的一个负责人（Owner），都要有这样一种精神和意识：“这是我的作品，我将制作它，我希望它能成功！”

以下是微软公司内部的一个案例，从该案例中可以清楚地看到主人翁精神的发挥会给团队和企业带来什么样的益处。

凌工是微软 Visual Studio 开发团队的一员。那时 Visual Studio 产品中需要增加一种 Graphic Layout 功能，即能够将数据库中的数据以图形的方式显示出来。当时微软还没有这方面的成熟技术，于是 Visual Studio 的产品经理就同一家公司进行谈判，准备获得这家公司的授权直接使用他们的产品。这是因为微软有这样一种策略：如果需要具备某种新功能的产品，那么能买到就买；如果买不到再考虑重用以前的代码；如果实在无法重用以前的代码，才会考虑编写代码来实现。

这项交易数额达 100 万美元，而且微软只能被授权使用该产品的执行代码，而不能获得源代码。当产品经理同这家公司进行谈判的时候凌工并不知道。后来他一听说这项交易，就马上找到产品经理，要求看一下那家公司的产品具有哪些功能。看完以后，他对产品经理说：“不要买这家公司的产品，我们自己也能做出具有同样功能的产品。”

但当时微软没有这样的产品，又能买到，所以产品经理不太同意他的想法。于是凌工让产品经理给他三天的时间考虑一下。在这三天里，他冥思苦想，反复修改设计方案，最终拿出了一个初步方案。凌工给产品经理看了方案以后，他觉得非常有道理，于是又给了凌工几天时间对这个方案进行完善，同时把那家公司的合同签订时间推迟了。凌工一步一步地对方案进行了充实完善，同时对产品经理说：“这家公司没有提供该产品的源代码，以后出现问题或者升级时都要受制于人，如果该公司倒闭了，那我们就更麻烦了，很有可能会导致我们不得不重新开发该产品。因此，还不如我们现在就自己开发出来，况且，实现起来并不是很困难”。于是产品经理就找了七八个高级经理一起来研究凌工的方案，最后都觉得他说的有道理，于是当场就决定取消同那家公司的交易，由微软自己来开发。

在以上案例中，我们很难想象如果凌工没有对企业和团队的主人翁精神，他会有那样的行为。为了企业和团队的利益，他充分发挥主观能动性，积极思考，勇于承担责任，提出改进方案，避免了企业的损失。试想，他作为团队的普通一员，如果只是被动地接受产品经理的错误决定，对自己并不会造成直接损失，但却不能为团队提出优秀的建议。

员工的主人翁精神的培养并不只是员工个人的事。企业领导也应采取适当的措施来促进员工形成主人翁精神。例如，适当放权，使员工能够在工作中做出决定，能够对自己的工作负责。再如，一些企业给员工配发股权，使员工成为企业股权的拥有者，收入与企业的经营效益息息相关，这样可增强员工对企业的拥有意识。

8.7.3 写和说的能力

写和说是人们向外界表达自己能力和才华的最重要途径，可是表达能力低下却是许多研发人员的通病。要提高写和说的能力，首先要破除“表达能力不重要，而技术才能才是最重要的”错误观念。软件专业人员在团队中要不断与别人沟通，如果表达能力差，就无法与别人良好协作，也无法胜任需求开发、系统设计、管理等高层次的工作。

培养写和说的能力没有什么捷径，只有通过多练。要珍惜每一次写文档、会议发言、作报告的机会，保证质量完成任务，通过多练逐步提高。在写文档时要注意内容充实、逻辑清晰、证据充分、措辞准确。在当众发言（会议、演讲、报告、讲课等）之前要做充分准备，发言时要仪表整洁，声音响亮，用语恰当。

8.7.4 管理能力

管理能力是指带领团队完成目标的能力。软件专业人员的职业生涯发展到一定阶段后，不仅要关注怎样把自己的工作做好，还要关注怎样引导和影响别人把工作做好。

在软件行业，很多管理者都是先搞技术，有了技术经验和能力后再逐步转向管理，这是一种稳扎稳打的职业发展模式。因为软件行业的大部分职位都有很强的技术性，不懂技术往往很难胜任管理工作。

但需要注意的是，要做好管理工作，不仅要用脑，而且要用心，不仅要有智商（IQ），而且要有情商（EQ）。因为管理的对象是人，人都有心理和感情。软件专业人员都擅长程序式的逻辑思维，但切忌试图用程序式的逻辑思维来解决所有关于人员管理的问题。

怎样培养管理能力？答案是学习加实践。首先要学习本行业基础的管理知识，主要包括软件项目管理知识和软件过程改进方面的知识（如 CMMI）。其次要不断实践，从底层管理者做起，积累经验，提高能力。

8.8 案例分析

本节介绍“软件缺陷管理和度量系统”项目的人员组织结构。

该项目规模不大，因此所有项目人员均来自组织内部，都在同一地点工作。项目采用矩阵型组织结构，团队中的角色和对应的人员如表 8.2 所示。

表 8.2 “软件缺陷管理和度量系统”项目团队角色和人员

角色	人员
项目管理	刘海
软件开发	董辉，马甲兴，苗勇，龚晓庆，孙夏宁
质量保证	龚晓庆，孙夏宁
配置管理	刘海，龚晓庆
用户代表	张伟

项目管理人员的职责是制定项目计划，并对计划的事实进行监督和控制，负责项目组内部人员之间，以及项目组与高级管理者和市场部门之间的沟通协调。

软件开发人员的职责是软件的需求分析、设计、编码和测试，并配合质量保证人员进行过程和产品的评审。

质量保证人员负责制定过程和产品规范，进行过程和产品评审。

配置管理人员负责各种配置项识别、版本控制、系统集成等工作，并负责配置管理工具的维护。

用户代表参与需求评审和产品阶段性评审，负责产品的验收。

本章小结

软件项目团队管理就是采用科学的方法，对项目组织结构和项目全体参与人员进行管理，使项目组织各方面的能力得到充分发挥，同时促进高效的团队协作，以利于实现项目的目标。软件项目团队管理的主要内容包括项目组织的规划、团队人员获取、团队建设和日常管理、沟通管理、项目干系人管理。

项目组织的规划就是确定项目团队的角色，明确组织结构，分配人员职责，制定人员配置管理计划。不同的项目角色之间要形成一种相互配合、相互制约的关系，构成检查和平衡机制，共同促进项目目标的实现。项目的组织结构分为职能型、项目型和矩阵型 3 种类型。软件开发小组结构则可分为控制集中型、民主分散型和控制分散型 3 种。责任分配矩阵（RAM）是用来对项目团队成员进行分工，明确其角色与职责的有效工具。

可采用预分派、谈判和招募的方法获取团队所需人员。在必要的情况下可建立虚拟团队，虚拟团对的成员工作地点分散，通过电子通信设施进行沟通。

项目团队建设是指提高团队成员的技能，以加强他们完成项目活动的能力；提高团队成员的信任感和凝聚力，以促进团队协作。项目团队日常管理是指通过观察团队的行为、管理冲突、解决问题，以及评估团队成员的绩效，来促进项目的进展。团队建设和日常管理工作主要包括培训、人员激励、绩效考核、冲突管理等。

沟通管理就是确定项目干系人的信息需要，并保证以合适的方式，把信息及时传递给他们。沟通的形式分为正式沟通和非正式沟通。项目评审是最主要的正式沟通方式。

项目干系人是指能够影响项目或受项目影响的全部个人、群体或组织。项目干系人管理就是识别项目干系人，分析他们对项目的期望和影响力，采取措施有效调动他们参与项目的决策和执行。

软件专业人员必须具有一定的非技术素养（人文素养）才能够融入团队，促进个人和团队的发展。最重要的非技术素养包括团队意识、主人翁精神、写和说的能力以及管理能力。

习 题

1. 问答题

（1）什么是软件项目团队？它有什么特点？

（2）什么是软件项目团队管理？它包括哪些主要内容？

（3）项目型组织结构有哪些优点和缺点？

（4）人员配置管理计划一般包括哪些内容？

（5）通常采用哪几种方法获取项目团队人员？

（6）项目中解决冲突的方式主要有哪几种？

（7）项目沟通管理计划一般包括哪些内容？

2. 单项选择题

（1）以下有关软件项目团队角色的说法，哪个是错误的？（　　）

（A）不同角色之间是一种相互配合、相互制约的关系。

（B）项目经理是整个项目团队的核心角色，对项目的成败起着关键作用。

（C）不同角色之间的关系主要是上下级的汇报关系。

（D）应通过不同的角色设置，形成一个检查和平衡机制。

（2）以下有关职能型组织结构的叙述，错误的是（　　）。

（A）项目成员主要受他所在的职能部门的经理管辖。

（B）以职能部门作为承担项目任务的主体，可以充分发挥职能部门的专业优势和资源集中优势。

（C）可以减少因项目的临时性给项目成员带来的事业上的不安全感。

（D）有利于完全以项目目标作为工作驱动力和导向。

（3）最早由 IBM 采用的“主程序员小组”属于（　　）小组结构。

（A）控制集中型　　（B）民主分散型　　（C）控制分散型　　（D）矩阵型

（4）以下叙述中哪一个不是虚拟团对的特点？（　　）

（A）可以组建在同一组织工作，但工作地点十分分散的团队。

（B）可以纳入在家办公的员工。

（C）成员之间的交流受到一定限制。

（D）易于按工时计算成员的工作量。

3. 名词解释

（1）虚拟团队。

（2）项目干系人。

（3）团队意识。

第 9 章 软件项目风险管理

由于项目的独特性和不确定性，在项目中普遍存在着风险，而软件项目由于其特有的复杂性和可变性，会面临更多更大的风险。对这些风险，如果不进行管理，一旦风险变成现实，会给软件项目造成许多负面影响，甚至导致项目失败。因此风险管理是软件项目中一个非常重要的工作。

9.1 概述

在讲述风险管理的具体方法之前，本节首先介绍有关风险管理的一些基础概念和理论。

9.1.1 风险及其属性

比较经典的风险（Risk）定义是由美国人韦氏（Webster）给出的："风险是遭受损失的一种可能性"。这个定义包含两层含义：第一，风险会造成损失。对一个项目来说，损失可能有各种不同的后果形式，如产品质量的降低，费用的增加或进度的推迟等。第二，风险的发生是一种不确定性随机现象，可用概率表示其发生的可能程度。

完整地描述风险的属性对于风险管理来说是非常必要的，一般来说，风险具有以下属性。

- 风险事件；
- 风险发生的原因；
- 风险发生的概率；
- 风险的影响（风险一旦发生，将对项目产生什么影响）；
- 风险发生的频率；
- 与其他风险相比较的重要程度；
- 风险防范策略和应对策略；
- 风险责任人。

项目中的风险源于项目中存在的不确定性。从广义的角度说，不确定性既可以给项目带来消极影响，也可以带来积极影响。因此在经典的项目管理理论中（例如 PM-BOK），把那种可以给项目带来积极影响的不确定性事件也称为风险，也是风险管理的对象。但从务实的角度来看，在项目中大量存在的是产生消极影响的风险，风险管理主要关注的也是这一类风险。

9.1.2 风险的分类

不同的风险有不同的表现，因此人们在项目管理活动中，通常按照一定的标准对风险进行分类，以便于对其进行管理，常用的风险分类方法包括以下几种。

按风险的后果划分：纯粹风险、投机风险；

按风险的来源划分：技术风险、行为风险、经济风险、组织风险；

按风险是否可管理划分：可管理风险、不可管理风险；

按风险影响范围划分：局部风险、总体风险；

按风险的可预测性划分：已知风险、可预测风险、不可预测风险；

按风险后果的承担者划分：项目业主风险、承包方风险、投资方风险、设计单位风险、监理单位风险、担保方风险、政府风险等。

对于软件项目来说，也可根据需要采用上述某种方法对风险进行分类。此外，人们在大量的软件项目实践中，还总结出了以下最常见的、对项目目标影响最大的软件项目风险类别，可供项目管理者参考。

（1）需求风险。软件项目极为显著的特点就是信息的不对称性，掌握技术的开发者对用户业务缺乏理解，而熟悉业务的用户则对技术不了解，因此双方在沟通时会产生障碍。软件项目在初期确定的需求往往都是模糊的、不确定的，而且随着项目的进展，需求还可能不断变化，这些问题如果没有得到及时解决，就会对项目的成功造成巨大的潜在威胁，很可能产生无法交付的结果或者埋下危险的隐患。常见的与需求相关的风险有：需求不够明确、准确；缺少有效的需求变更管理措施，对需求变更缺少相关的分析评估；对用户不切实际的承诺；用户对产品需求缺少认同；用户对产品需求缺少清晰的认识；用户对产品的需求无限制地膨胀；用户不能经常性地参加需求分析和阶段性评审；用户与项目团队之间没有建立直接、快速的通信渠道；用户不具有基本的技术和信息化知识，等等。

（2）过程和标准方面的风险。规范的软件过程和软件工程标准是取得软件项目成功的重要保障。常见的有关过程和标准的风险有：组织没有建立适用于本组织的软件过程规范或标准；没有管理机制保证项目团队按照软件工程标准来工作；流程的重组和标准的改变使开发人员不适应，甚至有抵触情绪；没有采用配置管理来跟踪和控制软件工程中的各种变更，等等。

（3）组织和人员管理风险。软件项目最大的资源是人力资源，但一个不争的事实是 IT 行业的人员流动性大，个性较强，难于管理。一旦项目组织和人员发生变动，往往会关系到整个项目的成败，因此组织和人员管理是软件项目管理的一个重要课题。组织和人员管理方面的常见风险有：采用了不符合项目特征的组织结构和管理模式；人员离职或因特殊原因而不能参加项目工作；人员之间的沟通和协调产生障碍；人员之间产生冲突；因绩效评估、奖惩等方面的不当措施而挫伤员工的工作积极性；将项目的一部分外包给其他开发商，但与承包商之间缺乏良好的合作和沟通，等等。

（4）技术风险。软件项目所涉及的技术往往十分复杂，同时由于软件技术飞速发展，在项目中经常需要适当采用一些新技术，以更好地实现项目的目标。因此软件项目中经常隐含着技术风险，应在项目初期就识别出这些风险，以便下一步采取合适的预防措施。软件项目中可能涉及的技术风险很多，比如：团队对项目中的技术和工具缺少充分理解；缺少应用领域的经验和背景知识；采用了错误的技术和方法；需要对技术进行更新，但对新技术不熟悉；所采用的新技术不够成熟，等等。

9.1.3 软件项目风险管理

随着项目管理理论和实践的发展，人们更多地意识到项目中风险的存在及有意识地进行风险管理的必要性。20 世纪 80 年代后期，风险管理正式被列为项目管理的一个专门领域，其标志是美国项目管理学会（PMI）确认风险管理是其核心项目管理知识体系的组成部分之一。

风险管理是指项目管理组织对项目可能遇到的风险进行规划、识别、估计、评价、应对、监控的动态过程，是以科学的管理方法实现最大安全保障的实践活动的总称。风险管理的目标是控制和处理项目风险，减轻或消除风险的不利影响，以最低的成本取得对项目保障的满意结果，从而保障项目的顺利进行。

风险管理要求项目管理组织采取主动行动，而不应仅在风险事件发生之后才被动地应付。风险管理应贯穿于项目始终，在项目早期要识别出风险并确定有效的应对措施，在随后的项目执行过程中，还要持续地关注和反复评估风险。

风险管理可分为以下 5 个主要活动。

（1）风险规划：对风险管理进行系统规划和顶层设计，制定项目风险管理计划。

（2）风险识别：识别出项目中的风险，并对其进行描述和分类。

（3）风险评估：采用定性或定量的方法对风险发生的概率和产生的影响进行分析和评估。

（4）风险应对：确定应对风险的方案和措施。

（5）风险监控：在整个项目生命周期中跟踪已识别的风险，监测残余风险，识别新风险，实施风险应对方案并对其有效性进行评估。

风险规划是在项目启动之前或启动初期执行的活动，在进行风险规划的过程中，要对项目的主要风险进行识别、评估和制定应对方案。在随后的项目执行期间，不仅要监控已识别出的风险，还要不断地去识别和评估新的风险。本章的以下部分将对上述 5 个活动作详细介绍。

9.2　软件项目风险规划

风险规划（Risk Planning）就是制定项目风险管理的一整套计划，主要包括定义项目组及其成员风险管理的行动方案和方式，选择适合的风险管理方法，确定风险判断的依据，指定风险管理的角色和职责，概括风险识别和评估的结果并制定相应的风险应对策略等。风险规划的结果就是正式的“风险管理计划”（Risk Management Plan，RMP），有时也可将风险识别和评估结果以及相应的应对策略抽取出来，单独形成一份“风险规避计划”。

9.2.1　风险规划的依据

为了进行合理的风险规划，需参考各方面的信息，主要包括以下方面。

（1）项目计划（参见第 2 章）中所包含或涉及的有关内容，如项目目标、项目规模、项目利益相关者情况、项目复杂程度、所需资源、项目进度、约束条件及假设前提等。

（2）项目组织及个人的风险管理经验及实践。

（3）决策者、责任方及授权情况。

（4）项目干系人对项目风险的敏感程度及可承受能力。

（5）可获取的数据及管理系统情况：丰富的数据和运行良好的计算机辅助管理系统，将有助于风险识别、评估、定量化及对应策略的制定。

9.2.2　软件项目风险管理计划

风险管理计划是针对整个项目生命周期而制定的如何组织和进行风险识别、风险评估、风险应对、风险监控的计划，它详细说明了如何把风险管理步骤应用于整个项目之中，并说明了项目整体风险评价基准是什么，应当使用什么样的方法以及如何参照这些风险评价基准对软件项目整体风险进行评价。风险管理计划一般应该包括以下几方面的内容。

（1）方法：确定风险管理使用的方法、工具和数据资源，这些内容可随项目阶段及风险评估情况作适当的调整。

（2）角色与职责划分：明确项目中进行风险管理活动的角色定位、任务分工和相关责任人。

（3）风险承受程度：即风险承受限度标准。不同的项目团队对于风险所持的态度也不相同，这将影响其对风险认知的准确性，也将影响其应对风险的方式。应当为项目制定适合的风险承受标准，对风险的态度也应当明确地表述出来。

（4）项目风险管理时间与频率：界定项目生命周期中实施风险管理活动的各个阶段，以及风险管理过程的评价、控制和变更的次数或频率等，并把风险管理活动纳入到软件项目进度计划中去。

（5）预算：风险管理活动必然要产生一些成本，占用一些资源，因此应对风险管理进行成本预算。

（6）风险类别：风险类别清单可以保证对项目进行风险识别的系统性和一致性，并能保证识别的效率和质量，还可以为其他的风险管理活动提供一个统一的框架。

（7）基准：明确定义由谁在何时以何种方式采取风险应对行动，明确的定义可以确保项目团队与所有项目干系人都能够准确、有效地应对风险，防止对风险管理活动的理解出现不必要的分歧。

（8）汇报形式：规定风险管理各过程中应汇报和沟通的内容、范围、渠道及方式、格式等。汇报与沟通应包括项目团队内部之间的沟通及项目外部与投资方等利益相关者之间的沟通。

（9）跟踪和数据记录：确定如何以文档的方式记录项目进行过程中的风险和风险管理活动。风险管理数据文档可以有效地应用于对项目进行管理、监控、审计和总结经验教训等。例如，风险识别结果的记录、风险分析过程和结果的记录、风险应对策略及决策的依据和结果的记录、风险发生和处理的记录等一系列数据记录。

（10）风险概率和影响的定性等级：为了按照统一的标准管理项目中的风险，需要定义风险发生概率与影响程度的定性等级。有关这方面的内容，将在本章的 9.4 节中阐述。

（11）项目的主要风险及其特性：识别出的项目的主要风险及其特性描述，包括风险事件、发生概率、影响、原因、应对措施等。这一部分内容也可写在一份单独的“风险规避计划”中。

9.3 软件项目风险识别

风险识别（Risk Identification）是软件项目风险管理的基础和重要组成部分，其任务就是确定何种风险事件可能影响项目，并对风险的特性进行描述。

风险识别通常至少需要确定风险的 3 个相互关联的要素：第一，风险来源，如进度、成本、技术、人员等；第二，风险事件，即给项目带来消极影响的事件；第三，风险征兆，即风险事件的外在表现，如苗头和前兆等。

风险识别的依据包括以下几个方面。

（1）风险管理计划：其中确定的风险管理方法、风险承受程度、风险类别等都是风险识别最重要的依据。

（2）项目计划：其中的项目目标、任务、范围、进度计划、费用计划、资源计划、采购计划及项目参与各方和其他利益相关者对项目的期望值等都是项目风险识别的依据。

（3）历史资料：从以前相关项目的历史资料中可以获取对本项目有借鉴作用的风险信息。

（4）制约因素和假定：项目的一些制约因素和假设的前提条件中可能隐藏着风险。

风险识别的方法有很多，本节以下部分主要介绍 4 种最常用的方法：核对表法、头脑风暴法、德尔菲方法、SWOT 分析法，并对其他方法作简要介绍。

9.3.1　核对表法

核对表将软件项目可能发生的许多潜在风险列于一张表上，供风险识别人员进行检查核对，用来判别某项目是否存在表中所列或类似的风险。核对表中所列都是从大量项目实践中总结出的常见风险，是项目风险管理经验的结晶。一个成熟的软件组织应掌握丰富的风险核对表信息。

软件项目风险核对表一般是根据风险来源编写的，它包括项目的技术、人员、进度、成本、需求、产品质量等方面的风险。例如，表 9.1 是 Barry Boehm 列出的软件项目最常见风险核对表的一个修订版本。

表 9.1　Barry Boehm 的软件项目风险及缓解策略表

风险	风险缓解技术
人员缺乏	配置高技能的员工；团队组建；培训和职业规划；为关键人员尽早安排日程
不现实的时间和成本估计	采用多种估计技术；增量开发；对过去项目的记录和分析；方法标准化
软件功能错误	正式的规格说明方法；用户调查；原型；早期用户手册
用户界面错误	原型；任务分析；用户参与
开发额外的不需要的功能（镀金）	需求清理；原型；成本/效益分析；费用设计
晚期需求变化	变更控制规程；高变更阈值；增量开发
外购构件缺陷	基准化；审查；正式规格说明；正式合同；质量保证规程
外部任务实现缺陷	质量保证规程；竞争设计或原型；正式合同
实时性能缺陷	模拟；基准化；原型；调整；技术分析
开发技术过难	技术分析；成本/效益分析；原型；员工培训

利用核对表进行风险识别的优点是快速而简单，可以用来对照软件项目的实际情况，逐项排查，从而帮助识别风险。但是这种方法受到可比性的限制比较大，很难做到全面周到，因为每个软件项目都有其特殊性。在软件项目的收尾过程中，应通过总结项目经验，对风险核对表进行检查和改进。

9.3.2　头脑风暴法

头脑风暴法又叫集思广益法，它是通过营造一个无批评的自由的会议环境，使与会者畅所欲言，互相启迪，从而产生出大量创造性意见的过程。头脑风暴法是解决问题的一种常用方法，它可以充分发挥集体智慧，保证群体决策的创造性，提高决策质量。将头脑风暴法应用于软件项目风险识别时，要将项目的主要参与人员代表召集在一起，然后利用他们对项目不同部分的认识，识别项目可能出现的各种问题，提出尽可能多的威胁和风险。

头脑风暴法的具体做法是：参加会议的人员轮流发言，无条件接纳任何意见，不加以评论。由一个记录人员记录提出的每一条意见，并写在白板上，可被所有参会人员看到。由于思想的互相启发，一些人可能会根据前面其他人的意见提出新的或改进的意见。在轮流发言过程中，任何一个成员都可以先不发表意见而跳过。这一过程循环进行，直到所有人员都没有新的意见或限定时间到。

应用头脑风暴法时要遵循的重要原则是：不进行讨论，没有任何判断性评论。对各种意见、观点的评判要放到事后进行，否则会影响会议的自由气氛。要认真对待任何一种意见，而不管其是否正确。

用头脑风暴法进行风险识别的优点是善于发挥相关专家和分析人员的创造性思维，从而可对软件项目的风险进行全面的识别，并可在此基础上根据一定的标准对软件项目风险进行分类。

9.3.3 德尔菲法

德尔菲（Delphi）法是一种匿名反馈的函询法，它被广泛应用于经济、社会、工程技术等领域，对一些问题进行预测或估算。该方法用于风险识别的具体做法是：把需要做风险识别的软件项目的情况分别匿名函询专家的意见，然后对意见进行整理、归纳、统计；再匿名反馈给各专家，再次征求意见，再集中，再反馈；直至各专家的意见趋向一致，作为最后的结论。

德尔菲法与其他的专家判断、访谈等方法有着明显的不同，要使用好该方法需要注意它的 3 个主要特点。

（1）德尔菲法中征求意见是匿名进行的，这有助于排除若干非技术性的干扰因素。

（2）德尔菲法要反复进行多轮的咨询、反馈，这有助于逐步去伪存真，得到稳定的结果。

（3）工作小组要对每轮的专家咨询结果进行统计、归纳，这样可以综合不同专家的意见，不断求精，最后形成统一的结论。

德尔菲法的优点是既能广泛征求专家意见，又可避免个人因素对软件项目风险识别的结果产生不良影响。

9.3.4 SWOT 分析法

所谓的 SWOT 是英文的 Strength（优势）、Weakness（劣势）、Opportunity（机遇）和 Threat（挑战）的简写。SWOT 分析法的基准点是对企业内部环境之优劣势的分析，在了解企业自身特点的基础之上，判明企业外部的机会和威胁，然后对环境作出准确的判断，作出合理决策。SWOT 分析法作为一种分析工具，应用非常广泛，也常用于项目风险的分析识别。

SWOT 分析法需使用道斯矩阵表，如表 9.2 所示。在分析时通常分为以下 5 步：

（1）列出项目的优势和劣势，可能的机会与威胁，填入道斯矩阵表的Ⅰ、Ⅱ、Ⅲ、Ⅳ区。

（2）将内部优势与外部机会相组合，形成 SO 策略，制定抓住机会、发挥优势的战略，填入道斯矩阵表的Ⅴ区。

（3）将内部劣势与外部机会相组合，形成 WO 策略，制定利用机会克服弱点的战略，填入道斯矩阵表的Ⅵ区。

（4）将内部优势与外部威胁相组合，形成 ST 策略，制定利用优势减少威胁战略，填入道斯矩阵表Ⅶ区。

（5）将内部劣势与外部挑战相组合，形成 WT 策略，制定弥补缺点、规避威胁的战略，填入道斯矩阵表的Ⅷ区。

表 9.2 道斯矩阵表

	Ⅲ 项目优势	Ⅳ 项目劣势
Ⅰ 外部机会	Ⅴ SO 战略	Ⅵ WO 战略
Ⅱ 外部威胁	Ⅶ ST 战略	Ⅷ WT 战略

由于 SWOT 分析法明确了项目的优势和劣势，以及机会和威胁，因此可以多角度地、合理地分析识别项目的风险。

9.3.5 其他方法

风险识别的形式和方法是很灵活的，除了以上介绍的 4 种方法外，还可以用其他各种各样的方法来识别风险，如文档评审、阶段评审、挣值分析、情景分析、环境分析、面谈等。

对软件项目的计划、方案等文档和每个项目阶段的工作过程及其成果进行评审，可识别出项目的许多风险。

本书第 5 章介绍的挣值分析将计划的工作与已完成的工作进行比较，确定项目是否符合计划的费用和进度要求，如果偏差较大，则需要进一步进行项目的风险识别、评估和量化。

情景分析是通过有关数据和图表等，对项目未来的某个状态或某种情况进行详细的描绘和分析，从而识别引起项目风险的关键因素及风险的影响程度。它注重说明某些事件引发风险的条件和因素，并且还要说明当某些因素发生变化时，又会出现什么样的风险，会产生什么样的后果。

环境分析是对项目的环境（包括客户、竞争者、合作者、政府管理者等）进行分析，从而识别出项目风险，并重点考虑它们相互联系的特征和稳定性。

与软件项目的团队成员、有经验的项目干系人、有关专家和有类似项目经验的人进行有关风险的面谈，将有助于识别那些在常规方法中未被识别的风险。

9.4 软件项目风险评估

软件项目风险评估就是对每个已识别出的风险进行分析，具体地可分为定性评估和定量评估。定性评估是确定风险发生的概率和发生后产生的影响程度，并按照风险的潜在危险性大小对其进行优先级排序；定量评估是针对那些对项目有潜在重大影响而排序在前的风险进行量化分析，从而为风险应对和项目管理决策提供依据。

本节首先介绍风险概率和影响程度的定性评估，然后介绍两种常用的定量风险评估方法：决策树分析和模拟分析法。

9.4.1 风险概率和影响程度评估

风险概率和影响程度评估是根据软件项目风险管理计划中定义的标准，评估项目中每一个风险发生的可能性和它对项目目标（时间、成本、质量等）所造成的影响。

在软件项目风险管理计划中应该为风险发生的概率和影响程度制定一个统一的分级标准。例如，根据风险事件发生的可能性，可以把它定性地分为几个等级，并用“很低”“低”“中等”“高”

“很高”等词汇来描述风险发生的可能性的高低，还可以为每个等级赋予一个数值，表示概率等级，形成如表 9.3 所示的风险发生概率的定性等级。

表 9.3　　风险发生概率的定性等级

概率等级	发生的可能性	概率等级	发生的可能性
0.9	很高	0.3	低
0.7	高	0.1	很低
0.5	中等		

同样，根据风险发生后对软件项目目标的影响程度不同，也可以把它定性地分为几个等级，并为每个等级赋予一个数字，如表 9.4 所示。

软件组织可针对每个项目目标（成本、进度或质量等）单独评定一项风险的影响程度等级，也可制定相关方法为每项风险确定一个总体的等级水平。

可以组织包括软件项目团队成员、项目干系人和项目外部的专业人士等在内的人员，采用召开会议或进行访谈等方式，对风险发生概率和影响程度进行分析。每项风险的发生概率和影响程度值可由每个人定性地估计，然后汇总平均，得到一个有代表性的值。

在对软件项目风险发生的概率等级及其影响程度进行评估的过程中，需要注意记录相关的影响因素，包括确定发生概率和影响程度所依赖的假设和约束条件等，这些相关因素在应对风险时具有很重要的参考作用。

表 9.4　　风险影响程度的定性等级

影响程度 / 项目目标	很高（0.8）	高（0.4）	中等（0.2）	低（0.1）	很低（0.05）
成本	大于 20%的成本增加	10%～20%的成本增加	5%～10%的成本增加	小于 5%的成本增加	不明显的成本增加
进度	总体项目拖延大于 20%	总体项目拖延 10%～20%	总体项目拖延 4%～10%	进度拖延 5%	不明显的进度拖延
质量	项目产品没有实际用途	质量下降到用户无法接受的程度	质量的下降应得到用户审批同意	质量的下降只会影响到很严格的应用要求	几乎察觉不到的质量降低

可采用下式为每个风险计算出一个“风险值”。

风险值 = 风险发生概率×风险影响程度

风险值代表了风险的危险程度，可根据风险值的大小对风险进行排序，风险值较大的排在前面。风险排序可为风险应对措施提供指导，排在前面的高风险需要重点关注，并采取积极的应对策略，而排在后面的低风险，只需将之放入待观察风险清单，不需要采取任何积极的管理措施。软件工程专家 Boehm 建议管理者将管理重点放在排在前十的风险上。实际上对小型项目来说，可以关注比 10 个更少的风险。

对于排序在先的高风险，可能还需采用决策树分析或蒙特卡洛仿真等方法进行定量分析，对项目决策提供支持。

9.4.2　决策树分析法

决策树是一种直观、形象、易于理解的图形分析方法。将该方法应用到软件项目风险评估中时，可将不同的方案、风险发生概率及其后果都用树状的图形清晰地表示出来，用以指导项目管理者的决策。

决策树是以方框和圆圈为节点，由直线连接而成的一种树状图形结构，如图 9.1 所示。

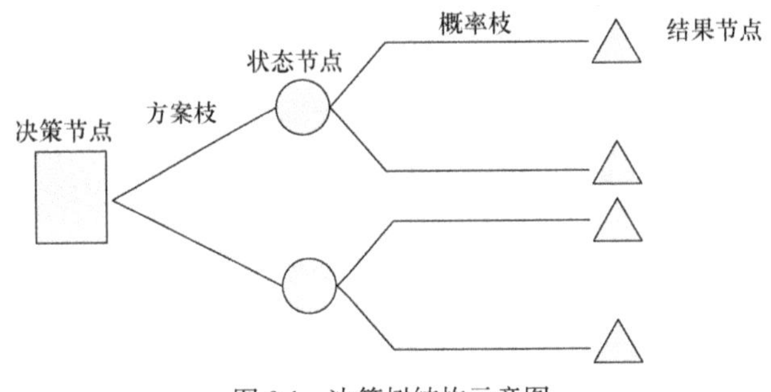

图 9.1　决策树结构示意图

决策树一般包括以下几个部分。

（1）□——— 决策节点。从它引出的分支称为方案分支，分支数量与方案数相同。决策节点表明从它引出的方案要进行分析和决策，在分支上要注明方案的名称。

（2）○——— 状态节点。从它引出的分支称为状态分支或概率分支，分支数量等于状态数量，在每一分支上注明状态名称及其出现的概率。

（3）△——— 结果节点。将不同方案在各种状态下所取得的结果标注在结果节点的右端。

用决策树评估项目风险时，其评估准则可以是期望损益值、效用期望值或其他指标值。下面举例说明决策树分析法的应用。

某软件公司有一款办公软件，现在需要决定是否研发该办公软件的新版本。据分析测算，如果市场需求量大，只销售老版本的软件可获利 50 万元，开发出新版本软件并销售可获利 100 万元。如果市场需求量小，只销售老版本软件仍可获利 20 万元，开发和销售新版本软件将亏损 10 万元（以上损益值均指一年的情况）。另据市场分析可知，市场需求量大的概率为 0.8，需求量小的概率为 0.2。试分析和确定是否应该研发该办公软件的新版本。

为分析研发新版本办公软件的风险并作出决策，第一步，绘制出决策树，如图 9.2 所示。

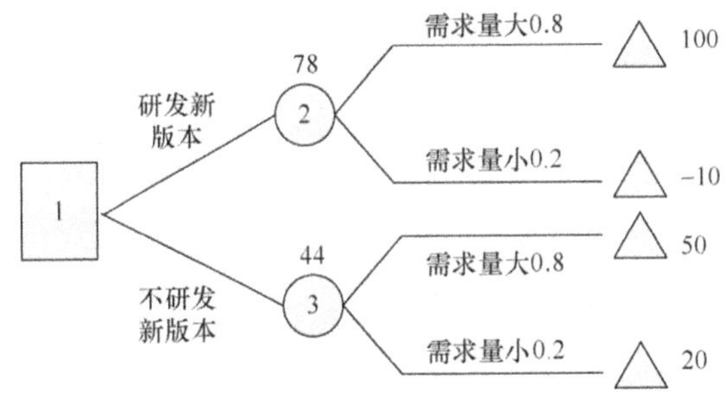

图 9.2　某软件公司开发新版本办公软件决策树

第二步，计算各节点的期望损益值，计算顺序是从右向左进行。

节点 2：100×0.8+(-10)×0.2=78（万元）

节点 3：50×0.8+20×0.2=44（万元）

决策点 1 的期望损益值为：max{78, 44}=78（万元）

第三步，剪枝。决策点的剪枝从左向右进行，因为决策点的期望损益值为 78 万元，是“研发新版本”这一方案的期望损益值，因此剪掉“不研发新版本”这一分支，保留“研发新版本”这一分支。因此根据年度获利最多这一评价准则，合理的决策是开发新版本办公软件。

9.4.3 模拟分析法

模拟分析法是运用概率论及数理统计的方法来预测和研究各种不确定因素对软件项目的影响，分析系统的预期行为和绩效的一种定量分析方法。大多数模拟都以某种形式的蒙特卡洛分析为基础。

蒙特卡洛模拟法是一种最经常使用的模拟分析方法，它是随机地从每个不确定因素中抽取样本，对整个软件项目进行一次计算，重复进行很多次，模拟各式各样的不确定性组合，获得各种组合下的很多个结果。通过统计和处理这些结果数据，找出项目变化的规律。

例如，把这些结果值从大到小排列，统计每个值出现的次数，用这些次数值形成频数分布曲线，就能够知道每种结果出现的可能性。然后，依据统计学原理，对这些结果数据进行分析，确定最大值、最小值、平均值、标准差、方差、偏度等，通过这些信息就可以更深入地、定量地分析项目，为决策提供依据。

在软件项目中经常用蒙特卡洛模拟法来模拟仿真项目的日程、制作项目日程表。通过对项目的多次“预演”，可以得到项目进度日程的统计结果。图 9.3 所示是一个项目进度日程的蒙特卡洛模拟。

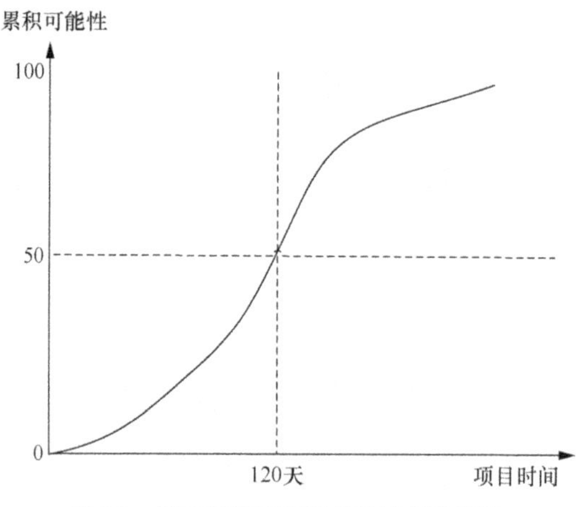

图 9.3 某项目进度日程的蒙特卡洛模拟

图 9.3 中的曲线显示了完成项目的累积可能性与项目持续时间的关系。横坐标表示进度，纵坐标表示完成的概率，虚线的交叉点显示：在项目启动后 120 天之内完成项目的可能性为 50%。项目完成期越靠左，则风险越高（完成的可能性低），反之风险越低。

另外，蒙特卡洛模拟法也常被用来估算项目成本可能的变化范围。

9.5 软件项目风险应对

风险应对就是对项目风险制定应对策略和处置办法的过程。可以从改变风险发生的概率、改变风险后果的大小、改变风险的作用对象 3 个角度来提出不同的风险应对策略。常见的策略有回避、减小、转移、接受和预留，具体采用哪一种或哪几种，需要由项目团队根据当前软件项目及其所面临的风险的实际情况来决定。

9.5.1　回避风险

回避风险是指当项目风险发生的可能性太大，不利后果也很严重，又无其他策略可用时，主动放弃或改变会导致风险的行动方案。回避风险包括主动预防风险和完全放弃两种。

人们不可能排除所有的风险，但可以通过分析找出发生风险的根源，通过消除这些起因来避免相应风险的发生，这是通过主动预防来回避风险。例如，如果在客户验收软件系统时存在着客户与开发者对软件需求的理解不一致的风险，该风险的根本原因是需求不明确，双方未就需求达成一致。为了避免这个风险，可以开发原型系统向客户演示，直到客户满意，并记录下来形成需求基线。

回避风险的另一种策略是完全放弃。例如在互联网泡沫破灭的时候，许多公司关闭了网站，防止造成进一步的损失；又如在软件开发过程中发现采用的新技术风险太大，因此放弃了新技术。这些都是完全放弃的风险应对策略，是最彻底的风险回避方法，但也是一种消极的应对手段，在放弃的同时也可能会失去发展的机遇。

在采取回避策略之前，必须要对风险有充分的认识，对威胁出现的可能性和后果的严重性有足够的把握。另外，采取回避策略，最好在行动方案尚未实施时，若放弃或改变正在执行的方案，一般都要付出较高的代价。

9.5.2　减小风险

减小风险策略就是指降低风险发生的可能性或减小风险后果的不利影响。例如，为了减轻项目的进度风险，可以压缩关键活动时间、加班或采取“快速跟进”；为了减小软件配置的丢失和损坏的风险，可由配置管理员定期对配置库进行备份。

减轻风险策略的有效性与风险的可预测性密切相关。对于那些发生概率高、后果也可预测的风险，项目管理者可以在很大程度上加以控制，可以动用项目现有资源降低风险的严重性后果和风险发生的概率。而对于那些发生概率和后果很难预测的风险，项目管理者很难控制，有必要采用迂回策略。对于这类风险，仅仅靠动用项目资源一般无济于事，还必须进行深入细致的调查研究，降低其不确定性。例如，在决定开发一个新产品之前，应先进行市场调研，对市场容量、市场前景、现有同类产品的信息等都有详细了解，理解用户使用需求、偏好以及价格倾向等，在这样的基础上提出的项目才有较大的成功机会。

在实施减小风险策略时，应尽可能将项目每一个具体风险都减轻到可接受的水平。项目中各个风险都减轻了，项目的整体风险程度也就降低了，项目失败的概率就会减小。

9.5.3　转移风险

转移风险又称为合伙分担风险，其目的是借用合同或协议，在风险事故一旦发生时将损失的全部或一部分转移到项目以外的有能力承受或控制风险的个人或组织。这种策略要遵循两个原则：第一，必须让承担风险者得到相应的回报；第二，对于各具体风险，谁最有能力管理则让谁分担。

当项目的资源有限、不能实行减轻和预防策略，或风险发生频率不高、但潜在损失或损害很大时可采用此策略。转移风险主要有 4 种方式：出售、外包、开脱责任合同、保险与担保。

（1）出售：通过买卖契约将风险转移给其他组织。这种方法在出售项目所有权的同时也就把与之有关的风险转移给了其他组织。

（2）外包：目前在软件业中非常流行的软件外包就是一种很好的风险转移策略，外包就是向本项目组织之外分包产品的开发，从而把风险转移出去。例如，某软件项目中要使用某种特殊的技术，承担项目的组织对该技术不熟悉，与其自行开发，不如与有此种技术经验的开发商签订合同，委托对方开发，从而转移自己在这方面的技术风险。

（3）开脱责任合同：在合同中列入开脱责任条款，要求甲方（客户）在风险事故发生时，不令乙方（项目承担者）承担责任。

（4）保险与担保：保险是转移风险最常用的一种方法。项目承担者只要向保险公司缴纳一定数额的保险费，当风险事故发生时就能获得保险公司的补偿，从而将风险转移给保险公司。除了保险，担保也是常用的风险转移策略，所谓担保，指为他人的债务、违约或失误负间接责任的一种承诺。在项目管理上是指银行、保险公司或其他非银行机构为项目风险负间接责任的一种承诺。

9.5.4 接受风险

接受风险是指项目团队选择由自己来承担风险后果。当项目团队认为自己可以承担风险发生后造成的损失，或采取其他风险应对方案的成本超过风险发生后所造成的损失时，可以采用接受风险策略。

有的风险是没有办法消除的，如地震等自然灾害，当风险发生的时候，只能接受风险造成的后果。例如，为了避免不可抗力造成的后果，在一些重要的软件项目中，可以建立异地备份中心，当风险真的发生时，可以接受事实，启用备份中心。这是主动地接受风险，即在风险识别和分析阶段已对风险有了充分的准备，所以当风险事件发生时马上执行应急计划。

接受风险也有可能是被动的，即在风险造成的损失数额不大，不至影响项目大局的情况下，将其损失列为项目的一种费用。例如在某些情况下不得不接受用户提出的一些新的需求或需求变更。一般在风险评估阶段对风险进行优先级排序后，可以决定忽略（接受）一些风险，以便于将资源投入到发生概率较高、危险较大的风险上。

9.5.5 风险预留

风险预留是指事先为项目风险预留一部分后备资源，一旦风险发生，就启动这些资源以应对风险。风险预留一般应用在大型项目中，因为大型项目复杂性很高，项目周期长，不可控因素也很多，风险造成的损失也很大，因此有必要对风险进行预留。

项目的风险预留主要有风险成本预留、风险进度预留和技术后备措施 3 种。

（1）风险成本预留

预留的风险成本是在项目经费预算中事先准备的一笔资金，用于补偿差错、疏漏及其他不确定性对项目费用估计精确性的影响。虽然预留的风险成本在项目初期就已经预算出来，但是究竟何时用在何处，以及需要花费多少，在编制项目成本预算时并不能具体确定。

风险成本预留在项目预算中要单独列出，不能分散到具体费用项目下，否则项目管理组很容易失去对支出的控制。同时，项目团队在进行风险成本预留时要根据风险评估的结果来进行，不可盲目地在各个具体费用中预留成本。盲目的预留会在项目进行过程中增加许多浪费，减少项目收益，同时也可能由于项目预算过高而在市场竞争中错失机会。

风险成本预留又可分为实施应急费和经济应急费两类。实施应急费用于补偿估价和实施过程中的不确定性，经济应急费用于应付通货膨胀、价格或汇率等的波动。

（2）风险进度预留

对于项目进度方面的不确定性，项目各有关方一般不希望以延长时间的方式来解决，因此项目管理者就要设法制定出一个较紧凑的进度计划，争取项目在要求完成的日期前完成。从网络计划的观点来看，风险进度预留就是在关键路径上设置一段时差或机动时间。当项目进行过程中出现了一些不利事件引起进度拖延时，项目管理者可以用这些机动时间或者时间差去补偿进度的延迟，从而在总体上保证项目的整体进度。

可以通过压缩关键路径上活动的持续时间或者改变活动之间的关系来预留项目的进度，比如赶工法、快速跟进法等（参加第 4 章）。但是，这样的方法一般都会增加资源的投入，甚至带来新的风险。

（3）技术后备措施

技术后备措施专门用于应对项目的技术风险，它是预留的一段时间或一笔资金。只有当技术风险发生，并需要采取补救行动时，才动用这段时间或这笔资金。

9.6　软件项目风险监控

风险监控包括对风险发生的监控和对风险管理的监控，前者是对已识别的风险源进行监督和控制，以便及早发现风险事件的征兆，从而将风险事件消灭在萌芽中或采取紧急应急措施以尽量减小损失；后者是在项目实施中监督人们认真执行风险管理的组织措施和技术措施，以消除风险发生的人为诱因。

风险监控贯穿在软件项目执行过程的始终，其目的是监视项目风险的状况，例如风险是已经发生、仍然存在还是已经消失，风险决策的结果是否与预期的相同，识别新出现的风险，并发现细化和改进风险管理计划的机会，把信息反馈给有关决策者。

9.6.1　风险预警

风险监控的一个良好开端和有效措施是建立一个预警系统，及时觉察计划的偏离。所谓风险预警，是指对于项目管理过程中有可能出现的风险，采用超前或预先防范的管理方式，一旦有发生风险的征兆，就及时发现并发出预警信号，以便采取矫正行动，从而最大限度地控制不利后果的发生。

当计划与现实之间发生偏差时，这种偏差可能是积极的，也可能是消极的。例如，计划之中的项目进度与实际完成日期的区别显示了计划的提前或延误，前者通常是积极的，后者是消极的。这样，计划进度与实际进度之间的区别就是系统会探测到的一个偏差，可作为进度风险的预警。另一个关于计划的预警是活动浮动时间（详见第 4 章）的减少，项目中浮动越少，风险产生影响的可能性就越大，因此活动的浮动时间越少，活动就越应该被关注。

此外，预算与实际支出之间的差别也一定要监控，两者之间的偏离表明完成工作花费得较少或太多，后者通常是消极的。

通过风险预警，可从“救火式”风险监控向“消防式”风险监控发展，从注重风险应对向风险事前控制发展。

9.6.2 风险监控方法

风险监控的方法有很多，以下简要介绍几种常用方法，包括阶段性评审与过程审查、风险再评估、挣值分析、技术绩效衡量。

（1）阶段评审与过程审查

阶段评审和过程审查是软件项目中经常性的活动，通过这样的评审活动来评估、确认前一个阶段的工作及其交付物，评价软件过程的有效性，并提出补充修正措施，调整下一阶段工作的内容和方法。

阶段评审和过程审查可以让风险的征兆尽早被发现，从而可以尽早地预防和应对。风险发现地越早，越容易防范，应对的代价也越小。阶段评审和过程审查可以有效地检验工作方法和工作成果，并通过一步步地确认和修正中间过程的结果来保证项目过程的工作质量和最终交付物的质量，从而大幅度地降低了软件项目的风险。

（2）风险再评估

风险监控过程通常要使用本章前面介绍的方法对新风险进行识别和评估，或对已经评估的风险进行重新评估，检查其优先次序、发生概率、影响范围和程度等是否发生了变化，如果发生了变化，要考虑怎样调整其应对措施。应该安排定期进行项目风险再评估，每次重新评估的内容和详细程度可根据软件项目的具体情况而定。

（3）挣值分析

挣值分析（详见第 5 章）不仅可以用于风险识别，也可用于风险监控，因为挣值分析的结果反映了软件项目在当前检查点上的进度和成本等指标与项目计划的差距。如果存在偏差，则可以对原因和影响进行分析，这有助于对进度和成本风险进行监控。

（4）技术绩效衡量

该方法将项目执行期间的技术成果与项目计划中预期的技术成果进度进行比较，如果出现偏差，则可能会导致风险发生。例如，在某里程碑处未实现计划规定的功能，有可能意味着项目范围的实现存在着风险。

9.7 案例分析

“软件缺陷管理和度量系统”项目组经过了风险识别和评估，列出了表 9.5 所示的风险值较高的风险，并针对这些风险制定了应对措施。

表 9.5　“软件缺陷管理和度量系统”项目风险列表

排序	风险	风险概率	影响	风险值	应对措施
1	晚期需求变化，导致返工，项目不能按期完成	0.5	0.8	0.4	在项目晚期采用严格的变更控制流程；采用迭代式开发方法，尽早获得用户反馈
2	不切实际的进度和成本估计	0.5	0.4	0.2	采用多种估计技术；迭代式开发；参考过去类似项目的数据
3	需求不清晰，导致软件质量问题	0.3	0.5	0.15	采用原型获取用户需求;用户需求评审;用户参与项目阶段评审

续表

排序	风险	风险概率	影响	风险值	应对措施
4	软件测试不充分	0.3	0.4	0.12	制定测试计划并严格执行；编写和管理测试用例
5	人员对某些技术不熟悉，导致进度拖延	0.2	0.5	0.1	在项目计划阶段做详细的技术分析；对人员进行技术培训
6	项目组人员流动	0.2	0.4	0.08	采用合适的人员激励措施；控制好项目过程中的文档；人员离岗前做好交接工作

在项目执行过程中，管理人员对上表中的风险不断监控，保证风险应对措施的正确实施。

本章小结

由于软件项目所固有的独特性、复杂性和不确定性，存在着很多项目风险，而风险管理就是项目管理组织对这些风险进行控制和处理，减轻或消除风险的不利影响，从而保障项目的顺利进行。

风险管理包括 5 个主要活动：风险的规划、识别、评估、应对和监控。风险规划就是制定项目风险管理的一整套计划，主要包括风险管理的行动方案和方式，确定风险判断的依据，指定风险管理的角色和职责等。风险识别就是确定何种风险事件可能影响项目，并对风险的特性（风险来源、风险事件和征兆）进行描述，常用的风险识别方法有核对表法、头脑风暴法、德尔菲方法和 SWOT 方法等。风险评估就是对每个已识别出的风险进行分析，确定风险发生的概率和发生后产生的影响程度，按照风险的潜在危险性大小对其进行优先级排序，并针对那些对项目有潜在重大影响而排序在前的风险进行量化分析，从而为风险应对和项目管理决策提供依据。风险应对就是对项目风险制定应对策略和处置办法的过程，常见的风险应对策略有回避、减小、转移、接受和预留。风险监控是对已识别的风险源进行监督和控制，以便及早发现风险事件的征兆，并在项目实施中监督人们认真执行风险管理的组织措施和技术措施，从而消除风险的认为诱因，常用的风险监控方法包括阶段性评审与过程审查、风险再评估、挣值分析、技术绩效衡量等。

习　　题

1. 问答题

（1）什么是风险？风险具有哪些属性？

（2）软件项目风险管理计划一般有哪些主要内容？

（3）怎样用核对表法识别项目风险？

（4）什么是项目风险的定性和定量评估？

（5）你所在的软件组织内，许多人跟不上新技术的发展，因此将新技术引入组织可以视为一个风险。试针对该风险指定风险应对策略。

（6）风险监控的目的是什么？

2. 案例分析题

请阅读以下案例并回答问题。

某大型公司的行业业务运营网络管理系统的开发项目受到该公司领导层的高度重视，委派本公司的业务支撑部负责完成该项目，委任张工为项目经理。

在编制早期项目计划书时，市场部李工不断提出新的需求，而张工“来者不拒”，不停地更改项目计划。另外，在工程的机房设备平面设计中，张工组织人员自行设计，将大部分机架式的小型机集中摆放在一片较小区域内。

系统正式完全割接上线前，旧系统仍然需保持运行。保证系统稳定运行是项目团队的第一要务，在系统割接期间，确保 7 天×24 小时的业务连续平稳运行。

问题：该工程中有哪些风险？应采取怎样的应对策略？

第 10 章 软件项目收尾与验收

项目收尾过程是项目干系人和客户对最终产品进行验收，使项目有序地结束的过程。项目收尾阶段是项目的最后阶段，这一阶段仍然需要进行有效的管理，适时作出正确的决策，总结项目的经验教训，为今后的项目管理提供有益的经验。

10.1 概述

当项目满足一定的结束条件时，就可以进行项目收尾工作了。在项目收尾过程中，客户方要按合同的有关条款对开发方交付的软件产品和服务进行确认，终结合同和完成项目后评价。项目收尾工作对项目的最终成败有着重要影响。

10.1.1 项目收尾过程

项目结束时，结果或是成功或是失败，评定项目成功与失败的标准主要是：是否有可交付的合格成果，是否实现了项目目标，是否达到项目客户的期望。

结束一个项目的原因有多种，例如：

- 项目计划中确定的可交付成果已经出现，项目的目标已经成功实现。
- 项目已经不具备实用价值。
- 由于各种原因导致项目无限期延长。
- 项目所有者的战略发生了变化，项目与项目所有者组织不再有战略的一致性。
- 项目已没有原来的优势，同其他更领先的项目竞争难以生存。

项目收尾过程包括如下活动。

（1）范围确认：项目结束前，重新审核工作成果，检验项目的各项工作范围是否完成，或者完成到何种程度。如果项目提前结束，则应查明有哪些工作已经完成，完成到了什么程度，并将核查结果记录在案，形成文件。

项目范围确认完成后，参加项目范围确认的项目班子和接收方人员应在事先准备好的文件上签字，表示接收方已正式认可并验收全部或阶段性成果。一般情况下，这种认可和验收可以附有条件，例如软件开发项目的移交和验收时，可规定以后发现软件有问题时仍然可以找该软件项目开发人员解决。

（2）质量验收：质量验收是控制项目产品最终质量的重要手段，依据质量计划和相关的质量标准进行验收，不合格不予接收。

质量验收的范围包括以下两方面。

① 项目规划阶段的质量验收：主要检验设计文件的质量，同时项目的全部质量标准及验收依据也是在规划设计阶段完成的，因此，规划阶段的质量验收也是对质量验收评定标准与依据的合理性、完备性和可操作性的检验。

② 项目实施阶段的质量验收：项目实施阶段是项目质量产生的全部过程。实施阶段的质量验收要根据范围规划、工作分解和质量规划对每一个工序进行单个的评定和验收，然后根据各单个工序质量验收结果（如可以把单项工序的质量等级分成不合格、合格、良好、优四级）进行汇总统计，形成上级工序的质量结果（合格率或优良率），以此类推，最终形成整个项目的质量验收结果。

（3）费用决算：是指对项目开始到项目结束全过程所支付的全部费用进行核算，编制项目决算表的过程。费用决算的结果形成项目决算书，经项目各参与方共同签字后作为项目验收的核心文件。决算书由两部分组成：文字说明和决算报表。 文字说明主要包括工程概况、设计概算、实施计划和执行情况、各项技术经济指标的完成情况、项目的成本和投资效益分析、项目实施过程中的主要经验、存在的问题、解决意见等。而决算报表分大中型项目和小型项目两种。大中型项目的决算表包括：竣工项目概况表、财务决算表、交付使用财产总表、交付使用财产明细表；小型项目决算表将上述内容简化为项目决算总表和交付使用财产明细表。

（4）合同终结：整理并存档各种合同文件，包括项目的各种商品采购和劳务承包合同。这项管理活动中还包括有关项目或项目阶段的遗留问题解决方案和决策的工作。

（5）项目资料检查和归档：检查项目过程中的所有文件是否齐全，然后进行归档。项目资料是项目竣工验收和质量保证的重要依据之一，项目资料也是项目交接、维护和后评价的重要原始凭证，在项目验收工作中起着十分重要的作用，因此，项目资料验收是项目竣工验收前提条件，只有项目资料验收合格，才能开始项目竣工验收。

（6）项目后评价：是指对已完成的项目的目的、执行过程、效益、作用和影响所进行的系统的、客观的分析，通过项目活动实践的检查总结，确定项目预期的目标是否达到，项目或规划是否合理有效，项目的主要效益指标是否实现，通过分析评价找出成功失败的原因，总结经验教训，为新项目的决策和提高完善投资决策管理水平提出建议，为项目实施运营中出现的问题提供改进意见，从而达到提高投资效益的目的。

项目收尾阶段要产生一个项目验收报告，该报告的一半内容参见本书附录 A.9。

10.1.2 项目成功的要素

为了确保项目成功，在项目收尾阶段，要注意以下要素。

（1）通过正式验收

项目通过正式验收，代表客户认可了项目组的工作，这是项目成功收尾的一个基本的前提，只有具备了这个前提，项目才有可能成功。

（2）项目保障利润、资金落实到位

软件企业运作项目就是要赢利，要保证项目能产生利润，各种资金周转顺畅，必须进行认真的核算，一方面客户的应付项目款要结清，另一方面，项目组的开发实施费用要盘结清楚。

（3）项目总结

当前项目在管理方面、技术方面、开发过程等方面的经验对其他项目、特别是对类似的项目有很好的借鉴意义。因此要认真进行项目总结，积累经验。

（4）客户关系保持良好

软件系统的业务需求经常是在不断变化的，软件系统要进行维护和升级，保持良好的客户关系，使软件企业和客户保持合作关系，从而为软件企业的收益赢得新的增长点。

10.2　项目移交与清算

在项目收尾阶段，如果项目达到预期的目标，就执行正常的项目验收、移交过程；如果项目没有达到预期的效果，并且由于种种原因已不能达到预期的效果，项目已没有可能或没有必要进行下去，而提前终止，这种情况下的项目收尾就是清算，项目清算是非正常的项目终止过程。

1. 项目移交

软件项目的移交成果包括以下一些内容。

- 已经配置好的系统环境；
- 软件产品；
- 项目成果规格说明书；
- 系统使用手册；
- 项目的功能、性能技术规范；
- 测试报告等。

移交阶段具体的工作包括以下几个方面。

- 检查各项指标，验证并确认项目交付成果满足客户的要求。
- 对客户进行系统的培训，以满足客户了解和掌握项目结果的需要。
- 安排后续维护和其他服务工作，为客户提供相应的技术支持服务，必要时另行签订系统的维护合同。
- 签字移交。

2. 项目清算

项目清算是在项目非正常终止的情况下进行的收尾工作，项目非正常终止的原因包括以下几点。

（1）项目规划阶段已存在决策失误，例如，可行性研究报告依据的信息不准确，市场预测失误，重要的经济预测有偏差等诸如此类的原因造成项目决策失误。

（2）项目规划、设计中出现重大技术方向性错误，造成项目的计划不可能实现。

（3）项目的目标已与组织目标不能保持一致。

（4）环境的变化改变了对项目产品的需求，项目的成果已不适应现实需要。

（5）项目范围超出了组织的财务能力和技术能力。

（6）项目实施过程中出现重大质量事故，项目继续运作的经济或社会价值基础已经不复存在。

（7）项目虽然顺利进行了验收和移交，但在软件运行过程中发现项目的技术性能指标无法达到项目设计的要求，项目的经济或社会价值无法实现。

（8）项目因为资金或人力无法近期到位，并且无法确定可能到位的具体期限，使项目无法进行下去。

项目清算程序如下。

步骤一：组成项目清算小组，主要由投资方召集项目团队、工程监理等相关人员。

步骤二：项目清算小组对项目进行的现状及已完成的部分，依据合同逐条进行检查。对项目已经进行的并且符合合同要求的，免除相关部门和人员责任；对项目中不符合合同目标的，并有可能造成项目失败的工作，依合同条款进行责任确认。

步骤三：找出造成项目非正常终止的所有原因，总结经验。

步骤四：明确责任，确定损失，协商索赔方案，形成项目清算报告，合同各方在清算报告上签证，使之生效。

步骤五：协商不成则按合同的约定提起仲裁。

10.3　项目后评价

项目后评价就是在项目完成后，对项目进行分析，评价项目的得失，总结经验教训。项目后评价的方法有如下几种。

（1）影响评价法：项目完成后测定和调研在各阶段所产生的影响和效果，以判断决策目标是否正确。

（2）效益评价法：把项目产生的实际效果或项目的产出，与项目的计划成本或项目投入相比较，进行盈利性分析，以判断项目当初决定投资是否值得。

（3）过程评价法：把项目从立项决策、设计、采购直至建设实施各程序的实际进程与原订计划、目标相比较，分析项目效果好坏的原因，找出项目成败的经验和教训，使以后项目的实施计划和目标的制定更加切合实际。

实践中，常常将上面 3 种评价方法有机地结合起来，进行综合评价，才能取得最佳评价结果。

10.3.1　项目后评价的基本内容

项目后评价的内容主要包括：项目的技术经济评价、项目的社会效益评价、项目数据总结和项目问题总结。

（1）项目的技术经济评价

项目的技术评价主要是对设计方案、采用的技术的可靠性、适用性、先进性、经济合理性的再分析。在决策阶段认为可行的技术和方案，在使用中有可能与预想的结果有差别，许多不足之处逐渐暴露出来，在评价中就需要针对实践中存在的问题、产生的原因认真总结经验，在以后的设计或项目中选用更好、更适用、更经济的方案，或对原有的技术方案进行适当的调整，发挥其潜在的效益。

项目的经济（财务）评价与项目规划阶段的经济分析在内容上基本是相同的，都要进行项目的盈利性分析、清偿能力分析等。在盈利性分析中要通过全投资和自有资金现金流量表，计算全投资税前内部收益率、净现值，自有资金税后内部收益率等指标，通过编制损益表，计算资金利润率、资金利税率、资本金利润率等指标，以反映项目和投资者的获利能力。清偿能力分析主要通过编制资产负债表、借款还本付息计算表，计算资产负债率、流动比率、速动比率、偿债准备率等指标，反映项目的清偿能力。

（2）项目的社会效益评价

通过社会效益评价，既分析项目对企业的贡献与影响，又分析项目对社会政策贯彻的效用，研究项目与社会的相互适应性，从项目的社会可行性方面为项目决策提供科学分析依据。

一般从以下几个方面进行项目的社会效益评价。

① 项目的文化与技术的可接受性：分析项目是否适应企业的需求，企业在文化与技术上能否接受此项目，有无更好的成本低、效益高、更易为企业接受的方案等。通过这些分析，可明确项目是否使员工的工作效率和质量得到提高，系统是否成为组织核心竞争力的重要组成部分，是否成为组织实现战略目标、获得竞争优势的工具。

② 项目的参与水平：分析企业各类人员对项目的态度、要求、可能的参与水平。分析新建系统是否能使管理创新，形成信息时代的经营管理，新建系统是否使组织体系发生改变。

③ 项目的持续性：主要是通过分析研究项目与社会的各种适应性，存在的社会风险等问题，研究项目能否持续实施，并持续发挥效益。

（3）项目数据总结

对项目的资料数据进行总结，形成对今后新项目进行估算和管理的依据。资料数据包括项目中各任务的进度、规模和工作量数据，资源分配利用数据，软件变更数据等。

（4）项目问题总结

重新思考项目实施过程中出现的问题，重新评估项目管理流程的有效性，寻找问题发生的根源，并把分析结果反馈给高层管理者。总结项目中关键的成功因素，考虑是否将这些成功经验应用到组织级的管理，供今后项目实施时采用。

10.3.2　项目后评价的实施

项目后评价的工作程序如下。

步骤一：成立后评价小组、制定评价计划。

步骤二：设计调查方案、聘请有关专家。

步骤三：阅读文件、收集资料。

步骤四：开展调查、了解情况。

步骤五：分析资料、形成报告。

步骤六：提交后评价报告、反馈信息。

项目后评价报告的编写要真实反映情况，客观分析问题，认真总结经验。为了让更多的组织和个人受益，评价报告的文字要求准确、清晰、简练，少用或不用过分专业化的词汇。评价结论要与未来的规划和政策的制定联系起来。为了提高信息反馈速度和反馈效果，让项目的经验教训在更大的范围内起作用，在编写评价报告的同时，还必须编写并分送评价报告摘要。

项目后评价报告（也称项目总结报告）是反馈经验教训的主要文件形式，评价报告的编写需要有相对固定的内容格式，但被评价的项目类型不同，评价报告所要求书写的内容和格式也不完全一致。本书附录 A.10 给出了项目总结报告的模板。

10.4　合同收尾

合同收尾就是结束合同并结清账目，解决所有遗留问题。

合同收尾过程支持项目收尾过程，因为两者都涉及验证所有工作和可交付成果是否可以接受的工作。合同收尾过程也包括诸如对记录进行更新以反映最终结果，将更新后的记录进行归档供将来项目使用的管理活动。合同收尾考虑了项目或项目阶段适用的每项合同。

在多阶段项目中，合同条款可能仅适用于项目的某个特定阶段。在这些情况下，合同收尾过程只对该项目阶段适用的合同进行收尾。在合同收尾后，未解决的争议可能需进入诉讼程序。合同条款可规定合同收尾的具体程序。

合同提前终止是合同收尾的一项特例，可因双方的协商一致产生或因一方违约产生。双方在提前终止情况下的责任和权利在合同的终止条款中规定。依据这些合同条款，买方可在一定条件下，有权终止整个合同或部分项目。但是，基于这些合同条款和条件，买方可能需要就此对卖方的准备工作进行赔偿，并就与被终止部分相关的已经完成和被验收的工作支付报酬。

合同收尾的依据包括采购管理计划、合同管理计划、合同文件和合同收尾程序。

合同收尾阶段常采用的一种方法是采购审计，采购审计就是对从采购规划到合同管理的整个采购过程进行系统的审查，其目的是找出可供本项目其他采购合同或组织内其他项目借鉴的成功与失败的经验。

合同收尾过程的成果包括以下几个方面。

（1）合同收尾

买方通过其授权的合同管理员向卖方发出合同已经完成的正式书面通知。合同条款中一般规定合同正式收尾的要求并将其包括在合同管理计划中。

（2）组织过程资产（更新）

① 合同文档。一套完整的编有索引的合同文件（包括已收尾的合同），并将其纳入项目最终档案之中。

② 可交付成果验收。买方通过其授权的合同管理员向卖方发出可交付成果被验收或被拒收的正式书面通知。合同条款中一般规定可交付成果的正式验收要求，以及如何解决不符合要求的可交付成果的程序。

③ 经验教训记录。进行经验教训分析并提出过程改进建议，以供将来的采购规划和实施过程借鉴。

10.5 案例分析

软件缺陷管理和度量系统项目总结

1. 项目概况

项目名称：软件缺陷管理和度量系统的开发

项目期限：2013 年 4 月 1 日～2013 年 6 月 28 日，按进度计划完成。

项目工作量：125 人天，比计划工作量少 5 人天。

项目成本：62 700 元，比计划成本少 2 300 元。

项目是按照进度计划，在成本预算之内完成。

2. 项目交付成果

项目的交付成果如表 10.1 所示，已全部交付给甲方。

表 10.1 项目交付成果表

交付成果	版本	交付日期	交付人
系统界面原型	1.0	2013.4.10	龚晓庆
需求规格说明书	1.0	2013.4.18	龚晓庆
软件产品安装包	1.0	2013.6.26	刘海
测试报告	1.0	2013.6.26	刘海
用户手册	1.0	2013.6.26	刘海

3. 项目工作评价

3.1 项目技术经济评价

系统使用 Java EE 平台开发，采用的数据库、Web 服务器均是跨平台的开源产品，使系统具有很好的可移植性。

系统采用多层的 B/S 模式的体系结构，并使用了 Struts 和 Hibernate 框架，使系统易于扩充和维护。

项目所采用的开发技术是目前软件产业界广泛使用的主流技术，可靠性较好。系统的开发基于优秀开源产品，成本很低。

项目取得了预期的利润，产生了一定经济效益。

3.2 产品质量评价

本项目的产品通过了××市软件评测中心的测试，各项功能和性能指标均可满足用户要求。

系统在功能上还存在以下有待改进的地方。

（1）缺陷度量功能相对薄弱，应支持更多的度量指标，而且应该能够以插件的形式扩充度量功能。

（2）系统的可定制性不好。应该提供对缺陷的属性、缺陷跟踪流程的定制功能，从而使系统具有更广泛的适应性。

3.3 项目社会效益评价

软件缺陷管理和度量系统的推广应用可产生一定的社会效益。软件开发只有引入了度量机制和定量化的管理，才能称为真正意义上的“工程”，本产品的一个重要的研发目的就是要适应这种定量管理的要求，将度量方法融入到缺陷管理中，采用科学的方法对缺陷数据进行收集、分析和展示，协助项目管理者以实际数据为依据作出正确的决策。由缺陷度量可产生许多有关软件产品、项目和过程的定量指标，如缺陷密度、开发和测试人员熟练程度、项目进展情况、集成测试充分性、软件可靠性等，对软件质量保证、项目管理和过程改进有很高的参考价值。因此，本产品的研发能够持续发挥经济效益。

3.4 经验总结

（1）在需求分析阶段，项目组使用 HTML 快速制作了系统的界面原型，提供给用户进行评估，获得了较为清晰的用户需求。事实证明，对于交互式系统，制作界面原型是一个很好的需求获取方法。

（2）要高度重视产品测试工作。在本项目中，不仅在项目组内部进行了较充分的测试，还委托第三方对产品进行了功能和性能测试，出具权威测试报告。这些措施对提高软件质量有很大促进作用。

本章小结

项目收尾过程是项目干系人和客户对最终产品进行验收，使项目或项目阶段有序地结束的过程。

项目收尾过程具有如下内容：范围确认、质量验收、费用决算、合同终结、项目资料和项目后评价等。

在项目移交阶段通常要做的工作包括：验收可交付成果、用户培训、安排后续维护和其他服务工作等。项目清算是在项目非正常终止的情况下进行的收尾工作，通常要对项目进行的现状及已完成的部分进行检查，依据合同条款明确责任，确定损失，协商索赔方案。

项目后评价就是在项目完成后，对项目进行分析，评价项目的得失，总结经验教训。项目后评价的内容主要包括：项目的技术经济评价、项目的社会效益评价、项目数据总结和项目问题总结。

合同收尾就是结束合同并结清账目，解决所有遗留问题。合同收尾考虑了项目或项目阶段适用的每项合同。

习　题

1. 问答题

（1）项目收尾过程包含哪些主要活动？对每个活动进行简要解释。

（2）一般通过哪些要素判断一个项目是否成功？

（3）什么是项目清算？简述项目清算的步骤。

（4）为什么要进行项目后评价？项目后评价的主要内容有哪些？

（5）实施项目后评价包括哪些步骤？

2. 单项选择题

（1）下面哪一个不是项目收尾过程的活动？（　　）

（A）范围确认　（B）质量验收　（C）风险评估　（D）费用决算

（2）在项目非正常终止的情况下，应进行（　　）。

（A）项目移交　（B）用户培训　（C）风险识别　（D）项目清算

（3）下面哪一项不是项目后评价过程中执行的活动？（　　）

（A）项目的技术经济评价　（B）挣值分析

（C）项目的社会效益评价　（D）项目问题总结

（4）下面哪一项不是项目后评价的目的？（　　）

（A）确定项目目标是否达到　（B）评价项目规划是否合理有效

（C）总结项目的经验教训　（D）确定项目中成功和失败决策的责任人

第 11 章 软件项目管理工具

软件项目管理技术的发展促进了相关工具的开发和应用。成熟的软件项目管理离不开工具支持，学习软件项目管理知识也应该掌握一些工具的功能和设计思想。本章介绍一些常用的软件项目管理工具，具体内容包括：以 Microsoft Project 为例介绍通用项目管理工具，以 Subversion 为例介绍配置管理工具，以 Bugzilla 为例介绍缺陷跟踪工具。

11.1 通用项目管理工具

通用项目管理工具可广泛应用于所有领域内的项目，而不只限于软件项目。这类工具提供了便于操作的图形界面，帮助用户制定任务、管理资源、进行成本预算、跟踪项目进度等。

11.1.1 通用项目管理工具的主要功能

下面简要介绍大多数通用项目管理工具所具备的主要功能。

（1）成本预算和控制

输入任务、工期，并把资源的使用成本、人员工资等一次性分配到各任务包，即可得到该项目的完整成本预算。在项目实施过程中，可随时对单个资源或整个项目的实际成本及预算成本进行分析、比较。

（2）制定计划、资源管理及排定任务日程

用户对每项任务排定起始日期、预计工期、明确各任务的先后顺序以及可使用的资源。软件根据任务信息和资源信息排定项目日程，并可随任务和资源的修改而调整日程。

（3）监督和跟踪项目

对任务的完成情况、费用、消耗的资源、工作分配等进行跟踪。通常的做法是用户定义一个基准计划，在实际执行过程中，根据当前资源的使用状况或工程的完成情况，自动产生多种报表和图表，如“资源使用状况”表、“任务分配状况”表、进度图表等，可清楚地显示出实际情况与基准计划之间的差异。

（4）图表生成

与人工相比，项目管理工具的一个突出功能是能在许多数据资料的基础上，快速、简便地生成多种报表和图表，如甘特图、网络图、资源图表和日历等。除了系统预定义的图表外，还允许用户自定义图表。

（5）方便的资料交换手段

许多通用项目管理软件允许用户从其他应用程序中获取资料，这些应用程序包括 Excel、Access、Lotus 或各种 ODBC 兼容数据库。一些软件还可以通过电子邮件向项目人员发送项目信息，如最新的项目计划、当前任务完成情况以及各种工作报表。

（6）处理多个项目和子项目

有些项目很大而且很复杂，将其作为一个大文件进行浏览和操作可能难度较大，而将其分解成子项目后，可以分别查看每个子项目，更便于管理。另外，有可能项目经理或成员同时参加多个项目的工作，需要在多个项目中分配工作时间。一些项目管理工具可对以上需求提供支持。

（7）安全性

一些项目管理软件具有安全管理机制，可对项目管理文件以及文件中的基本信息设置密码，限制对项目文件中某些数据项的访问，使得项目信息不被非法访问。

目前应用比较广泛的通用项目管理工具有 IBM 公司的 Rational Portfolio Manager（简称 RPM）、Primavera 公司的 Primavera Project Planner（简称 P3）、Welcome Software Technology 公司的 Open Plan、Microsoft 公司的 Project 等。本节以下部分对 Microsoft Project 软件的主要功能进行介绍。

11.1.2 Microsoft Project 简介

Project 是 Microsoft 公司推出的一款项目管理软件，使用该软件可以一致而高效地安排项目任务和资源，跟踪项目的工期、成本和资源需求，以标准、美观的格式形象具体地呈现项目计划，并可与其他应用程序（如 MS Excel）交换项目信息。项目经理通过使用 Project，在保持对项目的最终控制的同时，又能与其他项目干系人方便地交流。

目前的 Project 包括以下不同版本。

- Microsoft Office Project Standard：基于 Windows 的桌面应用程序，专为无需与其他人协作建立项目或分配资源的管理者设计。
- Microsoft Office Project Professional：基于 Windows 的桌面应用程序，包括 Standard 版的完整特性集，还能够连接到 Office Project Server，从而获得项目团队计划和通信等企业项目管理功能。
- Microsoft Office Project Server：基于内联网的解决方案，在结合 Project Professional 使用时支持企业级的项目合作、时间表报表和状态报表。

11.1.3 Project 中的视图

Project 包含多种视图，在视图中编辑、分析和显示项目信息。不同的视图具有不同的用途，它们显示的是同一项目信息集的不同方面。Project 默认使用甘特图视图，如图 11.1 所示。

Project 中的视图包括以下内容。

- 甘特图：列出任务的详细信息，并以图形化形式显示任务的时间跨度。有关甘特图的详细介绍请参见第 4.6.1 节。
- 资源工作表：以表格形式显示出资源的详细信息，包括资源名称、类型、单位和费率等。
- 资源使用状况：显示每一个资源所分配到的所有任务以及资源的工时分配情况。
- 任务分配情况：显示分配给每一个任务的所有资源，以及每个任务的工时分配情况。
- 日历：以任务条的形式显示每个任务的时间跨度。
- 网络图：显示各任务之间的逻辑关系。有关网络图的详细介绍请参看第 4.3.2 节。

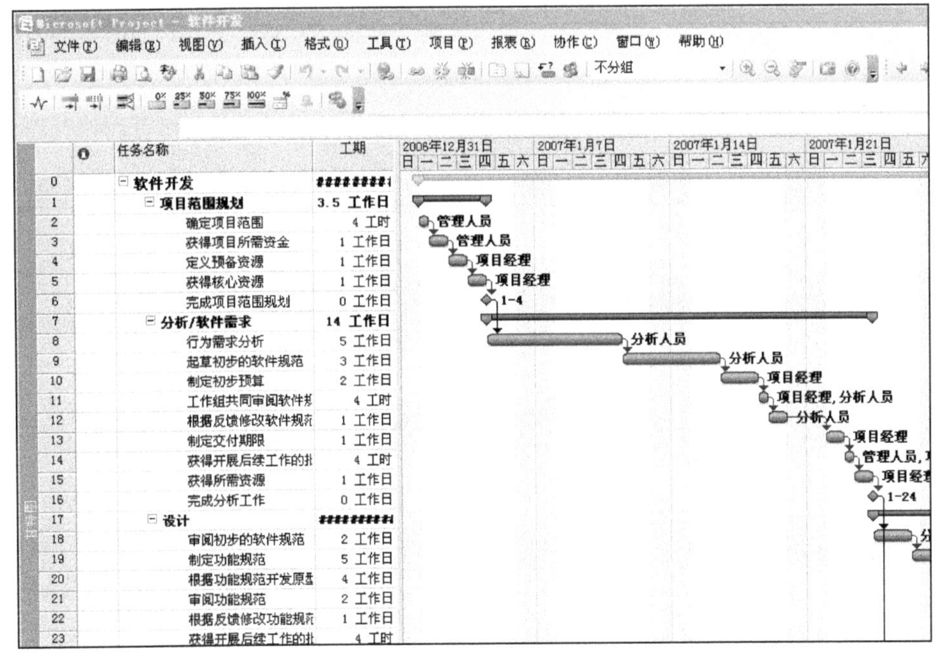

图 11.1　Project 的甘特图视图

- 复合视图：主窗口被拆分为两个窗格，每个窗格包含不同视图。此时的视图是合成视图，因此选择一个视图中的任务或资源会导致另一视图显示所选任务或资源的详细信息。

在使用 Project 时，一般一次只使用一个视图，偶尔也使用复合视图。

11.1.4　Project 中的进度计划和跟踪

使用 Project 制定项目进度计划时，首先要创建项目任务，然后分阶段组织和链接任务。

创建任务是在甘特图视图中输入每个任务的详细信息，包括名称、工期、备注等。每创建完一个任务，就会在甘特图视图右边的那一栏中显示出一个蓝色的横条，横条的长度就代表任务的时间跨度。

由于任务之间有特定的顺序和依赖关系，需通过任务链接来安排任务的执行顺序。这一操作在 Project 中也很简单，只需选择要链接的任务，然后使用“编辑”菜单中的“链接任务”即可。

项目通常是分为不同阶段的，每个阶段包含若干任务，因此常常需要把一些任务组织到一个阶段中。Project 用“摘要任务”表示项目阶段，在创建摘要任务后，使用“项目”菜单中“大纲”子菜单中的“降级”选项，可将若干任务全部组织在该阶段中。例如，在图 11.2 中，“项目范围规划”是一个摘要任务，表示一个项目阶段，它下面的 5 个任务属于该阶段。摘要任务的工期等于完成该阶段所有任务所需的工期。

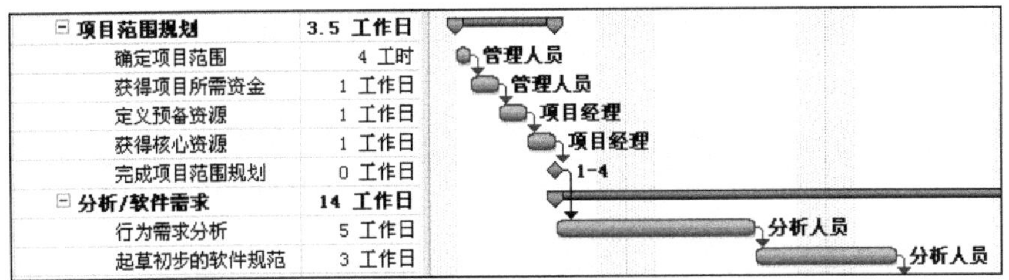

图 11.2　甘特图中的摘要任务和里程碑

里程碑是项目中的重要事件，标志着一个阶段的结束。在 Project 中创建里程碑的方法与创建普通任务的方法是一样的，只是要把里程碑的工期设为 0。例如，在图 11.2 中，“项目范围规划”阶段的最后一个任务“完成项目范围规划”就是一个里程碑，里程碑所对应的图形符号是一个小的实心菱形。

制定了进度计划后，在项目执行期间还要对进度进行跟踪，将项目的实际进展与进度计划进行对比，判断任务是否按计划开始和完成，如果没有，要分析影响任务完成时间的原因是什么，应采取什么措施进行调整。

Project 可以将原始进度进化保存为“基准”，基准用于与调整后的计划或实际执行情况进行对比，Project 能够清楚地显示出它们之间的差异。跟踪进度的最简单方法就是查看按照计划当前应完成多少任务。假设项目已进行了一段时间，可以使用 Project 方便地查看现在的任务完成情况。Project 记录在当前日期之前开始的任务的完成比例，然后会在甘特条形图中绘制这些任务的进度条以显示进度，对于已经完成的任务，会在任务的标记列中出现对钩，如图 11.3 所示。

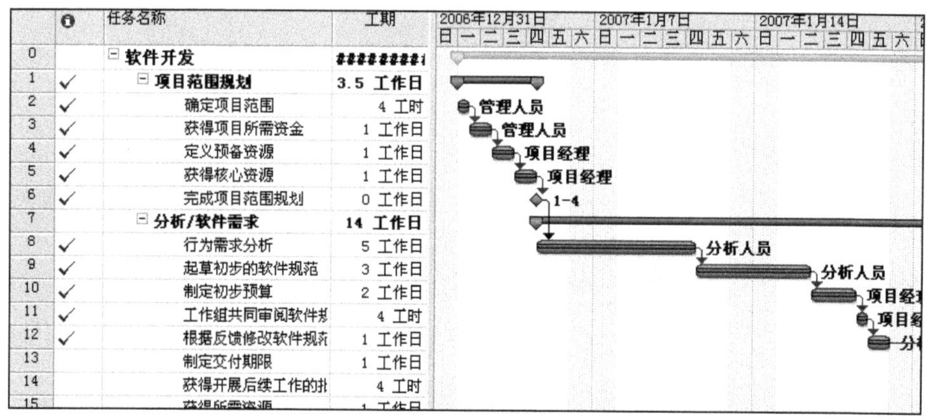

图 11.3　Project 中显示的任务完成情况

11.1.5　Project 中的资源分配和成本管理

资源是指完成项目中的任务所需的人员和设备。在 Project 中可以设置项目资源，然后把这些资源分配给项目中的任务。分配资源有助于回答以下项目管理问题：谁承担了完成任务的工作？是否掌握了完成项目所需工作的确切资源数？是否将资源分配给过多的任务，以至于超出了资源的生产能力（即过度分配资源）？项目是否超出了预算成本？

Project 使用“资源工作表”视图设置各种资源。图 11.4 所示的是在资源工作表中为项目设置人员（人力资源）。

资源名称	类型	缩写	最大单位	标准费率	加班费率
管理人员	工时	管	100%	¥60.00/工时	¥120.00/工时
项目经理	工时	项	100%	¥70.00/工时	¥140.00/工时
分析人员	工时	分	100%	¥70.00/工时	¥140.00/工时
开发人员	工时	开	100%	¥50.00/工时	¥100.00/工时
测试人员	工时	测	100%	¥50.00/工时	¥100.00/工时
讲师	工时	讲	100%	¥50.00/工时	¥100.00/工时
技术联络.	工时	技	100%	¥40.00/工时	¥80.00/工时
部署小組	工时	部	100%	¥60.00/工时	¥120.00/工时

图 11.4　在 Project 中设置项目人力资源

在 Project 中，人力资源既可以是用姓名代表的单个人员，也可以是用职务或技能代表的一个角色，如项目经理、开发人员等。在图 11.4 中，“最大单位”表示资源可用于完成任务的最大工作能力。如指定资源的“最大单位”为 100%，表示人员可将 100%的时间用于执行分配给他的任务。“标准费率”和“加班费率”分别是人员在正常工作和加班的情况下应付给他的单位时间的劳动报酬。

资源设置好后，就可以分配给每个任务，这一操作是通过使用图 11.5 所示的“分配资源”对话框和甘特图视图来完成的。每一个任务被分配了资源后，系统会根据资源费率自动计算出任务成本。

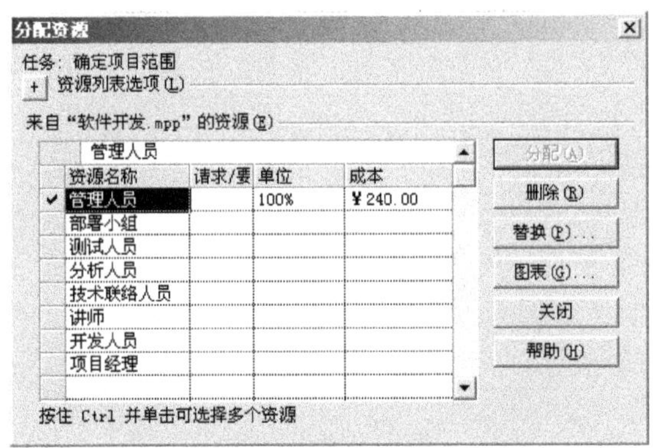

图 11.5　Project 中的分配资源对话框

各任务的成本可以显示在甘特图的任务列表中，将各任务成本相加后的总成本可以显示在成本报表中（参见下一节“Project 中的报表”），以便于进行成本管理。

11.1.6　Project 中的报表

Project 提供以下两种类型的报表。

- 表格报表：以表格的形式显示各种数据。
- 可视报表：即图表，用于将 Project 中的项目计划数据输出到 Excel 或 Visio，在这两个工具中生成特定格式的图表。

Project 提供了许多不同类型的表格报表，如图 11.6 所示。

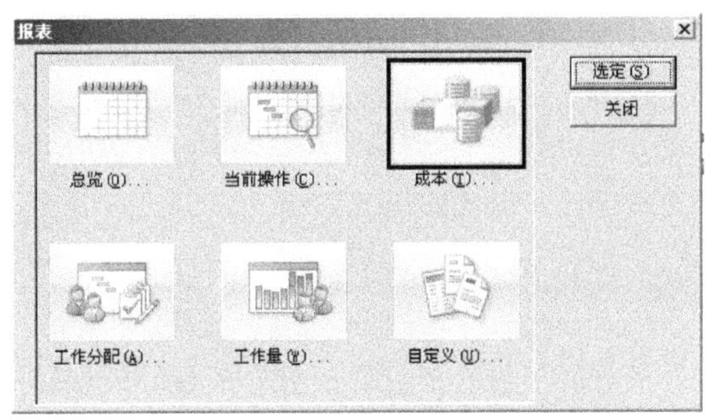

图 11.6　Project 提供的报表类型

- “总览”报表显示了项目的总体信息，包括项目摘要、里程碑、关键任务等不同报表。
- “当前操作”报表显示了当前的任务完成情况，包括未开始任务、进行中的任务、已完成任务、进度落后的任务等报表。

● “成本”报表显示项目的成本信息，包括现金流量、预算、超过预算的任务、盈余分析等报表。

● “工作分配”报表显示的是资源分配情况，包括“谁在做什么”、待办事项、过度分配的资源等报表。

● “工作量”报表显示了任务和资源的工作量（用工时计算），包括任务分配状况和资源使用状况两个报表。

● “自定义”报表是由用户根据自己的需要而自定义的报表。当然这种自定义的灵活程度是有限的，分两种情况：一种是对上述系统预定义的报表进行编辑修改，而产生自定义报表；另一种是按照系统提供的几种报表类型（成本、资源、月历、交叉分析）和格式建立新的报表。

上述所有报表都可以进行预览和打印。

Project 中的可视报表同样有很多种，如图 11.7 所示，对于每一个可视报表，Project 都会将数据输出到 Excel 或 Visio，然后生成图表。

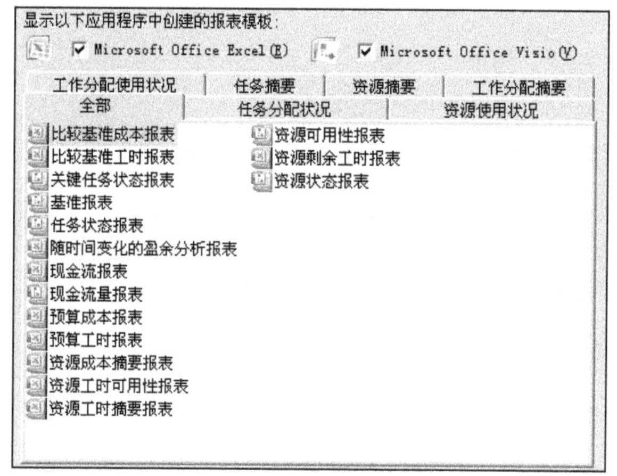

图 11.7　Project 中的可视报表

11.2　配置管理工具

软件配置管理（详见第 7 章）是软件项目必不可少的管理活动，而且对工具的依赖性很强。学会使用配置管理工具，是对软件开发者的基本要求。

11.2.1　配置管理工具概述

软件配置管理工具的常见功能包括版本控制、变更管理、配置状态统计、访问控制和安全控制等。目前在软件界应用着很多种配置管理工具，其功能各有特色，但一般都有版本控制、访问控制和安全控制功能。

这里对目前在软件界较为流行的几款配置管理工具 ClearCase、CVS、SVN、StarTeam、Git 在功能、易用性、安全性、总体成本、技术支持等方面进行简要介绍。

（1）IBM Rational ClearCase

IBM Rational 公司出品的 ClearCase 是目前市场上使用较多的配置管理工具，它几乎提供了配置管理所需要的全部功能，但没有提供变更管理功能，变更管理功能由 IBM Rational 的另一款产品 ClearQusest 提供（参见第 11.3.1 节），因此 ClearCase 常与 ClearQuest 配套使用。ClearCase 对 Windows、Linux 和 UNIX 平台都提供支持，可通过多点复制支持多个服务器和多个站点的可扩展性，并擅长支持大型团队复杂的开发过程。

ClearCase 的安装和维护比较复杂，要成为一个合格的 ClearCase 系统管理员，需要接受专门的培训。ClearCase 提供命令行和图形界面的操作方式，但其图形界面不能实现命令行的所有功能。

ClearCase 没有专用的安全性管理机制，其安全性依赖于操作系统。但 ClearCase 有 VOB 和 Element 级别的安全设置，以及锁机制和 Trigger，可进行复杂的安全控制。

ClearCase 的使用成本较高。除购买 License 的费用外，还有必不可少的技术服务费用，没有 IBM 或专业实施公司的技术服务，很难发挥出 ClearCase 的强大功能。另外，对于 Web 访问的支持还需要另行购买相应的组件。

作为世界顶级 IT 公司 IBM 的产品，ClearCase 有可靠的售后服务保证。

（2）Concurrent Version System (CVS)

CVS 是开源软件界的一个杰作，在全球中小型软件企业中得到了广泛应用。CVS 提供了完善的版本控制功能，它的客户机/服务器存取方法使得开发者可以从任何 Internet 的接入点存取最新的代码；它的无限制的版本管理检出模式避免了由于排他检出模式而引起的人工冲突；它的客户端工具可以运行在绝大多数操作系统上。但 CVS 也没有提供变更管理功能。

CVS 是源于 UNIX 的版本控制工具，因此对于 CVS 的安装和使用最好对 UNIX 系统有所了解才更容易学习。CVS 的服务器管理需要使用各种命令行操作。但目前 CVS 的客户端已有了 tortoiseCVS 等图形界面工具，服务器端也有 Windows 系统上的 CVSNT 版本，其易用性有了明显的提高。

一般来说，CVS 的权限控制比较单一，同时还要通过设置 Repository（仓库）的目录权限来完成安全控制。但是 CVS 通过 CVSROOT 目录下的脚本，提供了相应功能的扩充接口，不但可以完成精细的权限控制，还能完成更加个性化的功能。

CVS 是开源软件，无需支付任何费用，但也没有生产厂家为其提供技术支持，如果发现问题，通常只能靠自己查找相应的资料去解决。

（3）Subversion (SVN)

SVN 是当前最受欢迎的一款开源版本控制工具，可以看作是 CVS 的更新换代产品。它在 CVS 的基础上增加了许多新的功能，如对目录的版本控制，在安全性上也有所增强。SVN 很适合中小型开发团队的使用。

SVN 的使用与 CVS 很相似，服务器端的设置需要各种命令行操作，但也有图形界面工具，例如 Windows 平台上的 Visual SVN。开源社区为 SVN 开发了很多图形化界面的客户端来加强其易用性，例如 tortoiseSVN。

SVN 是开源软件，不需要支付任何费用，同时有广泛的网上社区支持，并有不少企业为其提供付费的技术支持。

（4）StarTeam

StarTeam 是 Borland 公司的配置管理工具，属于高端工具。它提供了变更管理功能，并且变更管理支持分支，每个分支有其独立的版本控制功能。StarTeam 还提供了流程定制的工具，用户可根据自己的需求灵活地定制流程。StarTeam 是基于数据库的配置管理工具，其用户可根据项目的规模，选取多种数据库系统。

StarTeam 的用户界面友好，操作简单，它的所有操作都可通过图形用户界面来完成，同时，对于习惯使用命令方式的用户，StarTeam 也提供了命令集。

StarTeam 有独立的用户管理和权限管理机制以及安全等级，但它也可以与 Windows、UNIX、Linux 等操作系统的安全机制相集成。

StarTeam 是按 License 收费的，但服务不收费。

（5）Git

Git 是一个开源的分布式版本控制系统，用以有效、高速软件项目的版本管理。Git 最初是由 Linus Torvalds 为了帮助管理 Linux 内核开发而设计的，如今已发展成为一个广泛使用的版本控制系统，许多开源项目都使用了 Git。

Git 与 CVS、SVN 等集中式版本控制系统最大的区别在于其分布式特性。开发者可以提交到本地，每个开发者通过克隆（Git Clone），在本地机器上复制一个完整的配置库，可在本地创建分支、修改代码、合并分支等。

Git 支持离线工作，特别适合分布式开发，速度快，可靠性好。作为开源软件，Git 的使用不需要任何费用，而且有较好的网上社区支持。

软件配置管理的核心思想和主要功能体现在版本控制，因此本节以下部分以 SVN 为例讲解版本控制工具的用法。

11.2.2 Subversion 的安装和配置

Subversion 有在 Linux 和 Windows 上运行的版本。这里以 Windows 上的 VisualSVN Server3.2 和 TortoiseSVN 1.8 为例讲解 Subversion 的用法。这两个工具都是免费的，分别是 Subversion 的服务器端和客户端。

（1）安装 VisualSVN Server

VisualSVN Server 安装过程非常简单，按照图形界面上的提示做几项简单的选择即可。其中在图 11.8 所示的界面上要输入安装路径、配置库所在路径和服务端口。在“Use secure connection(https://)”旁的核选框打勾表示使用安全连接协议，此时服务端口有两个供选择：443 和 8443。

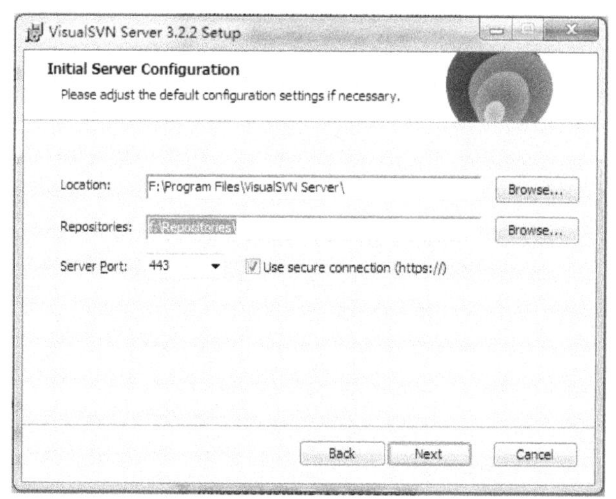

图 11.8　VisualSNV Server 安装设置界面

（2）创建配置库

安装好 VisualSVN Server 后，运行 VisualSVN Server Manager，在其主界面左上角右键单击“Repositories”，在弹出菜单中选择“Create New Repository...”，然后按照界面提示依次选择配置库类型，输入配置库名称，选择配置库初始结构，选择配置库初始权限设置，即可创建一个新的配置库。

（3）创建用户

在 VisualSVN Server Manager 主界面左上角右键单击“Users”，在弹出菜单中选择“Create Users...”，输入用户名、密码，单击“OK”即可创建一个用户。

（4）为用户分配权限

在 VisualSVN Server Manager 主界面上右键单击配置库名，在弹出菜单中选择“Properties...”，出现图 11.9 所示的界面，在该界面中分配用户对配置库的操作权限。单击“Add...”按钮添加用户，对每一个用户，可分配以下几种不同的权限。

- No Access：没有任何访问权限。
- Read Only：只读权限。
- Read/Write：读写权限。
- Inherit from parent：继承父对象的权限。VisualSVN 可针对 3 个层次的对象分配权限：配置库、文件夹、文件，下层对象可继承上层对象的权限。

图 11.9　VisualSVN 的权限设置界面

VisualSVN 还可以创建用户组，把用户添加到用户组中，并对用户组分配权限。对用户组分配权限的操作与对用户分配权限类似，这里不再详细叙述。

（5）安装 TortoiseSVN 并连接到服务器

Subversion 的客户端工具 TortoiseSVN 的安装也很简单，按照图形界面的提示逐步操作即可。

安装好 TortoiseSVN 后，打开资源管理器，在任意空白处单击鼠标右键，在弹出菜单中会有“TortoiseSVN”菜单项（如图 11.10 所示），单击此菜单项的下级菜单项“Repo-browser”，在弹出的窗口中输入 VisualSVN 服务器地址（形如“https://服务器 IP/svn/”），输入用户名和密码后，单击“OK”，如果显示出配置库目录，说明已成功连接到 Subversion 服务器。

图 11.10　TortoiseSVN 操作菜单

11.2.3　Subversion 中的常用操作

下面介绍用 Subversion 进行版本控制的一些常用操作，包括把项目检入配置库、检出项目到本地、向配置库提交内容、从配置库更新内容到本地等。

（1）把项目检入配置库

在对一个软件项目进行配置管理前，首先要把项目文件夹检入到配置库中，操作方法如下。

在 Windows 资源管理器中建立项目文件夹，包含项目的初始文件。右键单击项目文件夹，在弹出的“TortoiseSVN”菜单中选择“Import...”菜单项，然后在对话框中输入配置库的 URL 和必要的日志信息，单击“OK”，输入用户名和密码后，再单击“OK”，项目文件夹就被上传到 SVN 服务器上。

（2）从配置库检出项目到本地

在 Windows 资源管理器中建立一个存放项目的文件夹，右键单击该文件夹，在弹出的菜单中选择“SVN Checkout...”菜单项，出现图 11.11 所示的对话框。在“URL of Repository”文本框中输入项目配置库地址，其他输入接收默认值，然后单击“OK”，配置库中的项目就被检出到本地。

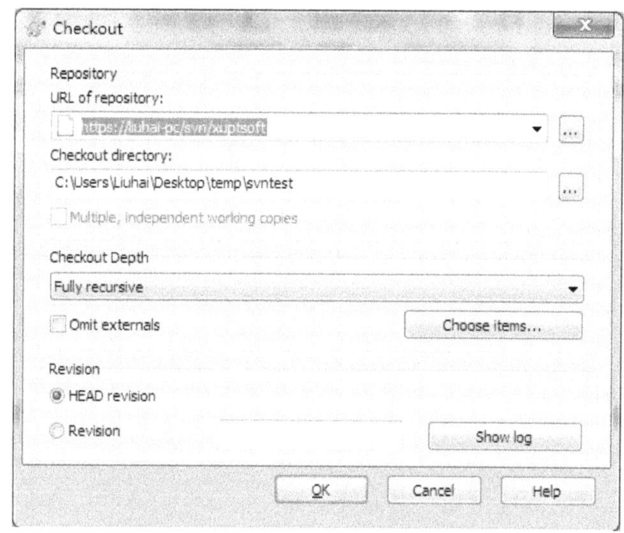

图 11.11　TortoiseSVN 的 Checkout 对话框

（3）向配置库提交文件或文件夹

在 Windows 资源管理器中右键单击要提交的文件或文件夹，如果是没有提交过的内容，在弹出菜单中选择“TortoiseSVN”→“Add”，执行添加操作。然后再次右键单击要提交的文件或文件夹，在弹出菜单中选择“SVN Commit…”，在出现的提交对话框中的“message”框中输入注释信息（本次提交了哪些新内容，以及其他相关说明），单击“OK”，完成提交。

对以前提交过的内容做了修改后，想再次提交，可再次执行上述 SVN Commit 操作。

（4）从配置库更新内容到本地

在 Windows 资源管理器中右键单击要更新的文件或文件夹，在弹出菜单中选择“SVN Update”即可。

（5）重命名文件或文件夹，并将修改提交到配置库

在需要重命名的文件或文件夹上单击右键，在弹出菜单中选择“TortiseSVN”→“Rename…”，在弹出的窗体中输入新名称，单击“OK”按钮即可。要完成重命名，还要对被重命名的文件或文件夹的上一级文件夹进行 commit 操作。在配置库中，重命名操作相当于执行了两个子操作：删除原文件、添加和提交重命名后的文件。

（6）删除文件或文件夹，并将修改提交到配置库

在 Windows 资源管理器中直接删除文件或文件夹，然后对上一级目录执行 commit 操作。

11.3 缺陷跟踪工具

在软件的测试或评审过程中，往往会发现大量的软件缺陷，为了不遗漏任何缺陷，并提高缺陷修复工作的效率和质量，通常需要执行缺陷跟踪。本书第 6.2.5 节介绍了缺陷跟踪流程，该流程的执行通常需要工具的支持。

11.3.1 缺陷跟踪工具概述

功能较完善的缺陷跟踪工具提供了可定制的跟踪流程，这样的工具不仅可以用于处理缺陷，还可用于跟踪和处理软件开发中的一般问题（如变更）。另外，缺陷跟踪工具和测试用例管理工具往往有紧密的联系，因为在软件测试阶段，测试人员在执行测试用例的时候常会发现缺陷，在报告发现的缺陷时，描述信息中通常要包括发现该缺陷的测试用例的执行过程，以便于修复人员重现该缺陷。缺陷被修复后，测试人员还要重新运行发现该缺陷的测试用例以验证缺陷的修复，即回归测试。因此缺陷跟踪工具和测试用例管理工具常常需要进行互操作，两者之间应有集成和互操作的接口。例如，IBM Rational 的 ClearQuest 与 ClearCase（可用于测试用例管理）往往集成在一起使用，国内的开源软件“禅道项目管理软件”也将缺陷跟踪与测试用例管理工具集成在了一起。

缺陷管理工具有很多，常用的有商业软件 ClearQuest、TrackRecord、JIRA，开源软件 Bugzilla 等，以下对这些工具分别作简单介绍。

（1）IBM Rational ClearQuest

IBM Rational ClearQuest 提供了基于团队的缺陷和变更跟踪解决方案，它包含在 IBM Rational 公司的软件工程管理工具套件 Rational Suite 中，Rational Suite 是为配合统一软件过程 RUP（Rational Unified Process）而开发的。在 RUP 中，软件缺陷跟踪是作为变更请求管理的一个特例。在实际项目管理中，ClearQuest 主要用作记录 3 种活动：BaseCMActivity、Enhancement 和 Defect，

BaseCMActivity 表示基本配置管理活动，Enhancement 用于增强型变更或新需求，Defect 表示缺陷管理。因此，ClearQuest 是一套功能强大而又高度灵活的缺陷和变更跟踪系统，它的特点主要体现在以下几个方面。

- 拥有可完全定制的界面和工作流程机制，能适用于任何开发过程。使用 ClearQuest Designer 几乎可以定制系统的所有方面，包括缺陷和变更请求的状态转移流程、数据库字段、用户界面布局、报表、图表和查询等。
- 可以很好地支持最常见的变更请求（包括缺陷跟踪和功能改进请求），并且便于对系统做进一步的定制，以便管理其他类型的变更。
- 可与 IBM Rational 的其他配置管理、自动测试、需求管理等工具紧密集成。
- 强大的报告和图表功能，使用户能直观、简便地使用图形工具定制所需的报告、查询和图表。
- 提供自动电子邮件通知、Web 登录功能，对 UNIX 和 Web 访问提供内在支持。

ClearQuest 虽然功能强大，但与 ClearCase 一样，价格昂贵，配制和维护难度较大，一般需要配备专门的维护工程师，这在一定程度上限制了该软件在中小型软件企业中的应用。

（2）TrackRecord

作为 Compuware 公司项目管理软件系列的一个重要组成部分，TrackRecord 拥有众多的企业级用户，它基于传统的缺陷管理思想，整个缺陷处理流程完备，界面设计精细，并且对缺陷数据进行了初步的加工处理，提供了图形表示。

TrackRecord 具有如下特点。

- 规则引擎（Rules engine）允许管理者对不同信息类型创建不同的规则，规定不同字段的值的范围等。
- Web 远程信息访问。因为 TrackRecord 是可以通过 Internet 浏览器访问的，开发人员和测试人员用远程的工作方式就能快速有效地获得并更新关于缺陷、任务、优先权和状态的信息。用户使用浏览器和适当的访问权限能够与小组其他成员同步工作。
- 统计和图形表示。动态地对数据库中的数据进行统计报告，可按照不同的条件进行统计，同时提供了几种图形显示方式：文本方式显示不同缺陷状态，立体彩色条形图显示不同优先级的缺陷状态，彩色饼图显示所有人员发现缺陷占总缺陷数的百分比。
- 动态报告。TrackRecord 把实时项目状态和缺陷信息直接提供给需要了解的人：开发人员、测试人员、项目管理人员、操作支持和管理人员。它借助易用而又有条理的视图和报告来反映数据库中的最新信息，用户可以观察总结性的图形或关注指定的缺陷细节。
- 可定制数据库。TrackRecord 的交互编辑器能方便地添加新域，建立条目之间新的关系，给数据库添加完整的新数据类型，修改已存在的数据类型。

TrackRecord 功能完备，在缺陷数据的后期处理方面也有特色，提供了多种不同的表示形式，体现了商业软件在设计和功能上的优势。

（3）JIRA

JIRA 是澳大利亚 Atlassian 公司推出的一个问题跟踪管理软件，可跟踪和管理软件项目中出现的各种问题和缺陷。JIRA 注重可配置性和灵活性，通过简洁易用的 Web 交互方式充分满足了技术用户和非技术用户的需求。目前 JIRA 已经被 35 个国家的 2 000 多个软件组织的项目管理人员、开发人员、分析人员、测试人员和其他人员所广泛使用。

JIRA 具有以下特点。

- JIRA 是“问题（Issue）”管理工具，“问题”除包括缺陷外，还包括软件特征、任务和改进等。
- 具有高度可定制性，无论界面、缺陷跟踪工作流，还是问题属性字段，都可以由用户进行定制，使系统具有高度的灵活性和适应性。
- 很强的查询功能，可执行全文搜索，并可将查询条件保存为过滤器，不同的用户可共享过滤器。
- 灵活的用户/用户组权限管理。可设置多个权限分配方案，不同的项目可以有不同的系统权限分配。
- 高度可配置的 E-mail 通知策略，不同的项目可设置不同的邮件通知方案。
- 具有对缺陷进行投票和监视的功能。
- 易于和其他系统（E-mail、SOAP、Excel、XML、CVS、SVN、Perforce 等）实现集成，监听器和服务程序能够提供与现有系统的双向信息交换。具有良好的可扩展性，完整的 Java 应用程序接口允许用户通过编写代码直接与 JIRA 连接，从而可无限制地扩展 JIRA。
- 具有很好的平台兼容性，能够运行于所有安装了 JDK 的操作系统上，并能够与几乎所有的兼容 JDBC 的数据库一起使用。

JIRA 对开源项目是免费的。

（4）Bugzilla

Bugzilla 是 Mozilla 公司提供的一个开源的缺陷跟踪工具，在全世界拥有大量用户。作为一个产品缺陷的记录及跟踪工具，它能够为软件组织建立一个完善的缺陷跟踪体系，包括报告缺陷、查询缺陷记录并产生报表、处理解决缺陷、管理员系统初始化和设置等。Bugzilla 具有如下特点。

- 基于 Web 方式，运行方便快捷、管理安全。
- 提供强大的查询匹配能力，能根据各种条件组合进行缺陷查询，并能够记忆搜索条件。
- 缺陷从最初的报告到最后的关闭，都有详细的操作记录，确保了缺陷不会被忽略，并允许用户在检查缺陷状态时获取历史记录。
- 自带基于当前数据库的报表生成功能，主要生成两类图表：基于表格的视图和图形视图（条形图、线图、饼状图）。
- 具有灵活和完善的权限管理功能，管理员可以根据需要定义由个人或者小组构成的访问组。可以定义一组特殊用户，他们所发表的评论和附件只能被组内成员访问。
- 模型化的验证模块，使用户方便地添加所需系统验证。Bugzilla 已经内置了对 MySQL 和 LDAP 授权验证的支持。
- 可本地化配置：管理员可以根据用户所在地域而配置使用本地的字体进行页面显示。
- 评论回复连接：对缺陷的评论提供直接的页面连接，帮助复查人员评审缺陷。

下面就以 Bugzilla 为例介绍一下缺陷跟踪工具的用法。

11.3.2 Bugzilla 的缺陷处理流程

Bugzilla 的缺陷处理流程包括以下步骤。

（1）测试人员或开发人员发现 Bug 后，判断属于哪个模块的问题，填写 Bug 报告后，通过 E-mail 通知项目组长或直接通知开发者。

（2）项目组长根据具体情况，将 Bug 分配给开发者。

（3）开发者收到 E-mail 信息后，判断是否为自己的修改范围。

- 若不是，重新分配给项目组长或应该负责的开发者；
- 若是，则进行处理，解决 Bug 并给出解决方法（可创建补丁附件及补充说明）。

（4）测试人员查询开发者已修改的 Bug，进行测试（可创建 Test Case 附件）。

- 经验证无误后，修改状态为 Verified，待整个产品发布后，修改为 Closed。
- 若还有问题，Reopened，状态重新变为“New”，并发邮件通知相关人员。

（5）如果这个 Bug 一周内一直没被处理过，Bugzilla 就会一直用 E-mail 通知它的属主，直到 Bug 被处理。

11.3.3 Bugzilla 的基本操作

（1）新建一个用户账号

单击“Open a new Bugzilla account”链接，输入用户的 E-mail 地址，然后单击“Create Account”。稍候，用户会收到一封电子邮件，邮件中包含用户的登录账号（与 E-mail 相同）和口令，这个口令是 Bugzilla 系统随机生成的，可以根据需要进行变更。随后可使用该账号登录 Bugzilla。

（2）报告 Bug

报告一个新的 Bug 时，需在图 11.12 所示的界面中输入 Bug 的相关信息。

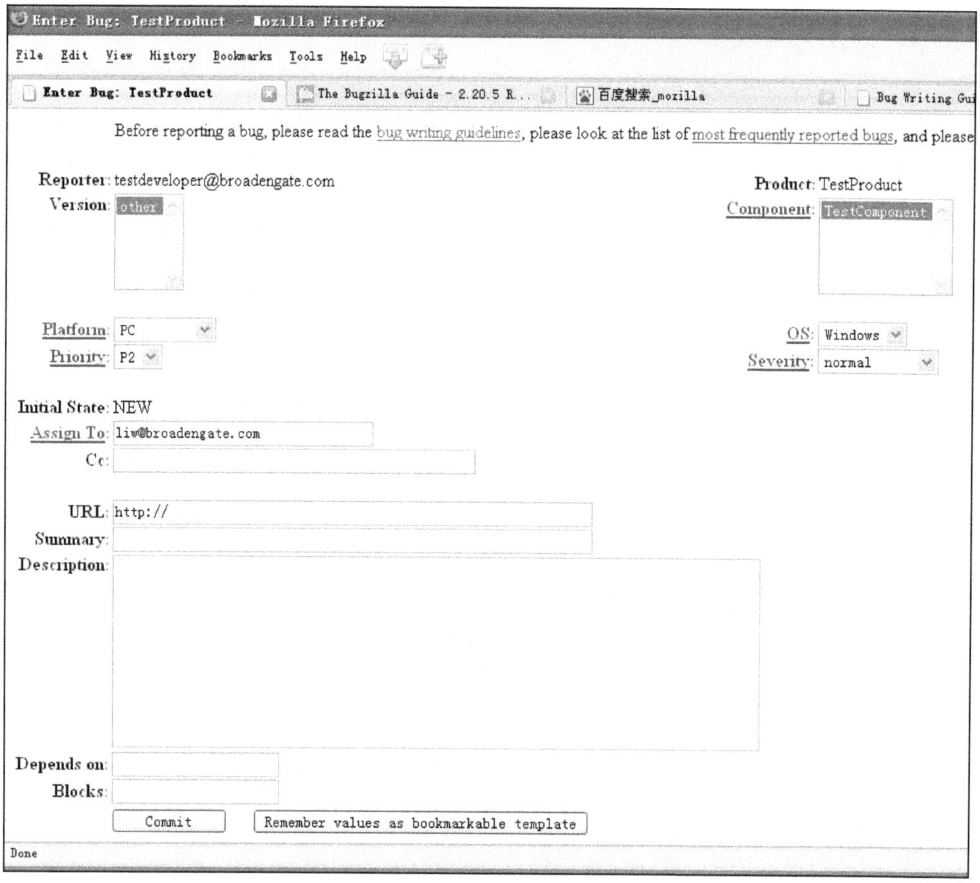

图 11.12 Bugzilla 中报告缺陷的页面

Priority 指缺陷的优先级。

Initial State 指 Bug 的初始状态，在 Bug 的处理流程中，有以下几种状态。

- Unconfirmed：待确认的；
- New：新提交的；
- Assigned：已分配的，指已分配给相关人员进行修复；
- Reopened：因问题未解决而重新打开的；
- Resolved：缺陷已修复而待返测的；
- Verified：已经过返测而待归档的；
- Closed：已归档（关闭）的。

Assign To 指将缺陷分配给哪一个人员进行处理。

Cc 指可同时接到 Bug 报告通知的人员，如果为多人，需用“,”隔开。

URL 是一个超链接地址，引导处理人找到与缺陷报告相关联的信息。

Summary 是概述部分，保证处理人在阅读时能够清楚提交者在进行什么操作的时候发现了什么问题。

Description 是缺陷的详细描述，一般要说明下列情况。

- 发现问题的步骤；
- 执行上述步骤后出现的情况；
- 期望应出现的正确结果。

Depends on 是指如果该 Bug 必须在其他 Bug 修改以后才能够修改，则在这里填写那个 Bug 的编号。

Blocks 是指如果该 Bug 影响其他 Bug 的修改，则在这里填写被影响的 Bug 编号。

Component 是指 Bug 所在的软件模块。

Severity 指缺陷的严重程度，可选择以下选项。

- Blocker：阻碍开发和/或测试工作；
- Critical：关键性缺陷，如死机、丢失数据、内存溢出等；
- Major：较大的功能缺陷；
- Normal：普通的功能缺陷；
- Minor：较轻的功能缺陷；
- Trivial：产品外观上的问题或不影响使用的毛病，如菜单或对话框中的文字拼写问题等。

填写了以上信息后，单击“Commit”按钮，提交 Bug，Bugzilla 会自动发送邮件通知负责处理缺陷的人员。

（3）确认 Bug 是否存在

查询状态为“Unconfirmed”的 Bug，对其进行确认操作，具体操作方法是：选中“Confirm Bug(change status to New)”后，进行 commit，操作结果为 Bug 的状态变为“New”。

（4）解决 Bug

登录 Bugzilla 系统后，单击浏览器下方的“Saved Searches: My Bugs” 按钮进入 Bug 管理界面，选择要修复的 Bug；修复完毕后，给出解决方式并填写 Additional Comments，还可创建附件（如更改提交单）。

Bug 的解决方式有以下几种。

- FIXED：问题已经修复；
- INVALID：描述的问题不是一个 Bug；
- WONTFIX：描述的问题不需要修复；

- LATER：描述的问题将不会在产品的这个版本中解决；
- DUPLICATE：描述的问题与以前的某个 Bug 重复；
- WORKSFORME：无法重现 Bug。

（5）验证已修复的 Bug

开发人员处理完 Bug 并提交之后，测试人员查询开发者已修改的 Bug，即 Status 为“Resolved”，Resolution 为“Fixed”的 Bug，进行回归测试。经验证无误后，将缺陷的状态改为 Verified；若还有问题，则重新打开缺陷，状态重新变为“New”，并发邮件通知开发人员。

（6）查找 Bug

可以使用 Bugzilla 的查询页面查找到系统中所有的 Bug 信息。Bug 报告中所有的字段信息都可作为查询条件，对于某些字段，可以选择多个值；在这种情况下，Bugzilla 会返回与任一值匹配的 Bug 记录。

可将一已执行的查询保存下来，成为一个“保存查询”（Saved Search），显示在查询页面的页脚处，供以后重复使用。

可使用布尔表达式将多个查询条件组合在一起，构成高级查询。

（7）生成报表

当使用查询功能得到 Bug 数据集后，可在此 Bug 数据集的基础上生成报表。Bugzilla 的报表分为两类：基于 HTML 表格的报表和基于图形的报表。其中基于图形的报表可绘制出线图、饼状图和柱状图。

例如，当使用查询功能查询出某一产品中的所有 Bug 记录后，可使用报表来显示出各构件中不同严重程度的 Bug 的分布状况，从而发现哪些模块的质量存在严重问题。当定义好报表参数后，单击“Generate Report”，便可生成报表，且报表的形式可在 HTML 表格、线图、饼图和柱状图之间切换。

本章小结

为了提高软件项目管理工作的质量和效率，需要使用相关的工具。目前的软件项目管理工具很多，本章介绍了常用的通用项目管理工具、配置管理工具和缺陷跟踪工具。

通用项目管理工具的主要功能是帮助用户制定任务、管理资源、进行成本预算及跟踪项目进度等。常用的通用项目管理工具有 RPM、Primavera Project Planner（简称 P3）、Open Plan 和 Project 等。本章以 Project 为例介绍了通用项目管理工具的常用操作。

软件配置管理工作对工具的依赖性很强。软件配置管理工具的主要功能包括版本控制、变更管理、配置状态统计、访问控制和安全控制等。目前在产业界广泛使用的软件配置管理工具有 ClearCase、CVS、SVN、StarTeam、Git 等。本章以 SVN 为例介绍了版本控制的常见操作。

缺陷跟踪是指从缺陷被发现开始到被改正为止的整个跟踪流程。执行这个流程通常需要工具的支持。常用的缺陷跟踪工具有 ClearQuest、TrackRecord、JIRA 和 Bugzilla 等。有些缺陷管理工具还可用于一般的问题跟踪和变更管理。本章以 Bugzilla 为例介绍了缺陷跟踪工具的用法。

学习软件项目管理，掌握以上常用的工具是必要的。

习　　题

1. 通用项目管理工具一般具有哪些主要功能？
2. Microsoft Project 中有哪些视图？各种视图有什么用途？
3. 配置管理工具一般具有哪些功能？
4. 请描述 Bugzilla 的缺陷处理流程。
5. 缺陷的“严重程度”和“解决方案”一般都有哪些种类？

第12章 课程实践

目前，我国许多高等院校的计算机相关专业开设了“软件项目管理”课程，该课程有很强的实践性。因为软件项目管理理论来源于从大量项目实践中总结出的经验性知识，学习这些知识也应该理论联系实际，“在做中学”。本章主要讨论怎样组织和设计“软件项目管理”课程的实践环节，使课程达到更好的教学效果。

12.1 课程实践的组织方式

为了对学生进行系统化的训练，在课时允许的情况下，软件项目管理课程的实践环节教学应尽量让学生参与一个完整软件项目的管理过程（从项目立项到项目收尾的全过程）。选择软件项目的原则是：规模不宜过大，也不宜过小，且业务需求对学生来说不难理解。规模过大的项目超过了一门课程的课时容量，学生难以完成；规模过小的项目（如一些用于课程设计的教学项目）容易把问题简单化，不能充分体现软件项目管理的原则和方法。如果项目所属的业务领域对学生来说过于陌生，学生在理解业务需求上可能会遇到太多的困难，花费太多的精力，这同样会影响课程实践的效果。本书作者所在的教学团队使用了一个“剧院售票管理系统”作为教学案例项目，附录B给出了该系统的工作任务说明（SOW）。

课程实践采用分组的方式实施，3～5个学生组成一个项目小组，小组成员之间分工协作。

在一门课程极为有限的时间和资源约束下，学生小组可能很难完成一个完整的、有一定规模和复杂性的软件项目。这个问题的一个解决方法是采用“项目模拟”的方式，即忽略软件系统的具体技术实现过程，使学生把精力集中于软件项目的管理过程，避免过多的资源消耗。

在整个项目模拟过程中，教师充当用户方（甲方）角色，学生小组则充当开发方（乙方）角色。在项目初始，由用户方发布招标需求，开发方给出项目建议书（或投标书）；在项目执行期间，用户方可进行监督并参与阶段评审；在项目收尾阶段，用户方和开发方共同完成项目验收。

除要求学生完成必要的项目管理文档外，在课程实践的一些环节，还应指导学生结合项目管理工具，完成一些实验，使学生掌握必要的技术。这些实验应精心设计，给出较详细的实验步骤，才能达到较好的效果。本章以下部分介绍几个重要的软件项目管理实验设计，包括项目计划实验、版本控制实验、缺陷跟踪实验和系统集成实验。

12.2 项目计划实验

本实验使用项目管理工具 MS Project 制定项目管理计划，包括制定进度计划、分配资源、进度跟踪和制作项目报表等。实验时间是两个课时。

12.2.1 实验目的和形式

本实验的目的是掌握通用项目管理工具的主要功能，理解编写软件项目计划的方法和步骤。

本实验由单人完成。

12.2.2 软硬件环境

硬件：PC（参与实验的学生每人一台）。

软件环境：操作系统 Windows XP/7；MS Project 2007 以上版本。

12.2.3 实验步骤

本实验所使用的项目案例为“剧院售票管理系统”，有关该案例的详细信息请参看本书附录 B《剧院售票管理系统工作说明书》。

1. 创建新项目计划

在这一步学习怎样创建一个新的项目计划并设定项目计划的基本信息。

（1）启动 MS Project，系统自动创建一个空白的新项目。

（2）选择“文件”菜单中的“属性”，弹出项目属性对话框，在“摘要”标签中输入项目标题“剧院售票管理系统”，其他信息项也可酌情输入。输入完成后单击“确定”关闭项目属性对话框。

（3）选择“项目”菜单中的“项目信息…”选项，弹出项目信息对话框，在此对话框中输入项日的开始日期（如果“日程排定方法”选择为“从项目完成之日”起，则输入项日的完成日期）。其他信息项可接受其默认值。输入完成后单击“确定”关闭项目信息对话框。

（4）单击“文件”菜单中的“保存”，在“保存”对话框中输入文件名“剧院售票管理系统”，单击“确定”保存项目计划。

2. 项目任务安排

在这一步学习怎样输入项目任务，将任务划分为阶段，并安排任务的执行次序。

（1）在 Project 主界面左边的任务列表栏中依次输入“剧院售票管理系统”项目的各个任务的名称和估计工期。可按表 12.1 所示输入。

表 12.1 剧院售票管理系统项目任务

任务名称	工期
项目计划	3
需求分析	8
总体设计	2
详细设计	4

续表

任务名称	工期
管理演出厅	4
管理剧目	4
安排演出	4
查询演出	3
查询演出票	2
售票	3
统计销售额	3
分析销售数据	4
管理系统用户	4
集成测试	5
系统测试	3
用户验收	2
系统部署	1
用户培训	2

（2）将任务组织到项目阶段中。单击任务名称“管理演出厅”，在“插入”菜单中单击“新任务”，输入新任务的名称为“编码”。选择从“管理演出厅”到“管理系统用户”共 9 个任务，在“项目”菜单中，指向“大纲”，然后单击“降级”，将这些任务组织到“编码”阶段中。

（3）采用与第（2）步相同的方式将“集成测试”“系统测试”划分到“测试”阶段，将“用户验收”“系统部署”“用户培训”划分到“交付”阶段（说明：如果新插入的阶段名称被归入到前一阶段中，使用“项目”菜单中“大纲”的“升级”选项）。

（4）安排任务的执行次序。“项目计划”“需求分析”“总体设计”和“详细设计”这 4 项任务是顺序执行的。选择这 4 项任务，在“编辑”菜单中，单击“链接任务”，将任务链接在一起。用同样的方法将“集成测试”和“系统测试”链接在一起，将“用户验收”“系统部署”“用户培训”链接在一起。观察甘特图中任务条的变化。

（5）选择任务名称“详细设计”和“编码”，在“编辑”菜单中，单击“链接任务”，将详细设计和编码阶段链接在一起。选择任务名称“编码”，按住“Ctrl”键，再选择任务名称“测试”，在“编辑”菜单中单击“链接任务”，将编码阶段和测试阶段链接在一起。采用同样的方法把测试阶段和交付阶段链接在一起。观察甘特图中任务条的变化。

3. 项目工作分派

学习怎样设置项目的人力资源，并将项目任务分配给人员。

（1）单击“视图”菜单中的“资源工作表”，打开资源工作表视图，在该视图中输入人力资源信息。

（2）单击“视图”菜单中的“甘特图”，切换回甘特图视图。在“工具”菜单中，单击“分配资源”，出现“分配资源”对话框，在其中可以看到在前面设置的资源名称。

（3）在甘特图的“任务名称”列中，单击某一任务名称；在“分配资源”对话框的“资源名称”列中，单击某一人员名称，然后单击“分配”按钮，人员被分配给了任务。重复这一过程，为每个任务分配人员。观察甘特图中任务条的变化。

（4）关闭“分配资源”对话框。单击“视图”菜单中的“资源使用状况”，查看每个人员所负责的任务。

（5）单击“视图”菜单中的“任务分配状况”，查看分配给每个任务的人员。

4. 项目成本设定

设定人力资源的费率，并查看项目任务的成本。

（1）单击“视图”菜单中的“资源工作表”，在“资源工作表”视图中输入每个人员的费率。

（2）单击“视图”菜单中的“甘特图”，切换回甘特图视图。单击任务列表的任意一处，在“插入”菜单中单击“列…”，弹出“列定义”对话框。

（3）在“域名称”下拉列表框中选择“成本”，单击“确定”。在项目的甘特图视图中插入了“成本”列，显示出每个任务的成本。任务的成本=负责该任务的人员的标准费率×任务的工时。

5. 项目进度跟踪

学习怎样保存基准计划、怎样跟踪当前进度，以及怎样将实际进度情况与原始计划进行对比。

（1）在“工具”菜单下，指向“跟踪”，然后单击“设置比较基准”，“设置比较基准”对话框出现，接受其默认设置，单击“确定”，Project 将当前项目计划保存为基准。

（2）在甘特图视图中修改任一任务的开始日期或工期（如将“总体设计”延长 1 天），然后在“视图”菜单中，指向“表：项”，然后单击“差异”，“差异”表出现，此表包括两类开始时间和完成时间，即日程排定的和基准计划的。比较你所修改的任务的这两类开始时间和完成时间。

（3）查看当前进度情况。在“工具”菜单中，指向“跟踪”，然后单击“更新项目”，“更新项目”对话框出现。确保“将任务更新为在此日期完成”选项为选中状态，在旁边的日期框中输入一个日期，单击“确定”，查看在输入日期前有哪些任务完成，以及任务的完成比例（Project 记录在当前日期之前开始的任务的完成比例，然后会在甘特条形图中绘制这些任务的进度条以显示进度。对于已经完成的任务，会在任务的“标记”列中出现对钩）。

6. 查看日历和网络图视图

单击“视图”菜单中的“日历”和“网络图”，分别查看项目计划的日历和网络图视图。

7. 项目报表制作

学习使用 Project 提供的各种报表。

（1）单击“报表”菜单中的“报表”。

（2）单击“总览…”，然后单击“选定”，打开“总览报表”对话框，在此对话框中单击“项目摘要”，然后单击“选定”，打开报表预览对话框，查看项目摘要报表。

（3）重复第（2）步，分别预览“当前操作”“成本”“工作分配”“工作量”和“自定义”类的报表。

（4）单击“报表”菜单中的“可视报表”，显示可视报表对话框，单击“资源剩余工时报表”，然后单击“视图”，Excel 启动，Project 将资源数据输出到 Excel（此过程可能会花一点时间），显示出报表。

12.3 版本控制实验

本实验使用 CVS 工具练习版本控制操作。实验时间是 4 个课时。

12.3.1 实验目的和形式

本实验的目的是掌握版本控制工具的主要用法，理解版本控制的作用和以项目组形式进行软件开发的方法。

本实验以小组为单位完成实验内容。3～5 名学生组成一个小组。

12.3.2 软硬件环境

硬件环境：计算机局域网，参与实验的学生每人使用一台 PC。

软件环境：操作系统 Windows XP/7/8，CVSNT，TortoiseCVS。

12.3.3 实验步骤

1. 安装 CVS 服务器

在本小组使用的服务器上安装 CVSNT。注意安装后需重启电脑。

2. 创建 CVS 仓库（配置库）

启动 CVSNT Control Panel，选择 Repository Configuration 选项卡，创建 CVS 仓库。

3. 创建用户账号

（1）在 CVS 服务器上打开 Windows 的命令行窗口。

（2）使用以下命令设置环境变量 cvsroot

```
set cvsroot=:pserver:administrator@localhost:/CVSrepo
```

其中“/CVSrepo”是在第 2 步创建的仓库名。

（3）使用 cvs login 命令以“Administrator”用户（Windows 系统管理员）账号登录 CVS 服务器。（注意，如果 Administrator 没有密码，则需在 Windows 控制面板的“用户账户”中设置密码）。

（4）使用以下命令创建用户账号：

```
cvs passwd –a username
new password: 输入用户密码
verify password: 再次输入用户密码
```

其中 username 是账户名。重复第（4）步，为本小组每个成员创建一个账号。

（5）对于以上创建的每一个用户账户，使用以下命令将其与 administrator 绑定：

```
cvs passwd –r administrator username
```

其中，username 是用户名。执行该命令时需输入用户名相应的密码。

4. 安装 CVS 客户端

在本小组各成员使用的计算机上安装 CVS 客户端工具 tortoiseCVS。注意安装过程需重启 Windows Explorer（资源管理器）。

5. 创建仓库中的新项目

在本小组某一成员的计算机上准备一文件夹（如 prj1），包含新项目中的初始文件。按以下步骤在仓库中创建一新项目。

（1）在 Windows 资源管理器中，右键单击“prj1”，选择“CVS”→“make new module…”，在弹出的对话框中输入以下相关信息。

- 协议：用来同 CVS 仓库通信的协议，使用默认的 pserver 即可。

- 服务器：CVS 仓库所在服务器的名称或 IP。
- Port：CVS 仓库端口号，通常不需要填写。
- Repository folder：服务器上 CVS 仓库的名称。
- User name：执行本操作的用户名。

（2）单击“OK”，在远程服务器的仓库中创建项目 prj1。

（3）右键单击文件夹 prj1，在弹出菜单中选择“cvs add contents…”，执行文件添加操作。

（4）右键单击文件夹 prj1，在弹出菜单中选择“cvs commit…”，将文件夹中的文件全部提交到远程服务器的仓库中。

6. 从仓库中检出项目

本小组的各成员从服务器的仓库中检出项目。在想要放置项目的文件夹上单击鼠标右键，从弹出菜单中选择“CVS Checkout…”，在弹出的对话框中输入相关信息（与以上第 5 步类似）后单击“OK”。

7. 修改并提交文件

本小组的各成员在客户端修改项目中的一个文件，然后将其提交到仓库（使用 cvs commit）。

8. 新建并提交文件

本小组的各成员在客户端新建一个文件，然后提交到仓库。注意：新建的文件要先添加（cvs add）再提交（cvs commit）。

9. 多人修改和提交同一文件

本小组中不同的人员修改同一文件，并先后提交，观察操作结果（提示：在这种情况下会出现服务器上的文件版本比本地机上的版本高，而不能提交的情况，此时要先执行下面的“更新文件”操作）。

10. 更新文件

将本地的文件更新为服务器上的更高版本（使用 cvs update）。更新后打开文件，观察自己所做的修改是怎样保留下来的。

11. 观察文件版本的演化图

观察某一文件的版本演化过程（使用 Revision Graph）。

12. 将文件恢复为某一历史版本

可将文件恢复到任一历史版本。方法是在文件的 History 对话框中，右键单击某一版本号，然后选择“get this version（sticky）”。

13. 创建分支

本小组的成员之一为项目创建一个分支。方法是在项目文件夹上单击右键，选择“CVS”→“branch”。

14. 检出分支

本小组的各成员将某一分支从服务器检出。首先应在本地机上创建一个存放分支的文件夹，文件夹名称应包含分支名称。然后右键单击该文件夹，选择“CVS Checkout”，在对话框中选择 Revision 选项卡，选中“Choose branch or tag”，然后在下拉框中选择要检出的分支，单击“OK”即可。

15. 在分支上工作

在检出的分支上重新执行文件的新建、修改、提交等操作，然后查看文件的版本演化图，观察不同分支上文件版本的演化。注意观察分支的独立性，即它们互不影响，独立演化。

12.4　缺陷跟踪实验

本实验练习使用缺陷跟踪工具，实验时间是 2 个课时。

12.4.1　实验目的和形式

本实验的目的是理解缺陷跟踪流程及其作用，掌握缺陷跟踪工具的用法。

参加实验的学生每两人为一小组，小组中一人以开发人员角色进行操作，另一人以测试人员角色进行操作，且在实验过程中可以互换角色。

12.4.2　软硬件环境

硬件环境：计算机局域网，每个实验小组有一台计算机作为服务器，另外每个成员各有一台计算机作为自己使用的客户机。

软件环境：操作系统 Windows XP/7/8。缺陷跟踪工具采用开源的“禅道项目管理软件”中的缺陷跟踪部分。

12.4.3　实验步骤

以下实验步骤的描述中，“测试者”指小组中作为测试人员角色的一方，“开发者”指小组中作为开发人员角色的一方。

1. 安装“禅道项目管理软件”

在本小组的服务器上安装“禅道项目管理软件”开源版，安装过程如下。

（1）运行安装文件，输入软件存放目录，注意目录名不要含有汉字和空格。单击“确定”后将软件解压到指定目录。

（2）进入存放软件的目录，双击运行 start.exe。软件会有一个提示，然后缩放到桌面的右下角，为一个蓝色的图标。

（3）左键单击该图标，然后选择第一个菜单“启动 Apache 和 MySQL 进程”，稍等片刻，浏览器自动启动。

2. 管理员登录

使用浏览器访问 http://localhost/zentao/，进入登录界面，使用默认管理员账号登录，用户名为 admin，密码为 123456。

3. 创建用户账号

为本小组的测试者和开发者分别创建一个用户账号。在首页的上方单击“组织视图”，该页面列出了系统的所有用户。单击“添加用户”，输入测试者信息，然后单击“保存”，创建一个用户账号。重复此过程，再为开发者创建用户账号。

4. 将测试者和开发者加入相应的权限分组

单击“权限分组”，使用“成员维护”功能将测试者账号加入 QA 分组，将开发者账号加入 DEV 分组。这样就使用户有了操作权限。

5. 创建项目

在首页（我的地盘）单击“马上创建一个项目吧”，输入项目信息，单击“保存”，创建一个新的项目。

6. 创建产品

在首页（我的地盘）单击“马上创建一个产品吧”，输入产品信息，单击“保存”，创建一个新的产品。

7. 在客户端登录“禅道”

本小组的测试者和开发者分别在自己的计算机上打开浏览器，在地址栏中输入“http://服务器IP/zentao/”，其中“服务器 IP”是本小组的服务器的 IP 地址（注：可在 Windows 命令行下用 ipconfig /all 命令查看服务器 IP），回车进入登录页面，输入自己的用户名和密码，单击“登录”，登录系统，进入主页面。

8. 报告并分配一个新的 Bug

测试者单击主界面上方的“测试视图”，再单击“创建 Bug”，输入 Bug 的产品模块、影响版本、标题、重现步骤、严重程度和类型等信息，并在“当前指派”下拉列表框中选择本小组的开发者的用户名，表示把该缺陷分配给他处理。单击“保存”按钮，报告并分配一个新的 Bug。在缺陷列表中，可看到该缺陷的状态显示为“激活”。

9. 解决缺陷

（1）开发者在登录后的主页面（我的地盘）中，单击“我的 Bug”，列出所有指派给自己处理的缺陷，单击缺陷标题，查看缺陷详细信息，据此解决缺陷。

（2）单击缺陷详细信息下方的“解决”链接，打开“解决问题”页面。

（3）在“解决方案”下拉列表框中选择一种解决方式（如“已解决”），在“指派给”下拉列表框中选择测试者的用户名，表示再由测试者进行回归测试，验证缺陷是否被解决。单击“保存”按钮。屏幕右侧显示出缺陷状态变为“已解决”。

10. 关闭缺陷

该操作用于在测试者对开发者已修复的缺陷进行验证后，将缺陷关闭。

测试者在主页面（我的地盘）中，单击“我的 Bug”，列出所有指派给自己的缺陷，单击缺陷所在行右侧的“关闭”，打开关闭问题页面，输入必要的备注，单击“保存”按钮。缺陷状态变为“已关闭”。

11. 重新打开（激活）缺陷

如果发现已关闭的缺陷仍存在问题，可使用该操作将缺陷重新开启。

测试者在缺陷详细信息页面中，单击下方的“激活”链接，将其重新指派给开发者，单击“保存”按钮，缺陷状态又重新变为“激活”。

12. 本小组的测试者和开发者角色互换，重新执行以上步骤

重复多遍执行第 5 步到第 12 步的操作，熟练掌握缺陷跟踪流程，理解缺陷跟踪的意义和作用。

本章小结

软件项目管理课程有很强的实践性，实践环节教学在整个课程中占有很大比重。在课程

实践中，可采用“项目模拟”的方式，使学生组成项目小组，完成一个完整软件项目的管理过程。

在实践环节还应安排一些精心设计的课程实验，使学生掌握必要的技术和工具。本章详细介绍了项目计划实验、版本控制实验和缺陷跟踪实验。项目计划实验是使用通用项目管理工具制定进度计划、分配资源、进度跟踪和制作项目报表等；版本控制实验的目的是掌握版本控制工具的主要用法，理解版本控制和配置管理的基本原理；缺陷跟踪实验的目的是理解缺陷跟踪流程及其作用，掌握缺陷跟踪工具的用法。

附录 A 常用软件项目管理文档模板

软件项目管理文档因项目的领域、规模等特点的不同而有很大的差别，这里的文档模板只是给出了一般情况下文档中应具有的最典型的内容，供读者参考，读者在使用这些模板时还应根据项目的具体特点灵活运用。

附录 A.1 项目招标书模板

1. 投标邀请

提示：以下是投标邀请书的典型格式和内容。

××公司为进行×××建设，拟对××系统进行邀请招标，诚邀贵公司前来投标。

（1）招标编号：×××。

（2）项目名称：××系统。

（3）项目内容：项目内容详见第 3 章××系统需求。

（4）发标时间与方式：××年×月×日×时前由受邀请企业到××公司××办公室领取招标文件或由受邀请企业传真告知电子邮件地址，招标方以电子邮件方式发出。

（5）投标截止时间：投标文件必须于北京时间××年×月×日×时之前由专人直接送达××公司××办公室，本次投标截止时间为北京时间××年×月×日×时，在此时间之后送达的投标文件将被拒收。

（6）开标时间：××年×月×日×时正，开标地点：××公司××办公室。

（7）评标时间与方式：××年×月×日，招标方组织进行讲标，由投标方对投标文件进行概括性陈述。投标方根据抽签决定讲标顺序。评标委员会审阅所有标书后按评审标准进行评分，最终统计评分结果。为保证公正、公平、公开地做好评标工作，全体评委应严格遵守相关的评审纪律，违规者的评分无效。

（8）评审标准：由招标方制订，并在评标开始时向评委公布。

（9）招标方联系方式：

招标方全称：

地　　址：

电　　话：

联 系 人：

电　　邮：

2. 投标须知

提示：限于篇幅，以下只列出投标须知的主要内容项。具体内容和格式读者可参考相关资料。

（1）投标方的资质要求；

（2）投标文件的组成及相关规定；

（3）开标与评标的流程及相关规定；

（4）中标和签订合同的流程及相关规定。

3. 项目需求说明

3.1 招标方简介

3.2 项目实施目标

3.3 系统功能需求

提示：描述系统的功能需求，一般把整个系统分为若干个子系统，分别介绍。

3.4 技术要求

3.4.1 项目总体设计原则

提示：说明在系统设计和实施过程中须贯彻的总体原则，如实用性原则、系统性原则、低耗性原则、高效性原则等。

3.4.2 运行环境

提示：说明系统的服务器端和客户端的软硬件配置，以及对网络和其他设备的要求。

3.4.3 开发平台

3.4.4 系统安全

提示：描述对系统安全的要求，如口令验证、权限控制、数据加密、数据备份和恢复等。

3.4.5 性能要求

提示：对系统吞吐量、并发处理能力等性能指标进行说明。

3.4.6 其他质量要求

提示：说明对系统的可靠性、容错性、易用性、界面美观、可移植性、易维护性等方面的要求。

3.4.7 用户文档

提示：说明开发商应向用户提供的资料，如：

（1）系统管理员手册；

（2）各子系统的操作手册；

（3）系统实施方案。

3.4.8 培训

提示：说明开发商必须提供的培训，如系统管理员培训，各子系统使用培训，二次开发培训等。

3.4.9 售后服务

提示：以下是本节包含的典型内容。

投标方应制定详细的售后服务方案。投标方须作出无推诿承诺。无论由于哪一方产生的问题而使系统发生不正常情况时，并在得到招标方通知后，须立即处理问题，使系统尽快恢复正常。

投标方对所开发软件系统提供至少一年的免费升级与技术支持服务，自验收合格、双方正式签字之日期开始计算。服务内容为解决用户使用软件过程中由于软件自身出现的问题，或操作不当等问题提供上门服务。一年期限届满后，如甲方需要乙方继续为其提供升级与技术支持服务，服务费用另议。投标方应至少提供以下两种服务支持。

（1）远程服务：我方在软件使用过程中遇到的技术问题，乙方应负责提供远程技术服务，通过电话、传真、电子邮件等方式给予技术支持及咨询服务。

（2）上门服务：对于远程服务无法解决的软件使用问题，在我方提出上门服务需求起××个工作日（节假日除外）内，乙方指派专门人员抵达现场解决，提供上门服务的次数以一年内不超过××次为限。

3.5　实施要求

提示：以下是本节的一般内容。

（1）项目工期要求。

（2）负责招标方工程项目的项目经理应向招标方定期汇报，确保项目正常实施。

（3）投标方中标后的项目实施过程中实施队伍要保持稳定，如有变动，需向招标方项目组负责人通报。

附录 A.2　项目投标书模板

第一部分　商务部分

1. 投标函

提示：投标函又称“投标书”，以下是其典型格式。

致：××公司

________________________________（投标方全称）授权__________（全名、职务）为全权代表，代表投标方参加贵方组织的　××系统项目　（项目名称）（编号为××）采购有关活动，并进行投标。为此：

（1）提供投标须知规定的全部招标响应文件。

（2）投标方已详细审查全部招标文件，同意招标须知的各项要求。

（3）若中标，投标方将按招标文件规定履行合同责任和义务。

（4）投标方同意提供按照贵方可能要求的与本次招标有关的一切数据或资料，并保证所提供的全部资料的真实性、完整性及有效性。

（5）我方与本招标有关的一切正式来往函件请寄：

地址：　　　　　　　　邮编：
电话：　　　　　　　　传真：
联系人：

投标方名称：　　　　　　　　（公章）
法定代表人签字：
招标响应文件递交日期：　　　年　　月　　日

2. 法定代表人授权委托书

提示：以下是法定代表人授权委托书的典型格式：

致××公司：

______________________（投标方全称）法定代表人__________授权__________（姓名）就××公司组织的××系统项目招标采购（招标编号为××）代表本公司参加全部招标活动，并授权其代表我单位签署相关招投标文件、合同等文书，其以本公司名义处理与招投标有关事务，本公司均予以确认。

法定代表人签字：

单位公章：

附：

被授权代理人姓名：　　　　　　　　职务：

被授权代理人身份证号码：

被授权代理人签名样式：

详细通信地址：

传真：　　　　　　电话：　　　　　　邮编：

年　　月　　日

3. 投标报价详细预算书

4. 投标方资质证明文件

提示：资质证明文件可能包括以下部分。

（1）营业执照（复印件）。

（2）投标方基本情况介绍。

提示：一般要介绍公司的规模（注册资金、技术人员情况等）、行业评价等。

（3）税务登记证复印件。

（4）信用等级证书和财务报表（近 3 年）。

（5）软件企业认定证书、软件产品登记证书。

（6）计算机软件开发 CMMI3 级或以上证书及相关资质证书。

（7）项目设计、实施人员组成和资质证明。

（8）本行业成功项目案例及可参观用户名单。

第二部分　技术部分

1. 系统需求分析

提示：系统需求分析一般包含如下内容。

（1）系统建设目标。

（2）业务流程描述。

（3）主要功能分析。

（4）系统性能指标及其他质量指标。

（5）系统的升级与二次开发。

2. 系统解决方案

提示：本部分主要包括系统的总体架构，各子系统的解决方案，软硬件平台，关键技术解决方案等。

3. 系统实施方案

提示：本部分主要包括实施保障方法以及具体实施步骤，并对项目实施方法论、项目实施资源保障进行阐述。

4. 项目进度安排

提示：给出项目大致的进度计划。

5. 培训和售后服务

提示：阐述培训、售后服务和技术支持策略、内容和方式。

6. 项目实施风险分析

提示：分析项目可能遇到的风险，风险的影响以及应对措施。

7. 项目验收工作计划

提示：项目验收可能包括用户参与的验收测试、系统试运行、项目交接工作等。

附录 A.3　立项建议书模板

0. 文档介绍

提示：介绍本文档的目的、读者对象、参考文档、术语和缩写解释等。

1. 产品介绍

1.1　产品定义

提示：用简练的语言说明本产品“是什么”，“什么用途”。

1.2　产品开发背景

提示：从内因、外因两方面阐述产品开发背景，重点说明“为什么”要开发本产品。

（1）内因方面着重考虑：开发方的短期、长期发展战略；开发方的当前实力。

（2）外因方面着重考虑：市场需求及发展趋势；技术状况及发展趋势。

1.3　产品功能和特色

提示：

（1）给出产品的功能列表；

（2）说明本产品的特色；

（3）说明产品范围，即本产品“适用的领域”和“不适用的领域”，以及“应包含的内容”和“不包含的内容”。

2. 市场概述

2.1　用户需求描述

提示：

（1）阐述本产品面向的消费群体（用户）的特征；

（2）说明用户对产品的功能性需求和非功能性需求；

（3）说明本产品如何满足用户的需求，能给用户带来什么好处。

2.2 市场规模与发展趋势

提示：

（1）分析市场发展历史与发展趋势，说明本产品处于市场的什么发展阶段。

（2）本产品与同类产品的对比分析，主要包括功能和价格。

（3）统计当前市场的总额、竞争对手所占的份额，分析本产品能占多少份额。引用数据应当写明数据来源，最好有直观的图表。

3. 产品发展目标

提示：说明本产品的短期目标和长期目标，绘制产品的路线图（Roadmap）。目标必须清晰并且可以度量。

4. 产品技术方案

4.1 产品体系结构

提示：

（1）绘制产品的体系结构；

（2）阐述设计原理；

（3）如果有多种体系结构，需比较优缺点。

4.2 关键技术

提示：阐述本产品的关键技术，评价技术实现的难易程度。

5. Make-or-Buy 分析

提示：确定哪些产品部件应当采购、外包开发或者自主开发，说明理由，分析相应的风险。

6. 项目开发计划

6.1 项目团队建设

角色	知识技能要求	人数
项目经理		
程序员		
测试员		
……		

6.2 成本估计

成本类别	金额	备注
人力资源		
软件硬件资源		
差旅费		
……		
总计		

6.3 进度表

提示：绘制项目开发的进度表（用表格或者 Gantt 图）。

7. 市场营销计划

7.1 产品盈利模式

提示：给出产品的盈利模式和价格结构。

7.2 促销和渗透方式

提示：常见的促销和渗透方式有：

- 到一些专业性网站或其他媒体上做广告。
- 在专业性论坛或 BBS 上宣传。
- 建立网站，使用户可以下载产品试用版和资料。
- 将产品试用版和资料赠送给老客户和潜在客户。
- 参加专业性的会展、研讨会，宣传产品。
- 与政府、行业协会合作推广。
- 出版书籍，树立权威。

……

7.3 销售方式和渠道

提示：常见的销售方式和渠道有：

- 直销：和客户直接联系，销售产品。
- 代理商或办事处。除公司所在地以外，在其他 IT 发达的大城市寻找代理商。当公司业务在该地区达一定规模后，设立办事处。
- 联盟。与其他相关公司合作或联盟，实现优势互补，争取更多的客户。

……

8. 项目可行性分析

8.1 技术可行性分析

提示：技术可行性分析至少要考虑以下问题。

（1）能否凭借已掌握的技术在给定的时间内实现软件的所有功能？

（2）能否满足用户对软件质量（如可靠性、性能等）的要求？

8.2 成本-效益分析

8.3 政策、法律可行性分析

提示：分析有没有政策和法律上的支持或限制。

8.4 SWOT 分析

提示：即对强项、弱项、机会和威胁的分析。实质上是核心竞争力的分析。

9. 总结

提示：给出清晰的结论，便于上级领导决策。

附录 A.4 立项评审报告模板

项目名称：

评审时间：

评审地点：

1. 人员组织

1.1 立项建议小组

姓名	所在部门	职务	职称

1.2 立项评审委员会

姓名	所在部门	职务	职称

2. 立项评审委员会表决

同意立项的人数	
反对立项的人数	
立项评审委员会结论	[ ] 同意立项 [ ] 不同意立项
意见总结	
主席签字	

3. 机构领导终审

终审结论	[ ] 同意立项 [ ] 不同意立项
意见	
机构领导签字	

附录 A.5 项目计划模板

0. 文档介绍

提示：介绍本文档的目的、读者对象、参考文档、术语和缩写解释等。

1. 项目概述

1.1 项目范围

提示：说明本项目“是什么”，“什么用途”，以及“应包含的内容”和“不包含的内容”。

1.2 项目产品

1.2.1 程序

提示：列出需要移交给用户的程序包的名称和功能。

1.2.2 文档

提示：列出须移交用户的每种文档的名称及内容要点。

1.2.3 服务

提示：列出需向用户提供的各项服务，如培训安装、维护和运行支持等，应逐项规定开始日期、所提供支持的级别和服务的期限。

1.2.4　非移交的产品

提示：说明开发团队应向本单位交出但不必向用户移交的产品。

1.3　验收标准

提示：对于上述这些应交出的产品和服务，逐项说明验收标准。

1.4　完成项目的最迟期限

2. 项目技术计划

2.1　过程模型

提示：描述本项目使用的过程模型，如增量模型、Rational 统一过程、敏捷过程模型等。

2.2　采用的方法和工具

提示：说明本项目主要采用的技术方法（如面向对象方法、形式化方法）和相应的工具。

3. 人力资源计划

角色	人员	职责
项目经理		
系统架构师		
程序员		
测试人员		
……		

4. 软硬件资源计划

软硬件名称	级别	主要配置	数量	获取方式	用途
服务器	关键				
PC	普通				
……					

5 财务计划

费用类别	开支项、用途	金额	时间

6. 任务进度计划

提示：通过工作任务分解，制订详细的任务表（见下表），并绘制 Gantt 图（插入此处或作为附件）

任务名称	负责人	工作时间	工作成果

7. 下属计划

提示：下属计划是对《项目计划》补充，在这里列出下属计划的要点，见下表。

计划名称	负责人	预计产生时间
配置管理计划		
质量管理计划		
风险管理计划		
测试计划		
用户培训计划		
……		

附录 A.6 软件配置管理计划模板

0. 引言

提示：介绍本文档的目的和读者对象。

1. 人员与职责

角色	人员	职责描述
配置管理员		
SCCB 负责人		
SCCB 成员		
……		

2. 配置管理环境

2.1 软硬件资源

提示：说明软件配置管理所需的软件工具和必要的硬件设备（如备份设备）。

2.2 配置库目录结构

内容	路径
立项	
需求管理	
项目跟踪与监控	
设计	
源代码	
测试	
……	

2.3 配置库用户权限

用户类别	人员	权限说明
配置管理员		所有权限
项目经理		读、添加、修改
……		

3. 配置项计划

3.1 配置项标识规范

3.2 主要配置项

主要配置项	标识符	预计正式发布时间
《合同》		
《项目计划》		
《需求规格说明书》		
……		

3.3 项目基线

基线名称	基线包含的配置项	预计建立时间

4. 配置审计计划

提示：说明何时、由谁进行配置审计，审计对象，审计内容。

5. 配置库备份计划

提示：说明进行配置库备份的时间、频度，备份哪些内容。

6. 版本控制规则

提示：说明不同类型配置项的版本变更和编号原则，创建分支的规则等。

7. 变更控制规则

提示：阐述本项目的变更控制流程。

附录 A.7 项目周报模板

1. 项目概述

项目名称			
项目经理		市场人员	
报告周期	说明周报的报告日期，格式如：YYYY-MM-DD 至 YYYY-MM-DD		
项目消耗工期	项目截至到当前已消耗的工期	当前阶段	说明项目处于某个里程碑阶段

2. 项目当前状态

提示：

- 说明项目已完成的里程碑；
- 概述项目目前所处阶段的任务完成情况。

3. 本周工作任务及完成情况

3.1 本周任务完成情况

任务名称	计划开始日期	计划结束日期	实际开始日期	实际结束日期	计划工作量	已完成工作量	完成情况

3.2 未完成任务分析

未完成任务	原因分析	处理方案

4. 变更情况

变更时间	变更申请人	变更内容	变更完成情况
[YYYY/MM/DD]			

5. 当前风险及解决方案

提示：风险严重性可划分为若干个等级，例如，5—很严重，4—严重，3—中等，2—轻度，1—低微。可能性指风险发生的概率，可用百分比表示。

严重性	可能性	风险描述	解决方案

6.问题及建议

提示：根据工作中遇到的问题进行描述和总结，分点分行说明。

7. 下周工作计划

任务名称	工期	开始时间	完成时间	资源名称

附录 A.8　质量管理计划模板

0. 引言

提示：介绍本文档的目的和读者对象。

1. 质量要素分析

提示：从商业利益和技术角度判断哪些质量属性是本软件的质量要素，说明为什么，这样相关人员可以把精力集中在改善质量要素上。

质量要素	优先级	解释
功能性	1	
可靠性	1	
性能	1	
可扩展性	2	
兼容性	2	
……		

2. 质量目标

提示：给出各质量要素的恰当目标，注意，既要使客户满意，又要使开发方能够承受。

质量要素	目标
功能性	
可靠性	
性能	
……	

3. 组织与职责

角色	质量活动、职责描述
高层管理者	
质量保证人员	
项目经理	
测试人员	
开发人员	
……	

4. 过程检查计划

提示：过程检查就是检查软件过程及其产品是否符合既定的标准和规范，即通常所说的“质量保证”。

过程域	主要检查项	时间或频度	负责人
项目计划			
需求说明			
总体设计			
……			

5. 技术评审计划

待评审工作成果	评审时间	负责人
需求规格说明书		
总体设计文档		
……		

6. 软件测试计划

说明：这里只简要列出要执行哪些测试活动及其时间，具体的测试计划可另外编写一完整文档。

测试活动	时间	负责人
单元测试		
功能测试		
验收测试		
压力测试		
……		

7. 缺陷跟踪

提示：说明本项目采用何种缺陷跟踪工具，以及简要的使用约定。

附录 A.9 项目验收报告模板

1. 项目基本情况

项目名称	
项目合同甲方	
项目合同乙方	
项目合同编号	
项目开始时间	
项目完成时间	
项目验收时间	
项目验收地点	

2. 验收组织方案

2.1 验收依据

提示：验收的主要依据一般是《合同》《需求规格说明书》。

2.2 验收环境

提示：说明验收的软件、硬件环境。

2.3 人员组织

提示：

（1）说明验收小组的人员构成。

（2）描述人员的基本信息和职责（见下表）。

人员姓名	所属单位	角色	职责

3. 项目进度审核

3.1 项目实施进度情况

序号	阶段名称	起止时间	交付物	备注
1	需求调研			
2	系统开发			
3	功能联调测试			
4	安装部署			
5	用户培训			

3.2 进度审核结论

提示：对照合同规定，给出项目进度审核结论。

4. 项目投资结算

4.1 项目投资情况一览表

序号	款项	金额（万元）	备注
合计			

4.2 项目投资审核结论

提示：对照合同规定，给出项目进度审核结论。

5. 项目验收内容

5.1 交付物验收

提示：列出乙方需要向甲方提供的交付物，包括软件安装包、文档、基础平台软件等。见下表。

序号	交付物	用途
1	软件安装包	
2	《×××系统需求规格说明书》	
3	《×××系统解决方案》	
4	《×××系统用户手册》	
	……	

5.2 系统功能验收

提示：根据需求说明书，列出需验收的系统功能模块。

序号	功能模块	功能描述

6. 项目验收结论汇总

<table>
<tr><td rowspan="2">验收项</td><td colspan="2">验收意见</td><td rowspan="2">备注</td></tr>
<tr><td>通过</td><td>不通过</td></tr>
<tr><td>交付物</td><td></td><td></td><td></td></tr>
<tr><td>系统功能</td><td></td><td></td><td></td></tr>
<tr><td colspan="4">总体意见：

乙方（签字）：</td></tr>
<tr><td colspan="4">未通过理由：

乙方（签字）：</td></tr>
</table>

7. 项目验收结论明细

7.1 交付物清单

序号	交付物	提交时间	接收人
1	软件安装包		
2	《×××系统需求规格说明书》		
3	《×××系统解决方案》		
4	《×××系统用户手册》		
	……		

7.2 系统功能验收结论

验收人：

验收时间：

序号	功能模块	验收结果

附录 A.10 项目总结报告模板

1. 项目总体信息

项目总时间	
项目总成本	
项目总规模	
项目总工作量	

2. 产品提交表

提示：列出项目各阶段所提交的成果，如下表。

产品名称	版本	阶段	提交日期	提交人
项目计划				
配置管理计划				
质量管理计划				
……				

3. 实际与计划的对比

类别	实际	计划	偏差
总进度			
总成本			
总工作量			
质量指标			
……			

4. 项目资产及处理意见

提示：列出项目的有形和无形资产，并说明处理意见。对于一些无形资产，可考虑申报专利和版权。

资产名称	处理意见

5. 项目自我评价

5.1 进度和成本评价

5.2 产品质量和客户满意度评价

5.3 对机构的贡献评价

6. 经验教训总结

提示：总结项目的经验教训，提取有价值的知识财富，使整个组织受益。

附录 B
剧院售票管理系统工作说明

剧院售票管理系统是对剧院、影院等单位的核心工作业务进行综合管理的信息化平台，满足剧院高层管理者、经理、售票员等对售票业务的执行和管理要求，提高信息化水平和工作效率。

1. 系统功能描述

剧院售票管理系统的功能如图 1 所示，各项功能分别由经理、售票员和系统管理员 3 种不同的角色执行。

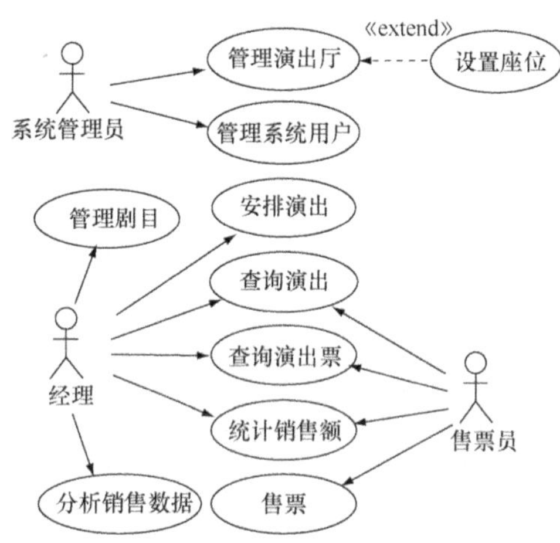

图 1　剧院售票管理系统用例图

1.1　管理演出厅

一个剧院通常有多个演出厅，每个演出厅有若干座位。

（1）对演出厅进行增、删、查、改。

（2）设置每个演出厅的座位，包括设置排数、每排座位数，为每个座位编码。设置好座位的演出厅可用可视化的图形界面显示其座位编排。

1.2　管理剧目

对剧院演出的剧目信息进行管理（增、删、查、改）。剧目信息除文字信息外，还可有图片和视频。

1.3　安排演出

安排剧目演出的日期、场次、演出厅。

1.4　查询演出

本功能提供以下两种查询方式。

（1）按剧目查询演出：根据剧目名称查询到剧目的演出日期、场次、演出厅。

（2）按日期查询演出：查询在某一日期所有剧目的演出场次，并可查看每个场次的演出厅。

1.5 查询演出票

查询某一剧目演出场次的已售票数和剩余票数。

1.6 售票

完成某一剧目演出场次的售票。具体操作包括选座位和打印票。

1.7 统计销售额

统计某一时间段内售票的销售额。

1.8 分析销售数据

本功能可对以下数据进行统计。

（1）某一剧目的总销售票数和票房收入。

（2）某一时间段内总销售票数和票房收入。

（3）某一剧目在某一时间段内的总销售票数和票房收入。

1.9 管理系统用户

提供以下功能。

（1）管理可访问本系统的用户（增、删、改、查）。

（2）管理角色。系统默认提供经理、售票员、系统管理员 3 种角色。

（3）管理权限。可为不同的角色分配不同的权限。

2. 非功能需求

本系统要满足以下安全性、健壮性和易用性要求。

（1）对重要的系统操作都记录日志，以备发生安全问题时能够追查操作人员。

（2）系统所有功能都只能由授权用户使用。

（3）系统具有一定的容错能力，不会因为用户的错误输入或超出极限值的输入而使系统失效。

（4）系统界面美观，操作简单，易学易用。

参考文献

[1] 项目管理协会著. 项目管理知识体系指南（第 5 版）[M]. 许江林，等，译. 北京：电子工业出版社，2013.
[2] 林锐. 软件工程与项目管理解析[M]. 北京：电子工业出版社，2003.
[3] 陈宏刚，等. 软件开发的科学与艺术[M]. 北京：电子工业出版社，2002.
[4] 王丽珍. 项目时间管理[M]. 北京：中国电力出版社，2015.
[5] 李跃宇，徐玖平. 项目时间管理[M]. 北京：经济管理出版社，2008.
[6] 韩万江，姜立新. 软件项目管理案例教程（第 2 版）[M]. 北京：机械工业出版社，2009.
[7] 孙慧. 项目成本管理（第 2 版）[M]. 北京：机械工业出版社，2009.
[8] 董越. 软件集成策略——如何有效率地提升质量[M]. 北京：电子工业出版社，2013.
[9] Kan S H. 软件质量工程——度量与模型（第 2 版）[M]. 吴明晖，等，译. 北京：电子工业出版社，2004.
[10] Hughes B. 软件项目管理[M]. 廖彬山，译. 北京：机械工业出版社，2007.
[11] 吴吉义. 软件项目管理理论与案例分析[M]. 中国电力出版社，2007.
[12] Pressman R S. 软件工程——实践者之路（第 5 版，影印版）[M]. 北京：清华大学出版社，2002.
[13] 张海藩. 软件工程导论（第 5 版）[M]. 北京：清华大学出版社，2008.
[14] 齐治昌. 软件工程（第 2 版）[M]. 北京：高等教育出版社，2004.
[15] 阳王东. 软件项目管理方法与实践[M]. 北京：中国水利水电出版社，2009.
[16] Brooks F P. 人月神话[M]. 北京：清华大学出版社，2002.
[17] 朱少民，韩莹. 软件项目管理[M]. 北京：人民邮电出版社，2009.
[18] 董越. 未雨绸缪——理解软件配置管理[M]. 北京：电子工业出版社，2008.
[19] 徐晓春，李高健. 软件配置管理[M]. 北京：清华大学出版社，2002.
[20] 张青. 软件工程项目管理[M]. 成都：电子科技大学出版社，2006.
[21] 沈建明. 项目风险管理（第 2 版）[M]. 北京：机械工业出版社，2010.
[22] 忻展红. IT 项目管理[M]. 北京：北京邮电大学出版社，2006.
[23] Schwalbe K. IT 项目管理（第 2 版）[M]. 邓世忠，等，译. 北京：机械工业出版社，2004.
[24] Royce W. 软件项目管理——一个统一的框架[M]. 周伯生，等，译. 北京：机械工业出版社，2002.
[25] 翟丽，毕星. 项目管理[M]. 上海：复旦大学出版社，2000.
[26] 史蒂夫·麦克康奈尔（Steve McConnell）. 微软项目：求生法则[M]. 北京：机械工业出版社，2000.
[27] 吉姆·麦卡锡（Jim McCarthy）. 微软团队：成功秘诀[M]. 北京：机械工业出版社，2000.
[28] Phillips I. 实用 IT 项目管理[M]. 北京：机械工业出版，2003.

www.ingramcontent.com/pod-product-compliance
Ingram Content Group UK Ltd.
Pitfield, Milton Keynes, MK11 3LW, UK
UKHW062006290726
14090UKWH00022B/1413

9 787115 412911